基于地面激光雷达点云的中国古建筑正逆向三维重建技术

Forward and Reverse 3D Reconstruction of Chinese Ancient Architecture Based on Terrestrial Laser Scanning Point Clouds

张瑞菊　赵江洪　郑少开　庞蕾　著

测绘出版社
·北京·

内容简介

本书针对建筑文化遗产的三维数字化应用这一研究热点和学术前沿问题,系统阐述了基于地面激光雷达点云的中国古建筑正逆向三维重建方面的理论与方法,构建出具有精确几何尺寸的古建筑三维模型。主要内容包括古建筑激光雷达点云数据采集、预处理及点云模型构建、基于构件的点云语义分割、基于古建筑激光点云的逆向三维重建、基于参数化设计和过程建模技术的正向三维模型重建、现势性三维模型重建及变形分析等。本书所研究的内容是基于激光雷达测量技术进行古建筑文物保护的探索,其理论依据和有关方法为古建筑三维数字化和场景重建提供了思路和解决方案。本书结合工程实例,阐述了数据处理的相关理论与方法,其内容翔实且通俗易懂,为古建筑文物保护、建筑信息模型、测绘工程应用、虚拟现实、城市规划管理等深度应用提供理论和方法支持。

本书可作为测绘工程、摄影测量与遥感、地理信息工程、虚拟现实、土木工程 、城市规划与管理、古建筑文物保护、建筑设计等学科领域的研究人员、专业教师、研究生及从业者的参考用书。

图书在版编目(CIP)数据

基于地面激光雷达点云的中国古建筑正逆向三维重建技术/张瑞菊等著. --北京:测绘出版社,2021.12
ISBN 978-7-5030-4322-2

Ⅰ.①基…　Ⅱ.①张…　Ⅲ.①地面雷达—激光雷达—应用—古建筑—三维—模型(建筑)　Ⅳ.①TU205-39

中国版本图书馆 CIP 数据核字(2021)第 127100 号

责任编辑　侯杨杨　　**封面设计**　李　伟　　**责任印制**　陈姝颖

出版发行	测绘出版社	**电　话**	010—83543965(发行部)
地　址	北京市西城区三里河路 50 号		010—68531363(编辑部)
邮政编码	100045	**网　址**	www.chinasmp.com
电子信箱	smp@sinomaps.com	**经　销**	新华书店
成品规格	169mm×239mm	**印　刷**	北京建筑工业印刷厂
印　张	11.25	**字　数**	223 千字
版　次	2021 年 12 月第 1 版	**印　次**	2021 年 12 月第 1 次印刷
印　数	001—600	**定　价**	68.00 元

书　号　ISBN 978-7-5030-4322-2

前　言

古建筑作为文化遗产最重要的组成部分之一，具有丰富的文化内涵和精妙的建筑风格，但它受到的各种破坏正逐渐吞没其所承载的历史记忆、风土人情及文化信息等，急需有效的保护方法和手段，因此，古建筑成为文化遗产保护的主要对象。传统测绘方法难以全面完成古建筑测绘、保护和修复方面的任务，而激光雷达测量技术采用非接触主动测量方式直接获取高精度三维数据，可快速将现实世界的信息三维数字化，在文物保护领域具有非常广阔的应用前景和很高的研究价值。采用激光雷达测量技术等高科技手段对古建筑进行全方位的数字化信息采集和记录，并对建筑物及其构件进行完全遵照实物的三维数字化建模，可获得用于重建建筑物的数字化档案，从而在深度和广度上为下一步修复工作提供准确的第一手资料，即使发生地震、战争等破坏活动也能完成文物修复、文物重建等工作，还可为将来的古建筑理论研究提供重要依据。

由于古建筑结构复杂、场景规模宏大且激光雷达点云具有数据量大、离散性高、噪声和漏洞严重等特性，因此，基于激光雷达测量技术的古建筑高精细三维模型重建、变形分析等仍是当前的学术热点问题和极富挑战性的难题。本书系统、全面、有针对性地阐述了基于地面激光雷达点云的中国古建筑正逆向三维重建方面的理论与方法：利用地面激光扫描仪获取古建筑点云数据，挖掘其蕴含的丰富几何信息；利用建筑自身的几何结构特征，提取木构件表面点云数据；从正向、逆向两个角度研究木构件及单体建筑物三维重建的理论体系、技术方案和处理流程。本书内容以数据采集、数据预处理、木构件点云分割、逆向三维重建、正向三维重建、正逆向结合的三维模型重建及变形分析为主线进行组织和安排。

全书共分为 6 章：第 1 章绪论，主要介绍了本书的研究背景与意义、国内外研究现状和研究内容等；第 2 章详细阐述了地面激光测量技术的基本原理、研究动态、软硬件相关内容等，并针对古建筑数字化三维重建的要求系统介绍了相关技术方案、操作流程及注意事项等，为后续模型重建提供原始数据；第 3 章重点讲解了点云去噪与平滑、点云配准、点云分割等数据预处理的相关内容，从语义的角度分割出木构件对应的点云，为下一步模型重建提供可靠、精选的点云数据；第 4 章详细阐述了基于点云数据逆向重建各种类型三维模型的方法；第 5 章在分析古建筑结构特征的基础上，重点介绍了正向重建木构件参数化三维模型、古建筑三维模型的原理及方法；第 6 章详细阐述了正逆向结合的现势性三维模型重建及变形分析的原理与方法。

本书研究成果受以下项目资助：国家自然科学基金青年科学基金项目“地面激光雷达与设计数据正逆向结合的建筑物三维重建技术”（项目编号：41501495）；武汉大学精密工程与工业测量国家测绘地理信息局重点实验室开放基金项目“基于模型驱动的复杂建筑物点云数据处理关键技术研究”（项目编号：PF2013—1）；北京建筑大学市属高校基本科研业务费专项资金项目（项目编号：X18228、X18290）；国家重点研发计划项目（项目编号：2016YFC0802107）；国家自然科学基金青年科学基金项目（项目编号：41601409）；北京市自然科学基金项目（项目编号：8172016）；武汉大学测绘遥感信息工程国家重点实验室开放基金项目（项目编号：19E01）；北京建筑大学科学研究基金项目（项目编号：00331616056）；无人机倾斜摄像及在教学中的应用研究项目（项目编号：ZF16095）；北京市教育委员会科研计划一般项目（面上项目）（项目编号：KM201610016008）。

本书是根据笔者及其研究团队自2004年以来取得的相关研究成果编著而成。值此专著出版之际，特别感谢武汉大学的李德仁院士、朱宜萱教授，北京建筑大学的王晏民教授及西南交通大学的朱庆教授在研究过程中给予的指导和建议；感谢黄明、郭明、王国利、胡春梅、危双丰、王荣华等同仁，以及代表性建筑与古建筑数据库教育部工程研究中心、北京市建筑遗产精细重构与健康监测重点实验室的老师对本书出版的支持；同时，对所有引用文献的作者表示感谢。

本书所研究的内容是基于激光雷达测量技术进行古建筑文物保护问题的探索，其理论依据和有关方法为古建筑三维数字化和场景重建提供了思路和解决方案，希望能为各位专家学者的深入研究抛砖引玉。由于学识和时间有限，书中难免存在不妥、不足，乃至理论不完备之处，恳请各位专家学者批评指正。

目 录

第1章 绪 论

1.1 研究背景及意义

人类有着珍贵而丰富的历史文化遗产，但由于年代久远，很多文物难以保存，再加上现代社会人类活动的影响，这些遗产遭受破坏的程度与日俱增。如何对文化遗产进行有效的保护及合理利用，充分开发其科研价值、历史价值、艺术价值、社会价值及经济价值等，使祖先创造的文化财富保存和传承下去，不但体现出本民族文化的独特性，同时丰富着世界文化的多样性，具有非常重要的社会和现实意义。

文化遗产保护和修复首先需要较为完整的基础资料，其中包括文字、图纸、照片、视频等。以往资料的收集大多采用手写、测绘、照相和录像等综合手段，采集资料工作需要投入大量的人力，而大量资料成果的归档工作又成为困扰保护工作的难题，往往只有经验丰富和专业的档案人员才能胜任档案资料存档和利用工作，从而限制了文物资料的有效利用，不利于文化遗产保护工作的开展。因此，利用先进的科学技术来保护这些宝贵的遗产成为迫在眉睫的全球性问题，对于我国这样一个历史悠久的文物大国，文化遗产保护工作意义更加深远。

激光雷达测量技术的出现和发展为空间三维信息的获取提供了全新的技术手段，它不仅可实现将现实世界的三维信息快速数字化，为信息数字化发展提供了必要的生存条件，而且与其他空间数据获取手段相辅相成，服务于人类，已经成为地球空间信息学科等领域的一个研究热点。激光雷达测量技术采用非接触主动测量方式直接获取高精度三维数据，在文物保护领域具有非常广阔的应用前景和很高的研究价值。利用激光雷达测量技术快速实现文化遗产的数字化，可以推动文博行业更快地进入信息时代，实现文物展示和保护的现代化，因此这一技术具有重要的社会和经济意义。

古建筑作为文化遗产最重要的组成部分之一，具有丰富的文化内涵和精妙的建筑风格，是文化遗产保护的主要对象。但目前很多优秀的古建筑因受多种因素的影响而正在遭受毁坏，抢救和保护优秀古建筑刻不容缓。古建筑的外表面因长期经受风吹日晒、雪覆雨淋、雷电冰雹等侵袭，会发生腐蚀和氧化，导致表面破损脱落、木质老化、基础不牢、墙体开裂、屋顶瓦面缺损和渗漏等，致使古建筑受损，直至最后消失。地震、泥石流等地质灾害也会严重损坏房屋结构，如都江堰二王庙在2008年汶川大地震中受到极为严重的破坏，大量建筑坍塌，只剩下主殿等几座建筑。随着经济和城市化的迅速发展，房价连年上涨，房地产利益巨大，城乡中大量的古建筑被开发商拆掉并建成现代高楼。在城市建设、城乡扩展等过程中，由于缺乏对古建筑的有效评估，也没有采取保护措施，致使一些优秀的古建筑被拆毁。部分古建筑的主人对古建筑保护的重要性认识不足，有的因追求较高的拆迁补偿款而拆掉古建筑，有的因经济紧张而无力对古建筑进行必要的维修，有的则过度维修致使古建筑在频繁的重修、重建中丧失原有的风采，变成了现代的仿古建筑。各种火灾也会对古建筑造成毁灭性的破坏，如 2019 年 4 月 15 日法国巴黎圣母院失火的消息让世人扼腕叹息，花费一个世纪建造的奇迹，在这场大火中遭受重创，这不仅是法国的灾难，也是人类文化遗产的重大损失。古建筑是不可再生的历史文化资源，它受到的各种破坏正逐渐吞没其所承载的历史记忆、风土人情及文化信息等，急需有效的保护。对古建筑结构和尺寸的测量是保护和传承古建筑艺术和工艺最基本而有效的手段和方法，因此，如何准确测量及有效获取古建筑物理尺寸成为古建筑保护的重要研究内容。

传统测绘方法难以全面完成古建筑测绘、保护和修复任务，需要采用激光雷达测量技术等高科技手段对古建筑进行全方位的数字化信息采集和记录，通过对建筑物及其构件进行完全遵照实物的三维数字化建模，获得用于重建建筑物的数字化档案，从而在深度和广度上为下一步修复工作提供准确的第一手资料，即使发生地震、战争等破坏活动也能完成文物修复、文物重建等工作，并且可为将来的古建筑理论研究提供重要依据。若采用建筑物的三维数字化模型构建整个建筑群的虚拟环境，还可深入地挖掘旅游资源，即使身处异地，只要轻轻点击鼠标，参观者通过网络便可在古建筑的三维虚拟场景中交互导航漫游，浏览古建筑全貌，身临其境地领略其建筑风格和文化内涵，从而节省了参观者的时间和精力，更重要的是完全避免了展示过程给古建筑本身带来的破坏。因此，利用激光雷达测量技术对古建筑进行数字化，并利用其获取的点云数据进行场景三维重建，以实现古建筑的再现、保护和仿制，让众多的建筑工艺、民族历史文化及艺术得以完整保存并世代传承下去。

目前，建筑文化遗产的三维数字化应用是国内外历史文化遗产保护和发展的研究热点和学术前沿问题。古建筑和现代建筑完全不同，它是由成千上万的柱、础、斗、拱、梁、瓦等木构件按照一定的拼接顺序组装成高大宏伟的建筑物，建筑过程不用一钉一铆，全靠斗拱和柱梁镶嵌穿插相连。由于古建筑结构复杂、场景规模宏大且激光雷达点云具有数据量大、离散性高、噪声和漏洞严重等特性，因此，基于激光雷达测量技术的古建筑三维重建是极富挑战性的难题。

本书系统、全面、有针对性地阐述了基于地面激光雷达点云的中国古建筑三维重建理论与方法：利用地面激光扫描仪获取古建筑点云数据，挖掘其蕴含的丰富几何信息；利用建筑自身的几何特征，提取木构件表面点云数据；从正向、逆向两个角度研究木构件及单体建筑物进行三维重建的理论体系、技术方案和处理流程。本书所研究的内容是基于激光雷达测量技术进行古建筑文物保护问题的探索，其理论依据和有关方法为古建筑三维数字化和场景重建提供了思路和解决方案。本书结合工程实例，翔实阐述了数据处理的相关理论与方法，其内容翔实且通俗易懂，为古建筑文物保护、建筑信息模型、测绘工程应用、虚拟现实、城市规划管理等深度应用提供理论和方法支持，具有非常重要的理论和社会现实意义。

1.2 相关研究现状

1.2.1 激光雷达测量技术在文化遗产保护领域的应用现状

早期，人类用图形、符号、文字等来描述客观世界。随着科学技术的不断发展，人类认识和表现现实事物的方式也日益更新。计算机出现以后，人们希望能够利用计算机强大的功能来描述和研究现实事物。于是，数码照相机、数码摄像机、图像采集卡、平面扫描仪等二维数字化仪器便应运而生。随着信息技术研究的深入及数字地球、数字城市、虚拟现实等概念的出现，尤其在当今以计算机技术为依托的信息时代，人们对空间三维信息的需求更加迫切，已不满足于只是在计算机中看到只有宽度和高度的二维图形和图像，更希望计算机能展现三维的现实世界，并以日常生活惯用的方式在这个仿真环境中与计算机交互，真正达到人机交融。

三维可视化技术的发展，使得以一定方式记录的三维信息经过整理，即可转化成计算机能识别的数据，并在计算机中进行处理，将三维物体数据结构中蕴含的几何信息恢复成图形、图像显示出来，由此可以方便、快速地对物体进行定量的分析、显示和处理等。但二维数字化仪器获取的只是物体一个局部的、侧面的信息，在信息采集和记录过程中丢失了深度信息。因此，如何快速、有效地将现实世界的三维信息数字化并输入计算机成为解决这一问题的关键。

激光雷达测量技术的出现和发展为空间三维信息的获取提供了全新的技术手段，为信息数字化发展提供了必要的生存条件。激光雷达测量技术克服了传统测量技术的局限性，采用非接触主动测量方式直接获取高精度三维数据，能够对任意物体进行扫描，并且没有白天和黑夜的限制，将现实世界的信息快速转换成计算机可以处理的数据。它具有扫描速度快、实时性和主动性强、精度高、全数字特征等特点，可以极大地降低成本、节约时间，而且使用方便，其输出格式可直接与计算机辅助设计(computer aided design，CAD)、三维动画等工具软件接口。近年来，随着三维激光扫描测距技术性能的提高及价格的降低，其逐渐成为研究的焦点，是空间三维数据采集的主要手段之一。

在信息化高度发展的今天，文化遗产数字化的发展程度已经成为评价一个国家信息基础设施的重要标志之一。利用现代信息技术使文化遗产数字化，具有重要的社会意义和经济意义。文化遗产数字化可以保存一份完整、真实的数据记录，一旦遭受意外破坏，可以根据这些真实的数据进行修复和完善。文化遗产数字化将激发旅游业发展新机遇，基于数字技术的网络旅游业通过建立虚拟旅游景点，全面开发旅游文化资源，彻底改变旅游服务模式，将成为网络经济中“异军突起”的一支力量；这样的“旅游活动”也与当代素质教育的基本主题有内在的联系，它将提高现代人的文化素养，有助于人们形成现代文化眼光，从而对现代人的精神世界产生影响。文化遗产数字化将激发现代教育发展新机遇，在数字技术教育产品市场需求不断增加的情况下，大量可接触和不可接触的文化遗产正在转化为最有价值的产业资源，利用数字化信息技术在虚拟现实空间中再现真实的历史地理信息，并与博物馆、图书馆、档案馆的文字资料、文物图像实现“链接”，甚至辅以不同领域专家学者的咨询与解说，使得传统的课堂教育与广义的文化信息资源实现普遍链接，从而将传统的应试教育与素质教育的界限彻底打破。

当前世界发达国家纷纷以国家政策为主导，利用公共资金启动文化遗产数字化建设。1992 年，联合国教育、科学及文化组织开始推动“世界的记忆”项目。该项目的目的是在世界范围内，在不同水准上，用现代信息技术使文化遗产数字化，便于永久性保存，以最大限度地使社会公众能够公平地享有文化遗产。该项目反映出在世界范围内迅速发展的信息技术开始对文化遗产的保护与开发工作产生影响。美国、法国、日本、英国等一些国家也相继启动文化遗产数字化的项目。比较典型有美国斯坦福大学利用激光雷达测量技术实施的“数字化米开朗基罗”项目、美洲考古研究所及匹兹堡大学艺术史学的专家重建的虚拟庞贝博物馆等。我国在文化遗产数字化方面也有显著的进展，如敦煌洞窟文物管理部门与美国梅隆基金会签订的建立“数字化虚拟洞窟”的协议、中国故宫博物院与日本凸版印刷株式会社签订的共同进行“故宫文化遗产数字化应用研究”的合作协议、中国故宫博物院与原北京建筑工程学院（现为北京建筑大学）签订的“故宫古代建筑数字化测量”的协议，以及“数字化天文馆与北京天文馆新馆建设”“中华世纪坛数字艺术馆建设”“敦煌壁画的数字化与数字莫高窟建设”“虚拟文化遗产保护和数字三峡博物馆建设”“沉浸式虚拟环境在数字博物馆中的应用”“成都永陵博物馆数字化建设规划”等项目都在落实中，虚拟博物馆建设也在实验探索中。

激光雷达测量技术在文化遗产数字化领域具有非常广阔的应用前景和研究价值。利用激光雷达测量技术对文物实体进行数字化，并辅以计算机三维图形技术，不仅可以对仅留残迹的古建筑、古遗址实施模拟还原，再现原来风貌，而且可以进行三维物体设计，应用于文物的复仿制工艺中，还可以用于文物三维模型重建、保存数据、辅助修复等，从而推动文博行业更快地进入信息时代，实现文物展示和保护的现代化。河南博物院的“西汉《四神云气图》壁画综合保护研究”项目，采用激光雷达测量技术，对壁画破坏现状进行了记录，局部记录分辨率达到0.5 mm，并采用PolyWorks、3DExplorer、3ds Max等软件对所获数据进行了后期数据分析、壁画尺寸和局部的高精度测量；国家文物局2010年启动了“指南针计划”专项“中国古建筑精细测绘”项目，其目的是在充分利用现有三维激光扫描等先进科学设备及相关测量技术的基础上，完整、精细地记录古建筑的现存状态及其历史信息，为进一步的研究、保护工作提供较全面、系统的基础资料（张玉 等，2016）。

1.2.2 激光雷达测量技术在建筑物三维重建方面的研究现状

随着相关技术的发展，人们对建筑物三维建模能力提出了更快、更智能和更高效率的要求，如何快速、自动、高质量地生成符合各行业领域需求的建筑物三维模型是目前需要研究的重点问题之一（朱庆 等，2018），中外学者对此进行了大量的研究。根据数据源不同，三维建模可分为基于建筑设计图的建模、基于数字影像的建模和基于激光雷达数据的建模。建筑设计图提供建筑物精确的三维几何信息，可以利用三维建模软件（如AutoCAD、3ds Max等）绘制出精细的建筑物三维模型，但由于建筑物自重、地基不均匀沉降、地震、风载荷等因素可能导致建筑物变形，或由于建筑物改、扩建等原因与设计图纸有差别，有时不能满足现势性三维模型的需求。基于数字影像的建模方法利用基于计算机视觉理论的摄影测量与遥感技术获取精确的三维信息，是目前获取大区域三维信息的主要手段之一，但从二维影像出发理解三维客观世界，存在自身的局限性，不能满足构建精细三维模型的精度要求。激光雷达测量技术采用非接触主动测量方式直接获取实体表面高精度三维点云数据，其具有速度快、实时性强、精度高、全数字特征等特点，逐渐成为空间三维数据采集的主要手段之一，但点云数据量巨大、离散性强、边缘信息精度差、含有噪声、因遮挡等因素易造成数据不全等特性，为实现高效、自动的数据处理增加了难度。每种单一数据源的建模方法均有相应的优缺点，经分析，多源数据融合的建模方法是一种更有效的建模策略，由此引起很多学者的重视，成为当今的学术热点问题。

目前，研究较多的融合建模方法主要基于激光雷达与数字影像数据，但这种方法多应用于建筑信息模型（building information model，BIM）和数字化建造领域。针对建筑物全生命周期中需要解决的测量数据与设计数据比对的质量与变形检测问题、现势性精细三维重建问题等，根据上述对三种数据源建模优缺点的分析，激光雷达与设计数据融合的建模方法更具有优势，有利于提高工程施工及管理维护的质量和效率。激光雷达与设计数据正逆向结合的处理策略较多应用于工业测量（潘国荣 等，2013）、逆向工程零部件的质量检测（程云勇 等，2009）等。在建筑物施工、运营管理应用中，激光雷达与设计数据正逆向结合的方式在精度上有较好的结果，但由于建筑物造型、结构复杂多样，其在数据处理自动化程度上还有待提高（王

国利 等,2013)。现有的文献表明,激光雷达与设计数据正逆向结合的三维重建技术,在理论与方法方面还不成熟,有待进一步深入研究。

从数据处理的方法来看,基于地面激光雷达数据结合正逆向建模方法的建筑物三维重建是一种有效策略。目前,基于地面激光雷达重建精细三维模型的方法多采用自底向上的数据驱动法,这种方法主要从点云出发,经过点云去噪(朱广堂 等,2019)、点云配准(韩贤权 等,2014)、点云特征提取(杨必胜 等,2013)、点云分割(张瑞菊,2006)等处理之后,再利用泊松重建(Kazhdan et al, 2013)、三维德洛奈(Amenta et al,1998)、步进立方体(Zhang et al,2010)等方法通过点云构建三维模型。这种数据驱动的方式依赖于点云质量,对噪声数据敏感,严重影响成果质量的鲁棒性。对于漏洞和噪声严重的点云数据,采用这种方法精度很难达到要求。采集建筑数据时,存在诸多遮挡因素,如道路花坛、树木、电线杆、行人、交通标志牌等地物会导致点云缺失严重,急需研究漏洞多的点云数据处理方法。而多源数据融合可以弥补点云的不足,因此多源数据融合成为当今的研究热点。考虑到建筑物建造前一般都有设计图,如平面图、立面图、剖面图等(有些古建筑若没有设计图,可以利用多种测量技术制作),根据建筑设计图提供的几何数据,利用三维建模软件(如 AutoCAD、3ds Max 等)重建精细三维几何模型(即正向模型),将其与激光雷达数据集成处理,可有效弥补激光雷达点云漏洞多、受噪声影响严重、处理复杂、自动化程度低等缺点。本书正是从这一学术研究角度出发,提出需要解决的科学问题。

针对建筑物结构、形状复杂多样的问题,目前多侧重于用简单形状(如平面)对建筑物外观模型进行可视化还原,细节多用纹理信息表达,但这种模型不能满足精细三维重建的精度要求。精细三维模型重建的难题之一,在于缺乏对模型与建筑物本身规模、结构、风格之间关系的研究。实际上,不同类型的建筑,具有不同的特征,这些特征并非单独个别存在,而是存在某种内在结构,一旦组织结构规则被发现了,不仅可以区分类型,还可以进一步利用计算机程序产生出许多同一类型的建筑物。因此,正逆向建模时应基于建筑物形状分析,找出隐藏形状的组织结构规则,通过定义一系列的基本形体和对形体的操作就可以达到生成复杂几何体的目的。薛梅(2012)根据建筑构造知识,基于形状分析开展建筑物主体建模、纹理细节构建及附属设施建模。汤圣君等(2014)为实现三维地理信息系统中三维几何模型及其参数信息的有机集成与同步更新,提出了一种可根据设计参数自动建立复杂物体三维模型并交互式编辑修改的方法,并以桥梁模型的构建为例进行了验证。熊璐等(2014)通过分析指出建筑物形状信息在建筑设计中的重要作用,并强调国内这方面的研究存在诸多不足,需不断完善以指导和推动建筑数字化的深化和创新。经调研发现,针对不同风格、样式、形状的建筑物,基于建筑形状高效分析、快速实现建筑三维重建的技术还不成熟。因此,本书着重研究基于设计数据制作的正向模型构建、组织、管理、语义和几何信息表达等难题。

基于激光雷达数据的正逆向结合数据处理方法在科学研究和工程应用中均有重要的价值和意义，尤其在建筑物施工质量检测及竣工后变形检测应用中的需求更为迫切。利用建筑物正向模型提供的建筑物结构、语义和几何等方面的先验知识，指导激光雷达点云数据进行分割、建模等逆向处理，将极大地提高数据处理效率和精度。目前仅有为数不多的学者开展这方面的研究。Schmittwilken等(2010)基于窗户和楼梯的CAD模型，研究点云分类和重建算法。Bey等(2012)基于圆柱CAD模型研究工业厂房圆柱体点云的提取与建模问题。Nan等(2010)提出先基于人工交互的方式选取点云，然后利用选取的点云构建模板模型，之后实现了从点云中提取与模板模型相似形状的构件点云并建模。虽然这些研究已经取得了一定成果，但处理的建筑对象形状相对简单，如主要是平面等规则几何体构成的实体，并未考虑建筑变形情况，因此急需针对形体复杂、规模庞大、遮挡严重、考虑变形因素的建筑物对象开展数据处理方法研究。这也是本书研究的重点。

对正向模型与地面激光雷达数据进行处理时，两种数据的一体化管理、点云与正向模型配准、基于正向模型的点云分割、变形分析等成为重要的待解决问题。詹庆明等(2010)研究了点云与模型的一体化管理问题，但由于处理的数据是点云和利用点云处理之后的模型数据，二者并不涉及坐标转换及变形分析等问题。潘国荣等(2013)针对工业测量应用提出了一种基于乱序点集匹配和最小二乘原理的设计对比分析算法，此方法适用于散乱点云数据量不大的情况，不适合处理海量建筑点云数据。谭志国等(2012)先采用矩形估计的方法实现目标姿态估计和几何特征提取，通过迭代实现点云和候选目标CAD模型的匹配，并以归一化平均欧氏距离作为相似性度量完成目标识别，此方法适用于单站采集的数据，不适用于离散点云。史宝全等(2010)针对机械设计领域中传统数字化比对检测中点偏差计算的准确性及效率不高的问题，提出了一种基于约束搜索球的点云与计算机辅助设计模型比对检测技术，研究对象是自由曲面产品，此方法若应用到建筑点云上则很难提高效率。程云勇等(2009)以涡轮叶片CAD模型的线框表示为先验知识，与基于边的点云分割算法相结合，实现涡轮叶片密集测量数据的可靠分割，但对较大变形叶片测量数据的分割存在不足。这些方法虽有参考价值，但和本书研究对象不同，并且建筑物具有结构形体复杂、规模庞大、采样数据海量等特性，因此，本书的研究目标是基于正逆向结合，研究出适合建筑物匹配、分割、建模等的高效处理方法。

综上所述，本书针对古建筑结构形状复杂，以及古建筑点云具有数据海量、噪声和漏洞严重等特性，从基于地面激光雷达点云数据和正逆向结合数据处理的学术角度出发，将基于古建筑木构件几何形状特征制作的三维正向模型所蕴含的语义、几何等信息作为先验知识，研究数据处理中关键的理论和方法。

1.3 本书研究目标与内容

本书以地面激光雷达测量技术获取的中国古建筑点云数据为研究对象，深度挖掘中国古建筑的几何结构形状特性、构建机制等特征，研究正逆向结合的中国古建筑物精细三维重建的关键问题。其内容主要包括古建筑激光雷达点云数据采集、预处理及点云模型构建、基于木构件的点云语义分割、基于古建筑激光点云的逆向三维重建、基于参数化设计和过程建模技术的正向三维模型重建、现势性三维模型构建及变形分析等。本书的技术路线如图 1.1 所示。

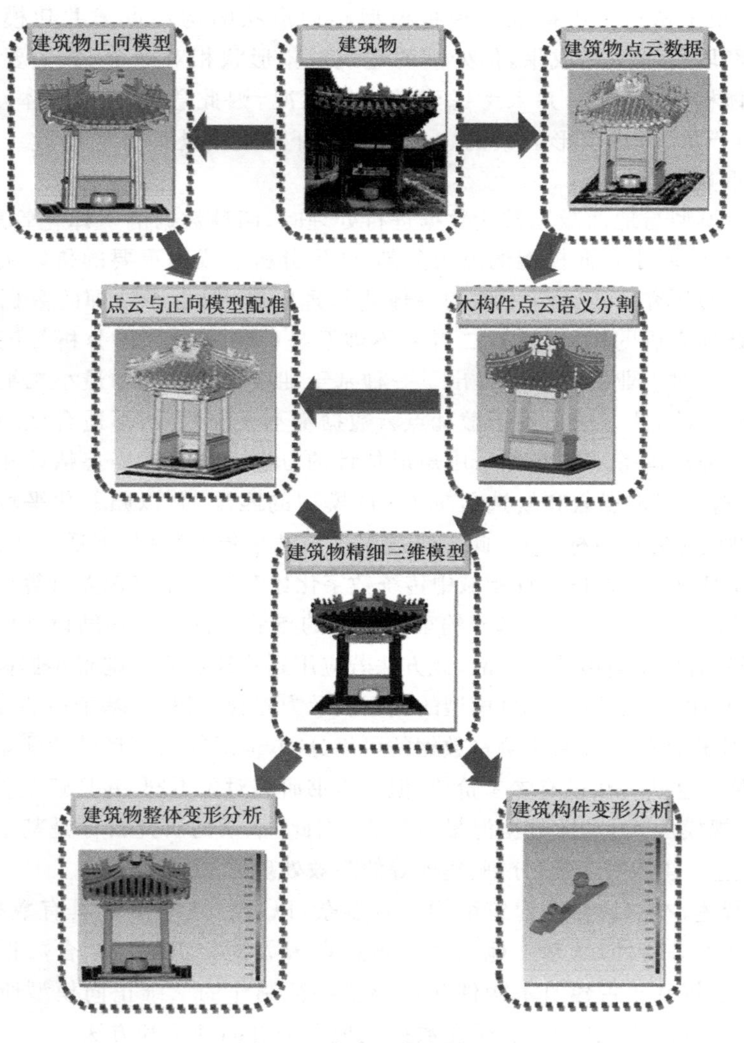

图 1.1 本书的技术路线

本书的章节安排如下：

第1章绪论主要介绍了本书的研究背景及意义，并指出本书研究课题的挑战性及必要性；然后详细介绍了激光雷达测量技术在文化遗产尤其是古建筑数字化保护方面的研究现状。

第2章地面激光雷达测量技术及古建筑三维数字化首先全面介绍了地面激光雷达测量技术，包括激光雷达测量技术发展、测量系统基本原理及其设备，然后详细讲解了针对古建筑数字化三维重建的要求，以及采集古建筑数据的相关技术方案、操作流程及注意事项等，以获取古建筑完整点云数据。

第3章基于古建筑木构件的点云语义分割在深入讲解微分几何参数的相关概念及优化估计方法之后，详细阐述了基于木构件的古建筑点云语义分割的算法原理及技术实现等细节，从而为古建筑木构件的三维模型重建提供点云数据。

第4章逆向古建筑三维模型重建详细讲解了基于点云构建线模型、曲面模型、不规则三角网模型、实体模型的原理和方法。

第5章正向古建筑三维模型重建在详细分析古建筑结构特征的基础上，重点介绍了基于参数化设计构建古建筑木构件三维模型的原理及方法，以及基于过程建模技术的正向古建筑三维模型重建的原理及方法。

第6章现势性三维模型重建及变形分析详细介绍了基于点云和正向模型，利用可变形模型技术构建现势性三维模型的原理及方法，并基于正逆向两种数据对建筑构件进行变形分析。

第 2 章　地面激光雷达测量技术及古建筑三维数字化

本章首先详细讲解了激光雷达测量技术发展、测量系统基本原理及其设备，以及点云数据处理方法；其次，根据古建筑的特点，系统阐述了基于地面激光雷达测量技术进行古建筑三维数字化采集的相关技术方案、操作流程及注意事项；最后以故宫古建筑三维数字化采集作为案例，深入讲解了基于地面激光雷达测量技术获取古建筑三维点云的具体应用。

2.1　地面激光雷达测量技术

2.1.1　激光雷达测量技术发展

1960 年，随着世界上第一台红宝石激光器的诞生，激光被首次成功制造出来。它为人类带来了一种崭新的强光源，为现代各种激光器的研制奠定了基础，从而迎来了激光技术的新纪元。此后，各种形式、功率的激光器如雨后春笋般地发展起来。激光器的蓬勃发展，不但有力推动了激光科学本身的进展，而且在应用方面也打开了广阔的前景。相对于其他光源，激光具有高亮度、高强度、单色性、相干性、方向性等方面的优点，为医学、通信、制造业、建筑和军事等其他领域的发展提供了契机，通过提高人类的生活水平、丰富人类的知识，成为服务于人类强有力的科学工具。

在空间信息获取方面，将激光引入测量装置，在精度、速度、易操作性等方面均表现出强劲的优势，引起测量相关行业学者的广泛关注，许多高新技术公司、研究机构将研究方向及研究重点纷纷放在激光测量装置上。随着激光技术、半导体技术、微电子技术、计算机技术、传感器技术等的发展和应用需求推动，激光雷达测量技术也逐步由点对点的激光测距装置，发展到采用非接触主动测量方式且能快速获取物体表面采样点三维空间坐标的三维激光扫描测量装置。

第一代测距仪采用普通光源，只能在夜间使用。后来激光代替普通光源，出现了具有高精度、远距离、全天候等特性的激光测距仪。随着电子经纬仪的发展，通过电子经纬仪与激光测距仪相结合，研制出了同时具有测角、量边功能的全站型电子速测仪。成立于 1985 年的美国激光科技公司最初研究和开发的是用于开挖海港和货运通道的基于激光的水道测量系统；随着脉冲激光问题的攻破，该公司将此项技术推广到其他应用领域，推出了世界第一个商业激光测速仪，以及为美国国家航空航天局建立的一个自定义空间位置停靠系统等。徕卡(Leica)公司于1990年推出了第一代激光跟踪仪SMART310，其具有测距精度高的特点，但是测距为相对测距，需要在跟踪过程中保持激光束不能丢失，并且测距需要合作目标(反射器)配合，是一种接触式的测量系统，给测量带来诸多不便。1994年，激光放射式扫描仪开始出现，其采用激光雷达测距技术代替激光干涉测距，由于不需要合作目标测距，也称为激光雷达测量系统。到20世纪末，美国的CYRA公司和法国的MENSI公司率先将激光技术运用到三维测量领域，由此激光测量技术获得了巨大的发展，在很多领域取得了成功。以激光扫描为代表的激光测距技术的发展，使激光测量技术在以下几个方面得到突破：

(1)激光测距从一维测距向二维、三维扫描发展。

(2)实现无合作目标快速高精度测距。

(3)实现测量数据(距离和角度)从传统人工单点获取变为连续自动获取，提高了观测精度和速度，其应用范围也扩展到工业测量、测绘、智能交通等诸多领域。

激光雷达测量技术的出现和发展，掀起了一场立体测量技术的新革命。它克服了传统测量技术的局限性，采用非接触主动测量方式，通过高速激光扫描测量的方法，以被测对象的采样点(离散点)集合即点云的形式获取物体或地表的阵列式几何数据，经过模型重建，重现具有完整结构和精确空间位置信息的实体模型，快速实现物体的数字化。三维激光扫描仪一经出现，人们便对它表现出极大的热情，国外许多公司为满足这种需求都推出了不同类型的激光扫描测量系统，从另一角度来看，又促使了三维激光扫描仪在精度、速度、易操作性、便携性、抗干扰能力等性能方面的提升，使其逐步成为快速获取空间实体三维模型的主要方式之一。20世纪90年代中后期，三维激光扫描仪已形成了颇具规模的产业，其产品在精度、速度、易操作性等方面达到了很高的水平，并且扫描的对象范围不断扩大，而价格则逐步下降。

国内激光雷达技术研究起步于20世纪90年代中期，稍落后于西方，但经过多年的发展，许多科研单位已掌握了三维激光扫描仪的基本原理。随着社会经济的发展和应用需求的进一步扩大，激光雷达测量技术在我国将逐步产业化。国内现在从事开发和生产三维激光扫描仪的企业与单位越来越多，如中海达、北科天绘、广州思拓力等。

2.1.2 激光雷达测量系统基本原理

激光雷达测量技术是以激光作为信号源，通过发射激光束获取被测物体表面三维坐标、反射强度等多种信息的非接触式主动测量技术。采集激光雷达数据时，系统按一定的分辨率进行阵列式扫描，故激光雷达测量技术也称为三维激光扫描测量技术，常见的英文翻译有“light detection and ranging”(缩写为LiDAR)、 "laser scanning technology"等。激光雷达测量系统一般使用仪器自己定义的坐标系统,坐标原点位于激光束发射处;Z 轴位于仪器的竖向扫描面内,向上为正;X 轴位于仪器的横向扫描面内,与 Z 轴垂直;Y 轴位于仪器的横向扫描面内,与 X 轴垂直,并且与 X 轴、Z 轴一起构成右手坐标系。部分激光雷达测量系统可以输入控制坐标来设定仪器坐标系,如徕卡的 ScanStation 系列地面激光扫描仪。激光雷达测量由测距和测角两部分组成(图 2.1):激光雷达测量系统测距时,利用激光探测回波技术获取激光往返的时间差或相位差等,进而计算目标至扫描中心的距离 S;测角时,由精密时钟控制编码器,同步测量每个激光信号发射瞬间仪器的横向扫描角度观测值 α 和纵向扫描角度观测值 θ;内部伺服马达系统精密控制多面反射棱镜的转动,使激光束在三维空间内实现高精度的小角度扫描间隔、大范围扫描幅度的全方位扫描。利用空间三维几何关系,可通过一个线元素和两个角元素计算任一采样点的 X、Y、Z 坐标,计算模型为

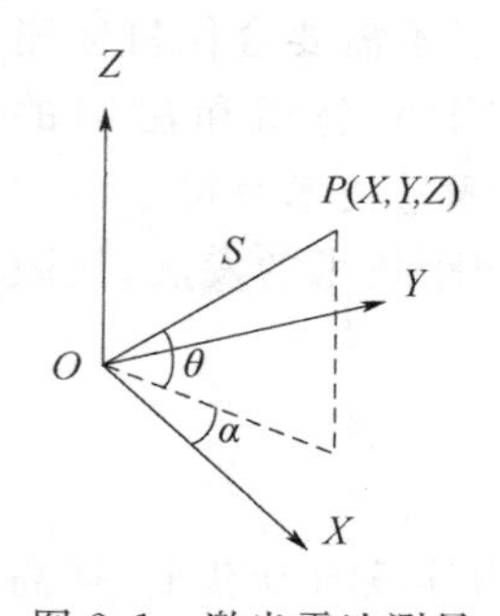

图 2.1　激光雷达测量系统的坐标系统

$$\left.\begin{aligned} X &= S\cos\theta\cos\alpha \\ Y &= S\cos\theta\sin\alpha \\ Z &= S\sin\theta \end{aligned}\right\} \tag{2.1}$$

激光测距技术是激光雷达测量技术的主要技术之一,其原理主要有基于脉冲飞行时间差测距、基于相位差测距、基于激光三角形测距和基于脉冲飞行时间差-相位差混合式测距四种类型。

1. 基于脉冲飞行时间差测距的原理

此类激光雷达测量系统利用激光脉冲发射器,周期性地驱动一激光二极管向物体发射近红外波长的激光束,然后由接收器接收目标表面后向反射信号,产生一接收信号,利用一稳定的石英时钟对发射与接收时间差进行计数,确定发射的激光光波从扫描中心至被测目标往返传播一次需要的时间 t,因光的速度 c 是常量,则有

$$S = \frac{1}{2}ct \tag{2.2}$$

由于采用的是脉冲式的激光源,通过一些技术可以很容易得到高峰值功率的脉冲,因此飞行时间法适用于超长距离的测量,其测量精度主要受到脉冲计数器的工作频率与激光源脉冲宽度的限制。

2. 基于相位差测距的原理

此类激光雷达测量系统将发射光波的光强调制成正弦波的形式,通过检测调幅光波发射和接收的相位移来获取距离信息。正弦光波震荡一个周期的相位移是 2π,发射的正弦光波经过从扫描中心至被测目标的距离后的相位移为 φ,则 φ 可分

解为 N 个 2π 的整数周期和不足一个整数周期的相位移 $\Delta\varphi$，即

$$\varphi=2\pi N+\Delta\varphi \tag{2.3}$$

正弦光波振荡频率 f 为光波每秒振荡次数，则正弦光波经过 t 秒后振荡的相位移为

$$\varphi=2\pi ft \tag{2.4}$$

由式(2.3)和式(2.4)可解出 t 为

$$t=\frac{2\pi N+\Delta\varphi}{2\pi f} \tag{2.5}$$

将式(2.5)代入式(2.2)中，得到从扫描中心至被测目标的距离 S 为

$$S=\frac{c}{2f}\left(N+\frac{\Delta\varphi}{2\pi}\right)=\frac{\lambda_s}{2}\left(N+\frac{\Delta\varphi}{2\pi}\right) \tag{2.6}$$

式中，λ_s 为正弦波的波长，c 为光速。

由于相位差检测只能测量 0～2π 的相位差 $\Delta\varphi$，当测量距离超过整数倍时，测量出的相位差是不变的，即检测不出整周数 N，因此测量的距离具有多义性。消除多义性的方法有两种：一是事先知道待测距离的大致范围；二是设置多个不同调整频率的激光正弦波分别进行测距，然后将测距结果组合起来。

由于相位以 2π 为周期，相位差测距会有测量距离上的限制，测量范围约数十米。由于采用的是连续光源，功率一般较低，因此测量范围也较小。其测量精度主要受相位比较器的精度和调制信号的频率限制，增大调制信号的频率可以提高精度，但测量范围也随之变小；为了在不影响测量范围的前提下提高测量精度，一般都会设置多个调频频率。通常相位差测距测量精度可达到毫米级。

3. 基于激光三角形测距的原理

此类激光雷达测量系统将一束激光经光学系统投射一亮点或直线条纹于待测物体表面，由于物体表面形状起伏及曲率变化，投射条纹也会随着轮廓变化而发生扭曲变形，被测表面漫反射的光线通过成像物镜汇聚到光电探测器光接收面上，被测点的距离信息由该激光点在探测器接收面上所形成的像点位置决定；当被测物面移动时，光斑相对于物镜的位置发生改变，相应地其像点在光电探测器接收面上的位置也将发生横向位移；借助数码相机选取激光光束影像，即可依据数码相机内成像位置及激光光束角度等数据，利用三角几何函数关系计算出待测点的距离或位置坐标等，如图2.2所示。

基于激光三角形测距的精度可以达到微米级，但对于远距离测量，必须要延长发射器与接收机间的距离，因此并不适用。

4. 基于脉冲飞行时间差-相位差混合式测距的原理

此类激光雷达测量系统综合利用脉冲飞行时间差和相位差测距方法各自的优势，利用前者实现对距离的粗测，利用后者实现对距离的精测。

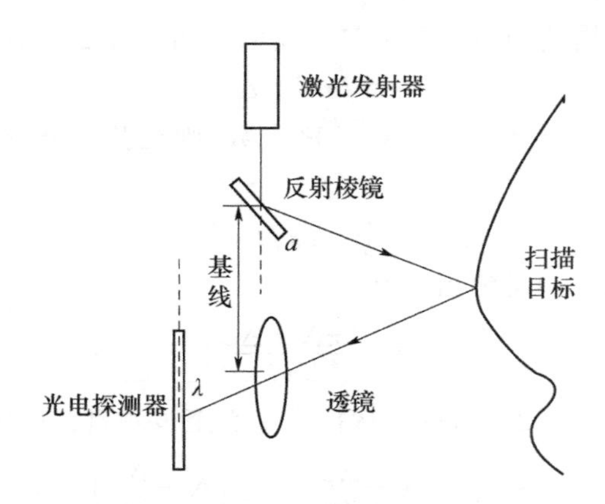

图 2.2　基于激光三角形测距的原理

激光雷达测量系统由平台、硬件和软件三部分构成:平台有飞机、移动测量车、三脚架等;硬件有激光扫描器等,用于完成系统的控制,以及原始数据的采集、存储、显示、传输等;软件的功能主要有数据采集、数据通信、数据后处理、立体重建等。系统的平台不同,激光雷达测量系统的结构也存在差异。固定站式的三维激光扫描测量系统的激光扫描仪姿态参数可一次性测定,因此不用惯性导航系统(inertial navigation system, INS)或定位测姿系统(position and orientation system, POS)等测定数据采集时的姿态参数。机载激光扫描测量系统和车载激光扫描测量系统在扫描过程中平台处于运动状态,需要集成多源传感器,确定激光雷达扫描时的瞬时位置和姿态。机载激光扫描测量系统测量距离比较远,一般基于脉冲飞行时间差的测距原理。该系统由多源传感器集成,一般包括电荷耦合器件(charge-coupled device,CCD)、全球定位系统(global position system, GPS)、惯性导航系统(INS)/惯性测量单元(inertial measurement unit,IMU)/定位测姿系统(POS)、激光扫描仪等。其中:CCD 和激光扫描仪为数据获取设备,用于获取纹理信息和空间三维信息;GPS 和 INS/IMU/POS 用于定位。该系统利用激光扫描瞬间的瞬间位置和姿态信息,以及由脉冲飞行时间差测出的距离信息,根据三维坐标转换的关系即可得出地面点三维空间坐标的计算模型。车载激光扫描测量系统一般由数据获取设备 CCD、三维激光扫描仪和定位设备 DGPS(差分全球定位系统)/INS/Odometer(车辆计程器)组成。

根据三维激光扫描系统特性及指标的不同,可将其划分为不同类型,如根据承载平台、扫描距离、扫描视场、扫描方式、测距原理等指标进行划分。表 2.1 依据不同的指标对目前激光雷达测量系统进行了概略的划分。

在表 2.1 中,划分指标"扫描方式"是指电动机控制反射激光束的棱镜旋转方式;振镜是指扇形旋转方式,如徕卡 ScanStaion 系列扫描仪;转镜则是指环形旋转方式,如徕卡 HDS6000,这种方式获取数据的速度较快。划分指标"扫描视场"是指空间扫描的视窗类型。

表 2.1　三维激光扫描系统主要仪器类型

<table>
<tr><td>划分指标</td><td colspan="6">仪器类型</td></tr>
<tr><td>承载平台</td><td>机载</td><td colspan="2">车载</td><td colspan="2">站式</td><td>手持</td></tr>
<tr><td>扫描距离</td><td>远程(>300 m)</td><td colspan="2">中程(100～300 m)</td><td colspan="2">短程(10～100 m)</td><td>超短程(<10 m)</td></tr>
<tr><td>扫描视场</td><td colspan="2">矩形</td><td colspan="3">环形</td><td>穹形</td></tr>
<tr><td>扫描方式</td><td colspan="3">振镜</td><td colspan="3">转镜</td></tr>
<tr><td>测距原理</td><td colspan="2">脉冲飞行时间差测距</td><td colspan="3">相位差测距</td><td>激光三角形测距</td></tr>
</table>

2.1.3　地面激光雷达测量设备

目前,国内外生产激光雷达测量设备的公司有很多,并且根据承载平台的不同,很多公司又有机载激光雷达测量设备和地面激光雷达测量设备之分。由于本书研究方向是中国古建筑的数字化保护与重建,主要基于地面激光雷达测量设备进行数字化采集,因此本节只对地面激光雷达测量设备进行总结、分析。

当前,国际上比较知名的地面激光雷达测量设备生产商有瑞士的徕卡公司、奥地利的瑞格(Rigel)公司、美国的法如(Faro)公司、加拿大的欧普(Optech)公司、美国的天宝(Trimble)公司、日本的拓普康(Topcon)公司、德国的 Z+F 公司等,国内也出现了一些生产地面三维激光扫描仪的公司,如中海达公司、北科天绘公司、广州思拓力公司等。一般每个设备生产商都生产有不同型号的地面激光雷达测量设备,它们各自产品的测距精度、测距范围、数据采样率、最小点间距、模型化点定位精度、激光点大小、扫描视场、激光等级、激光波长等指标会有所不同。下面逐一介绍其关键参数及其意义。

1. 扫描范围

扫描范围一般包含扫描视窗及扫描最远距离两项。每一款三维激光扫描仪的最大扫描距离与光线的强弱、由此引起的物体反射率的变化、垂直扫描角度的大小等相关。当光打到物体反射率越高的物体,所反射回来的光信号越多,强度越高,因此,激光扫描仪的射程也越远。设备标称的最大射程一般是出厂时对高反材料(反射率>90%)在入射角度好的时候进行测试所能达到的最远距离。但是,大多数的地面、建筑物的反射率为 40%～50%,大多数的树木的反射率为 30%～70%,煤和沥青路面的反射率为 15%～25%,因此在实际应用中,要对设备的最大射程打折。

在扫描视窗上,早期的扫描仪有矩形视窗或者环形视窗,扫描范围有限,如 Optech 系列地面激光扫描仪,早期为矩形视窗,范围较小,徕卡的 ScanStation 系列采用双视窗设计，弥补了天顶数据不足。目前大部分地面激光扫描设备都能够获取到全景视角的数据。

2. 点位精度

设备的点位精度与其测距精度、角度分辨率有关，测距精度和角度分辨率越高，设备的点位精度也越高。一般情况下，设备获取的点云精度是不均匀的，对于中远程扫描设备，脉冲式设备一般精度衰减得慢，而相位式设备点位精度下降较快；短程扫描设备点位精度与设备的姿态、扫描环境等相关，一般点位精度较为均匀。

3. 扫描速度

扫描速度与激光发射频率有关，一般发射频率越高，单位时间内发射、获取激光点数量越多，扫描速度也越快。其中：脉冲式设备一般发射频率较低，用于远距离扫描，如徕卡 ScanStation 的发射频率为 2 000～5 000 Hz，Rigel 的 LMSZ-Z 系列发射频率为 27 000 Hz；相位式设备发射频率一般较高，并且拥有目前最快的发射频率，如德国 Z＋F 系列扫描仪，一般可达 120 万点/秒。

4. 激光安全等级

激光安全等级一般是根据激光对人体的危害程度来分类的，以在光束内对眼睛最大可能的影响(maximal possible effect，MPE)为基准，可分为Ⅰ～Ⅳ级，具体如表 2.2 所示。

表 2.2　激光安全等级分类

激光安全等级	危害程度	主要用途
Ⅰ	无损害	激光打印机、CD 播放器、CD ROM 设备、地质勘测设备及实验分析设备
Ⅱ	损害人的眼睛	教室演示、激光指示器、瞄准装置及距离测量设备
ⅢA	非常危险，不可直视	激光指示器、激光扫描设备
ⅢB	中等能量，非常危险	光谱测量仪、激光扫描仪、立体摄影及娱乐抛光灯
Ⅳ	高功率激光器，非常危险	外科手术、调查研究、切割、焊接及纤维的机械加工

早期的激光雷达产品，脉冲式设备采用Ⅰ级居多，相位式及部分短程激光扫描设备采用Ⅱ及Ⅲ级居多。现在许多厂商的新型相位式扫描设备也多采用安全等级为Ⅰ级的激光。

在实际应用时，可根据成本、模型的精度要求等不同的应用需求，综合考虑之后，选用合适的地面激光雷达测量设备。如徕卡公司生产的 HDS 高清晰激光扫描测量系统。徕卡 ScanStation P30/P40 为徕卡公司打造的第八代三维激光扫描仪，采用全新激光雷达系统，消除物体边缘拖影现象使数据更加精确，内置256 G固态硬盘，支持 USB2.0 或数据线进行数据高速传输，30 s 即可获取 360°全景图像，可通过 iPhone 或 iPad 远程遥控，精密双轴补偿技术，精度高达 1.5″，可实时补偿仪器轻微震动带来的精度偏差，并且拥有机载检查和校准功能，用户可随时对角度、距离及补偿器进行校准，无须返厂即可对仪器轴系误差进行校准或标定，节省日常使用维护成本。徕卡 ScanStation P30/P40 可根据需求自定义扫描分辨率，可针对特定区域进行"精细扫描"，测角精度为 8″，测距精度为 $1.2\ \mathrm{mm}+10\times10^{-6}D$，扫描速率高达 1000000 点/秒，噪音精度为 0.5 mm @ 50 m，标靶获取精度为 2 mm@50 m，机载标靶获取距离可达 75 m 以上，有效扫描距离可达 270 m@34%反射率，更远的扫描距离可轻松满足地形、矿山、高层建筑等长距离扫描需求。徕卡 ScanStation P50 三维激光扫描仪则在完美继承高精度的测角测距技术、WFD 波形数字化技术、Mixed Pixels 混合像元技术和 HDR 图像技术的同时，扫描距离提高至 1 km 以上，使得徕卡 ScanStation P50 具有更长的测程和更强大的性能，满足长距离及各种扫描任务需求。徕卡 BLK360 是徕卡公司推出的一款全新迷你三维激光扫描仪，集激光扫描技术、图像获取技术于一身，机身小巧，操作简单，使用方便，无须整平，无须标靶，一键操作，三分钟即可完成全景影像的获取和三维激光点云的扫描，为探知世界增添了一把新的利器。Riegl 公司生产的地面激光雷达测量设备在超长测距、多重目标回波识别、全波形处理技术、拼接时间等方面有突出的优势，是全球首家实现地面三维激光扫描仪与专业化的尼康、佳能数码单反相机结合的公司，目前推出的 VZ 系列三维激光扫描仪中，Riegl VZ-6000 提供超过 6000 m 的超长距离测量能力，可接收无穷次回波，甚至可以在沙尘、雾天、雨天、雪天等能见度较低的情况下使用并进行多重目标回波的识别。Faro 公司生产的地面激光雷达测量设备在便携、轻便等方面有突出的优势，目前推出的 Focus 系列三维激光扫描仪中，有长距离测量范围的 FOCUSS 350(最远为 350 m)、中距离测量范围的 FOCUSS 150(最远为 150 m)及短距离测量范围的 FOCUSS 70(最远为 70 m)等功能不同的硬件产品，每款仪器都配置 GPS、罗盘、高度计、双轴补偿器等多个传感器，可通过 WLAN 在任何移动设备上以远程方式使用触摸屏控制扫描仪；其上集成有彩色照相机，可实现零视差自动颜色叠加，进行照片般逼真的三维扫描；其上配有高性能锂电池，工作时间长，所有扫描图像都存储在一个 SD 卡中，从而可将数据简便、安全地传送到计算机。还有很多其他公司的产品系列，由于篇幅有限，就不一一陈述了，感兴趣的读者可以去相应的官网详细了解。

随着计算机三维数据处理、计算机图形学、空间三维可视化等相关技术的快速发展，以及对空间三维场景模型的迫切需求，尤其是近年来地面三维激光扫描仪在精度、速度、易操作性、轻便性、抗干扰能力等性能方面的提升及价格的降低，地面三维激光扫描仪越来越多地用于获取被测物体表面的空间三维信息，与其他空间数据获取手段相辅相成，应用领域日益广泛，是地球空间信息学科等领域的一个研究热点。

2.1.4 地面激光雷达点云数据处理方法

通常将激光雷达测量设备获得的三维空间点集称为点云(point cloud)，它具有数据量大、密度高、离散性强等特点。因激光雷达测量设备可以接收反射激光束的强度，所以扫描得到的点还记录有反射强度信息，有些三维激光扫描仪还可以获得点的色彩信息。这些特性使得激光雷达点云数据具有十分广泛的应用，但与此同时，由于多视扫描的点云数据没有构成整体、没有实体特征参数等原因，其数据处理变得复杂和困难。

根据激光雷达点云的分布特征(如排列方式、密度等)，点云数据分为散乱点云、扫描线点云、网格化点云等。地面激光雷达测量设备根据设计的不同有不同的原始数据格式，包含极坐标系、球坐标系、柱坐标系等多种数据存储类型。点云数据在内存中一般以数据库或文件的形式存储、管理，不同的软件在数据共享时，一般采用通用数据的格式。激光雷达点云的可视化一般采用反射强度影像或者点图像两种方式。图 2.3 为反射强度影像示例，该影像是先由穹形地面激光扫描系统获得建筑内部数据，再将阵列点云的反射强度按照一定数学法则展开到矩形区域而构成的一幅全景灰度影像。图 2.4 为点图像示例，该图像通过直接将三维点阵按照一定的投影法则输出到屏幕显示终端而形成，一般三维点云数据处理采用此显示方式。

图 2.3　反射强度影像示例

利用地面激光雷达点云数据构建实体三维几何模型时针对不同的应用对象、不同点云数据的特性，点云数据处理的过程和方法也不尽相同。概括地讲，整个数据处理过程包括数据采集、数据预处理、几何模型重建和模型可视化等。数据采集是模型重建的前提，数据预处理为模型重建提供精选的可靠点云数据，降低模型重建的复杂度，提高模型重构的精确度和速度。总结现有相关研究成果，数据预处理阶段涉及的内容有点云数据的滤波、点云数据的平滑、点云数据的缩减、点云数据的分割、不同站点扫描数据的配准与融合等；模型重建阶段涉及的内容有三维模型的重建、模型重建后的平滑、残缺数据的处理、模型简化和纹理映射等。实际应用中，应根据三维激光扫描数据的特点及建模需求，选用相应的数据处理策略和方法。下面对上述数据处理内容所采用的方法进行归纳和分析。

图 2.4　点图像示例

1. 点云数据的滤波去噪

三维模型的噪声来源于数据采集和建网两部分。采集数据易受环境和系统的影响，如数据采集时激光雷达旋转引起的抖动、运动物体干扰，在扫描过程中杂散光、背景光等，都可能导致噪声数据点的产生，有时可能产生不属于扫描实体本身的数据，导致冗余数据。比较明显的冗余数据一般采用手工选择消除法，而自动消除冗余数据的常用方法则是曲率法、弦高法和平均值法，它们共同的思路是给定一阈值，大于阈值的点数据为异常点。建模前，一般用平滑算法将点云数据在测量时产生少量的随机误差予以平均，得到比较光滑的点云分布。但平滑算法必须对原始扫描点做变动，有些算法甚至可能会使某些重构的模型产生失真现象。此类平滑算法主要有中值法、平均法、高斯算法等。

模型重建后，如果前期的点云数据噪声滤除不完善的话，模型中不可避免地会存在一些尖锐特征，使得模型不那么平滑，较流行的网格平滑去噪算法有拉普拉斯(Laplase)算法、$\lambda|\mu$ 算法(Taubin，1995)及 Desbrun 等(1999)的基于平均曲率流的算法。还有一些学者采用模型细分的方法(Overveld et al，1997)提供模型的平滑度。

2. **点云数据的分割**

直接对点云数据进行三维重建，不仅增加处理的复杂度，而且可能造成处理系统资源的巨大消耗，为了后续处理数据的方便，就需要对数据进行相应的分割处理。当前的分割算法大致分为三类：基于边缘的分割算法、基于区域的分割算法和基于区域与边缘的混合分割算法。

3. **不同站点扫描数据的配准与融合**

真实物体和场景的结构往往是复杂的。由于受测量系统及视线的限制，不能一次性采集完整物体的点云数据，因此选择物体的不同区域分块采集，并且每一次扫描的三维数据都有自己独立的空间坐标系。无论是分块采集的数据还是分割处理后的数据，重构后的多个曲面最终要拼接到一起，在此过程中一个重要的工作就是将不同站点得到的三维点云数据配准到一个统一的坐标系下。

可采用的配准方法大致分为迭代和基于几何特征两类。在迭代方法中，Besl等(1992)的迭代最近点(iterative closest point，ICP)方法应用最为普遍，很多学者对这种方法进行了改进。基于几何特征方法配准的原理是从点云数据中提取特征点、特征线或特征面，利用 K-D 树等方法搜索这些相应特征的匹配对象进行配准。

当若干站扫描得到的点云数据配准到同一坐标系后，其重合的部分必然会有两层数据，这就带来了数据的冗余和不一致问题。于是，就需要进行数据融合操作。目前，数据融合的方法有缝合方法、空间网格法和基于体元的融合方法。

4. **点云数据的缩减**

建模前，在保证扫描物体曲面特征不失真的情况下，应尽可能缩减不必要的数据信息，以减少后续处理算法的复杂度，提高处理速度。它的思路一般是对扫描点云数据进行采样，常用方法有比例算法、空间算法、弦高算法、栅格法、曲率夹角法等。

模型重建后，如果模型用很细小的曲面或三角面片表示复杂的实体模型，数据量会比较大，特别是在存储、分析、显示、交互、处理及传输复杂三维模型的时候，将给计算机带来很大的负担，导致效率低下。近些年来，为达到用较少的三角面片表示相对精确模型的目的，许多学者对网格简化进行了重点研究。网格简化作为计算机图形学中的研究重点，目前已出现了许多网格模型简化的方法，比较常用的方法有顶点抽取方法(Schroeder，1992)、迭代简化算法(Hoppe et al，1992)、二次误差度量算法(Garland et al，1997)等。

5. **三维模型的重建**

三维模型重建方面的研究比较多，常用的方法有基于基本几何体如圆柱、圆锥、棱柱等布尔操作的方法和基于表面重建的方法。基于表面重建的方法又分为基于数学上自由曲面函数如贝塞尔曲线(Bezier)、B 样条曲线(B-spline)、非均匀有理 B 样条(non-uniform rational B-splines，NURBS)或二次函数等进行曲面重构的方法和网格模型重建方法。用B样条曲面逼近离散点云数据的方法是经预处理将采样点云数据变为矩形分布的点，从而构造出平滑连续的曲面作为重建曲面。步进立方体(marching cube，MC)算法是抽取体数据的等值面构建三维网格模型。Hoppe等(1992)对传统的MC算法进行了改造，建立了基于距离函数的零水平集方法以生成网格。Floater等(2001)采用二维映射的方法，先将原始点云数据投射到平面上，并运用平面的德洛奈(Delaunay)三角化方法将这些投射点连接成三角网格，再根据这个连接关系创建原始点云数据的网格重构曲面。Amenta等(1998)则对散乱点直接使用沃罗诺伊(Vorono)图进行德洛奈三角化。

6. 残缺数据的处理

当扫描对象复杂的结构及材质的问题致使局部区域反射率较低，或受现场环境中大气温度、湿度、折射率等因素和扫描过程中操作问题等原因及扫描仪站点设置限制的影响，致使数据不全，抑或是需要重构的三维模型能满足一定精度要求和完整的拓扑性质时，需要对点云数据进行补洞，其关键是选择合适的拓扑结构。Wang等(2002)利用相似性和对称性的方法补洞。Jun(2005)采用分段处理漏洞的方法，将狭长复杂的模型表面漏洞分段，使每段都是简单的漏洞，并把每段投影至平面上做简单的三角剖分；然后反投影回三维模型，对洞之间的交叉点做特殊处理；最后对补洞部分的三角形做细化处理。Davis等(2002)采用基于场扩散的方法，主要针对因几何形状、拓扑结构过于复杂，而不能用简单的三角剖分或者补丁面片等方法来解决的漏洞。

7. 纹理映射

真实物体和虚拟场景建模技术在应用中一般注重视觉效果的真实性。物体的颜色、材质等信息占人视觉信息的很大部分，为了满足可视化的需要，必须对几何模型赋以颜色，才能够绘制成具有色彩真实感的三维模型。一般采用数码相机拍摄的真实照片作为纹理的来源，需要解决的主要问题是一个由照片到几何的映射问题。在纹理映射的过程中，涉及相机标定、二维图像与三维几何模型如何配准等问题。不同照片的光照处理、照片之间的接缝处理也是影响所贴纹理质量的重要因素。

点云数据的特点、重构实体结构的复杂度、建模方法的不同，导致点云数据处理的过程也会不同，并且每种方法都有它的局限性和适用性，应在前人研究成果的基础上，根据不同的应用领域，进行改进性或创造性的研究。随着相关技术的发展，点云数据智能化处理是未来的发展趋势(杨必胜 等，2019)。

各种类型的三维激光扫描仪配有相应的点云数据处理软件，如徕卡公司的Cyclone软件、Rigel公司的Riscan Pro软件、Optech公司的ILRIS-3D Parser软件、Trimble公司的RealWorks软件、Faro公司的Faro Scene软件等。逆向工程领域比较著名的点云处理软件有加拿大Innovmetric公司的PolyWorks、美国EDS公司出品的Imageware、美国Raindrop公司出品的Geomagic Studio、英国

DELCAM 公司出品的 CopyCAD 、韩国 INUS 公司出品的 RapidForm 等。这些软件一般都具有点云数据编辑、拼接与合并、数据点三维空间量测、点云数据可视化、空间数据三维建模、纹理分析处理和数据转换等功能。逆向工程软件主要应用在计算机辅助设计(computer aided design,CAD)和计算机辅助制造(computer aided manufacturing,CAM)领域,侧重于精细数据表面的建模和可视化,但对特定的数据在功能和性能方面存在不足,如对于古建筑点云数据,点云分割功能还不能很好地实现点云数据的自动分割,尤其是根据木构件的点云语义分割,并且这些软件价格一般比较昂贵。

2.2　地面激光雷达点云数据采集

古建筑体量、数字化的目的及精度要求不同,因此古建筑数字化数据采集和处理的方案也不同。在进行古建筑数字化采集之前,需要明确古建筑测绘的目的与类型,如法式测绘是为科学记录档案进行的典型测绘,全面测绘是为大修进行的系统测绘,后者需要详细记录构件的结构;还需要明确古建筑测绘的精度与基准,一般坐标系可采用通用坐标系(与地方坐标系或 2000 国家大地坐标系 CGCS2000 联测)或建筑坐标系两大类,古建筑群测绘一般需要布设全局控制网,而单体古建筑测绘依据对象体量可选择性布设控制网,测量精度根据古建筑测绘的目的及建筑等级,分为不同的测绘精度(表 2.3)。针对不同的实际应用,需要根据古建筑体量、复杂程度及古建筑数字化的目的和精度要求等,制订最佳的古建筑数字化采集方案。制订方案的时候可以参考相应的规范,如《古建筑测绘规范》(CH/T 6005—2018)和《地面三维激光扫描作业技术规程》(CH/Z 3017—2015)等。

表 2.3　地面三维激光扫描点云精度指标　　单位:mm

等级	特征点点间距中误差绝对值	点位相对于临近控制点中误差绝对值	最大点间距
一等	≤5	—	≤3
二等	≤15	≤30	≤10
三等	≤50	≤100	≤25
四等	≤200	≤250	—

为获取古建筑高精度完整的地面激光雷达点云数据,数据采集前的技术准备、制订合理有效的数据采集技术方案和高效的数据采集流程非常重要,对提高三维数据的采集质量、扫描对象测量精度,并反映全部场景细节有着十分重要的意义。

2.2.1　数据采集方案设计前的技术准备

首先,明确项目任务要求。外业数据采集之前必须明确测量项目的具体任务要求，包括扫描对象、现场范围、扫描精度、成果要求和其他要求等，这是制订数据采集技术方案的最主要依据。

其次，收集项目相关资料，并进行适用性分析。收集的资料主要包含与扫描对象相关的图纸、文献、测量资料等，如测区及周边的控制成果资料、测区 1：500～1：2000 比例尺地形图、数字高程模型、数字正射影像图、设计图、竣工图和测区其他相关资料等。

再次，现场踏勘。为了保证项目技术设计的合理性并顺利实施，需要到扫描现场进行踏勘，全面细致地了解作业区域的自然地理、人文、交通状况及周边环境等，核对已有资料的真实性和适用性，了解扫描对象的结构、形状、大小等，初步确定扫描站点及控制点的分布并绘制草图。

最后，整体分析。在对扫描对象充分了解的基础上，综合考虑精度、速度、现场环境等因素，对外业数据采集工作进行整体分析、设计，选择合适的三维激光扫描仪，并根据测区情况选择控制网和扫描站的布设方式、站点数量等。

2.2.2　数据采集方案的制订

数据采集方案的技术设计应根据项目要求，结合已有资料、实地踏勘情况及相关的技术规范，编制技术设计书。技术设计书的编写应符合《测绘技术设计规定》(CH/T 1004—2005)的规定。技术设计书的主要内容应包括项目概述、测区自然地理概况、已有资料情况、引用文件及作业依据、主要技术指标和规格、仪器和软件配置、作业人员配置、安全保障措施、作业流程。下面选择主要的设计内容进行详细说明。

1. 坐标系的选择

三维激光扫描仪在扫描数据时，在每一站建立一个独立的空间直角坐标系，不同测站之间的坐标系不同，因此在后数据处理过程中，需要将坐标转换到参考坐标系中。参考坐标系的选择不同，存在的误差影响也不同，从而影响数据的精度，因此要合理安排，选择适当的参考坐标系。地面三维激光扫描作业的平面坐标系宜采用 CGCS2000，采用地方坐标系时应与 CGCS2000 建立联系。地面三维激光扫描作业的高程基准宜采用 1985 国家高程基准，采用地方高程基准时应与 1985 国家高程基准建立联系。也可以根据需要自定义平面坐标系和高程基准。

2. 三维激光扫描仪的选择

目前，生产三维激光扫描仪的厂家有很多，扫描仪的品牌种类也有很多。不同的仪器在测距精度、测距范围、数据采样率、最小点间距、点位精度、模型化点定位精度、激光点大小、扫描视场、激光等级、激光波长等指标方面有所不同。首先，应根据项目任务技术要求按表 2.3 选择相应的作业等级，地面三维激光扫描仪的主要技术应符合表2.4的要求;其次,根据不同的情况(如成本、扫描距离、扫描速度、项目的精度要求、现场环境等因素)进行综合考虑,选择符合要求的单一类型地面三维激光扫描仪,在特殊情况下(如项目任务量较大、工期较短、扫描对象有特别要求等)需要多台仪器参与扫描,也可选择符合要求的多种类型地面三维扫描仪混合使用,但应顾及后续数据处理软件的兼容性。

表2.4　地面三维激光扫描仪主要技术要求

仪器指标	测距或点位中误差绝对值/mm	有效点云距离
一等	≤2@D或3@D	≤D且≤0.5S
二等	≤5@D或8@D	≤0.5D且≤0.5S
三等	≤15@D或25@D	≤0.5S
四等	≤50@D或75@D	≤0.7S

注:表中“@”符号表示“在……处”,如“A@D”指在D距离处仪器测距中误差或点位中误差为A,其中A指仪器的标称测距中误差或点位中误差,D指仪器标称精度的距离;S指仪器的标称测程。

3. 控制测量技术方案

三维激光扫描仪在每站扫描数据时建立自己独立的扫描坐标系,为获取扫描对象高精度、完整的点云数据,下面几种情况在进行激光扫描的同时还需开展控制测量。

(1)扫描对象空间跨度大,需要多站连接才能完全覆盖。

(2)扫描对象有隔断,需要控制传递。

(3)扫描要求数据精度很高,必须通过控制网来连接。

(4)扫描对象需要与设定坐标系(包含测量坐标系)对接,实现点云数据的坐标统一。

控制测量包含平面控制测量与高程控制测量。其中:平面控制测量对于大范围区域,可采用卫星定位测量做首级控制网,全站仪导线做次级控制网;高程控制测量一般采用精密水准测量(四等)。为满足技术设计的精度要求,控制测量应该充分考虑测量现场的实际情况并参考测绘相关的技术规范,设计合理的控制网的网形,同时,考虑现场环境、点位精度要求等布设控制点。简要地说,控制网布设的原则为点位尽量精简,能够控制主要扫描连接站,易于保存量测,以便检核。具体地说,控制网布设的原则包括以下几点。

(1)控制网应整体设计,分级布设。

(2)控制网应根据测区内已知控制点的分布、地形地貌、扫描目标物的分布和精度要求，选定控制网等级并设计控制网的网形。

(3)控制网的控制精度要高于扫描精度要求。

(4)控制网应全面控制扫描区域，在分区进行扫描作业时，还应对各区的点云数据配准起到联系和控制误差传递的作用。

(5)控制网布设应满足扫描站布测和标靶布测的需求。

(6)控制点宜选在主要扫描目标物附近且视野开阔的地方。

(7)控制点之间要有良好的通视性，基本原则是三个控制点之间应该互相通视。

(8)控制网的网形应当按照技术规范进行优化，使网形设计合理、控制全面；控制点距离建筑物等符合技术要求，一般要求不大于 50 m。

(9)对于小区域或单体目标物扫描，通过标靶进行闭合时可不布设控制网，但扫描成果应与已有空间参考系建立联系。

4. 外业三维激光扫描技术方案

合理的外业三维激光扫描技术方案是整个数据采集方案设计中最重要的组成部分。为了获得地理场景完整的三维信息，需要多测站、多角度地对场景进行扫描。外业扫描之前，需要根据工程精度要求、测量场景的大小及复杂程度等，确定扫描路线、扫描距离、扫描分辨率、扫描站数、扫描站点等，还需要确定标靶布设方案。

合理设置扫描站点，可以确保三维激光扫描仪在有效范围内发挥最大的效率，从而提高外业采集数据的效率。扫描过程中还需注意与控制测量的结合。控制方案是为扫描服务的，选择控制点时要兼顾扫描方案，同时，在现场布设也要将两者相互结合以方便统一数据、提高数据精度。在扫描站点布设上，需要遵循的基本原则如下。

(1)扫描站应设置在视野开阔、地面稳定的安全区域。

(2)测站的设置应该尽量保证仪器可以扫描到自身规划区域内全部的目标对象。

(3)相邻站点之间保证一定的数据重叠度，一般为 20%～30%。

(4)控制站点保证有 4 个以上控制条件。

(5)扫描站扫描范围应覆盖整个扫描目标物，均匀布设，并且设站数目尽量减少，单一站点尽量正对相应扫描部位。

(6)在目标物结构复杂、通视困难或线路有拐角的情况下，应适当增加扫描站，必要时可搭设平台架设扫描站。

标靶有多种形式，有球形标靶、圆形标靶、方形标靶、反射片、标靶纸等(图 2.5)，在应用中需根据精度要求、现场情况等综合考虑标靶类型的选择。标靶布设的方法有逐站布设、附合线路布设、闭合线路布设等方式；标靶应在扫描范围内均匀布置且高低错落，不能将三个标靶放在一条直线上、四个标靶放在一个平面上；标靶应放置在稳定的地方，确保在扫描过程中不能移动；每一扫描站的标靶个数不应少于四个，相邻两扫描站的公共标靶个数不应少于三个；明显特征点也可作为标靶使用。

球形标靶　圆形标靶1　圆形标靶2　方形标靶　反射片　标靶纸

图 2.5　各种形式的标靶

标靶可以作为相邻扫描站的公共点，实现坐标系的统一，也可以在每站扫描完毕后，利用全站仪等测量仪器测量出标靶在测量坐标系下的三维坐标，进而以标靶作为公共点，将扫描点云数据坐标转换到测量坐标系下实现坐标系的统一。在测量标靶三维坐标时，应在同一控制点上观测两测回，或在不同控制点上施测两次，平面、高程较差应不大于 2 cm，取平均值作为最终成果；按四等点云精度作业时，标靶平面测量可采用实时动态（real-time kinematic，RTK）技术进行测量，并应符合相应等级技术要求。

2.2.3　现场数据采集

1. 外业采集之前的检查

外业采集之前，应该对仪器设备、人员配置、方案设计资料、安保措施等进行检查，为外业采集做充足的准备。仪器设备应在检校合格有效期内，各种功能应均能正常使用，仪器各部件及附件应齐全、匹配，仪器各个部件应连接紧密且稳定，电源容量和内存容量应满足作业时间需求，配备安全筒、遮阳伞等必要的防护装备。操作人员需经过技术培训、有经验，人数要适当。操作人员的人身安全保障应该符合相关规范的规定，高空作业时，应保证仪器、人身安全；特殊作业环境时，所选仪器设备应满足安全要求。

2. 控制测量

首先根据控制测量方案进行踏勘、选点和做标记。在外业观测时，一等点云精度的控制测量应单独设计，其他等级应按照表 2.5 的规定选择控制测量观测方法，导线测量、全球导航卫星系统（global navigation satellite system，GNSS）测量和水准测量作业应符合《城市测量规范》（CJJ/T 8—2011）、《工程测量标准》（GB 50026—2020）的规定。最后通过内业计算得出控制点的三维坐标。

表 2.5　控制测量观测技术要求

点云精度	平面控制	高程控制
二等	二级导线、二级 GNSS 静态	四等水准
三等	三级导线、三级 GNSS 静态	四等水准
四等	图根导线、GNSS 静态或动态	图根水准

3. 单站扫描的基本过程

单测站三维扫描主要考虑扫描环境、范围、视角、扫描时间等因素，通过参数设置进行三维扫描，如图 2.6 所示。其具体操作步骤如下。

(1)将仪器在观测环境中放置 30 分钟以上再开展外业采集工作。

(2)观察扫描环境及扫描位置，架设扫描仪到指定位置，确保相邻扫描站间有效点云的重叠度不低于 30%、困难区域不低于 15%。

(3)连接扫描设备；如果需要连接笔记本计算机扫描，设定计算机网络地址并打开相应的扫描软件。

(4)查看扫描仪基本信息，包括剩余电量、数据存储模式、存储卡剩余空间等。

(5)设置当前工程及设站信息，即根据项目名称、扫描日期、扫描站号等信息命名扫描站点，存储扫描数据，并在大比例地形图、平面图或草图上标注扫描站位置及站点序号。

(6)设置当前站点扫描范围、扫描密度、扫描数据质量、测站相机等参数。

(7)布设扫描标靶球，检测仪器状态是否完好，并开始站点扫描及标靶的识别与精确扫描。

(8)扫描过程中出现断电、死机、仪器位置变动等异常情况时，应初始化扫描仪，并重新扫描。

(9)扫描过程中要查看扫描数据是否完整，扫描结束后需要检查确认点云和标靶的数据质量、完整性，对缺失和异常数据应及时补充扫描，如图 2.7 所示。

图 2.6　三维激光扫描仪外业数据采集示意

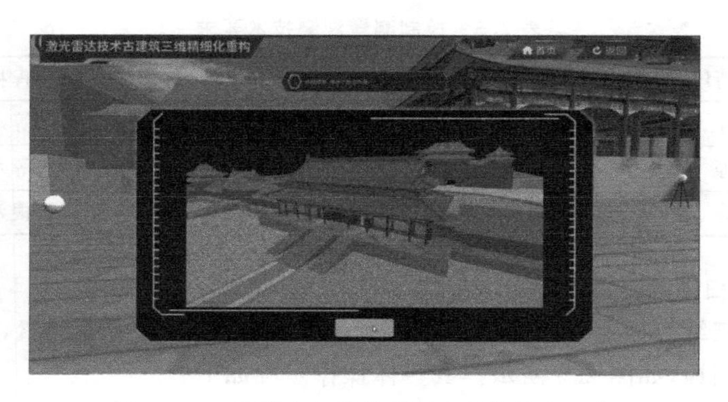

图 2.7　三维激光扫描仪数据完整性检查示意

不同品牌仪器的性能指标参数不同，不同项目的精度要求不同，不同仪器在上述第 6 步设置的扫描参数也有所不同。扫描距离一般根据三维激光扫描仪标称的扫描距离设置。扫描范围一般是默认全区域，也可以利用扫描仪预览环境的功能，以及通过图片或预扫描获得稀疏点云的功能来划定扫描范围；划定扫描范围一般要比目标对象大一些，以防漏缺数据。扫描密度根据需要及表 2.3 设置，一般将扫描分为四个密度：一是最小点间距大于 10 cm 的稀疏密度，常用于地形测量；二是最小点间距大于 1 cm 且小于等于 10 cm 的适中密度，常用于测量相对较大的建筑结构或者体积估算等宏观测量；三是最小点间距大于 0.1 cm 且小于等于 1 cm 的高密度，用于常规尺度较为细致的结构或者纹理测量；四是最小点间距小于等于 0.1 cm 的超高密度，用于精细结构纹理测量，如微雕、精密仪器零件检验等。扫描密度的选择一般满足精度需要即可，精度过高，扫描时间增加，数据量也大大增加，工作效率下降，成本上升，同时，增加后续数据处理的工作量。表 2.6 为 Faro Focus3D 扫描仪在不同扫描密度时相应点云数量、扫描时间和文件大小的对比。

表 2.6　Faro Focus3D 扫描仪扫描密度不同时的数据对比

分辨率(比率)	尺寸(点数)	扫描时间	文件大小
1/1	34 000×17 000	1 h	4 GB
1/2	17 000×8 500	30 min	1.5 GB
1/5	6 800×3 400	5 min	100 MB
1/8	4 200×2 100	2 min	80 MB
1/16	2 100×1 000	1 min	20 MB

4. 扫描过程中的换站

当单站相关的采集数据工作完成无误之后，将仪器搬到下一测站，重复单站扫描工作。在新站扫描数据时，需注意与前一个测站的工程文件名称、分辨率等特殊指标参数保持一致。换站过程中是否关机则根据两站之间的距离、仪器操作要求等因素考虑，标靶是否移动根据扫描对象的情况决定。

当完成所有测站扫描工作时，可将U盘插入仪器现场导出数据文件，也可以采用移动硬盘或者传输电缆直接与计算机连接导出数据，具体视数量大小及仪器类型而定。之后可以关闭仪器电源，整理相关部件，待仪器马达停止后装箱，从而结束所有外业扫描工作。

5. 扫描过程中的注意事项

外业扫描过程是基于仪器在一定的外界环境下开展的，并且三维激光扫描仪属于精密贵重设备，为获取更高精度点云数据、确保操作人员及仪器的安全，扫描时有一些注意事项。例如，确保仪器工作环境的温度和湿度要在仪器的工作耐受范围之内；扫描中应按科学的操作顺序进行；操作人员不要远离仪器，工作中注意保证仪器的安全，避免外力对仪器造成可能的损害；应选择合适的时机扫描，尽量避免扫描环境中存在人员杂乱或者非人为因素干扰(如风、局部震动等)；扫描中要定期检查仪器和布设的控制标靶或者其他控制标志，如发生变动需要采取相应调整措施。根据国际电工委员会(International Electrotechnical Commission，IEC)标准，对于少数安全等级大于Ⅳ级的激光扫描仪激光，操作人员应注意激光辐射，在工作区周围应设立警戒标志。

2.3 故宫古建筑三维数字化采集实例

2.3.1 项目介绍

中国古代建筑融政治、经济、哲学、美学、宗教于一体，有着极为丰富的文化内涵。而北京故宫，又称“紫禁城”，正是其中翘楚，集中反映了中国传统礼制思想，其建筑布局、形式、装饰等无不体现出中国特有的建筑理念，它不仅是中国建筑历史和东方艺术史的典型例证，也是研究中国政治经济、社会历史、哲学思想的文化宝库。为维护历史文化的完整性并更好地发挥北京故宫博物院的历史作用，故宫博物院于2002—2010年对中轴线及其两翼主要古建筑进行了大修。此次大修以保存历史真实性和完整性为原则，修复了文物建筑中损坏的木质、脱落腐蚀的琉璃彩画及风化的栏杆等，同时增加了一些新的开放区。

为了保证建筑文物的历史真实性并为维修方案提供参考，故宫博物院联合北京建筑大学，在维修之前对古建筑及其构件进行了完全尊重实物的三维数字化测量与建模，用于建立建筑物的数字化档案。这些档案包括彩色数字正射影像图、大木结构非均匀有理B样条曲面模型、整体点云模型、三角网模型、彩色三角网仿真模型，以及传统的平面图、立面图、剖面图等，在深度和广度上为下一步修复与保护工作提供准确的第一手资料。

故宫古建筑群的三维数字化测量与建模难度很大，体现在以下方面：故宫古建筑包含复杂斗拱、密集的大木梁架结构，殿内摆设器物也会造成部分数据遮挡，扫描死角较多，又由于单体建筑内外有墙壁分隔，建筑内部上下一般也由天花相隔，增加了采集数据的难度，不易实现不同测站扫描点云数据的配准；扫描过程中存在诸多外部扫描干扰因素，如参观游人、建筑周围的树木植被、施工遮挡等，这些因素使得扫描数据出现噪声及缺失现象；部分建筑格局紧凑，空间狭窄，需增加站点之间连接及控制点布设，部分高大建筑顶部的数据也难以获取。

该项目分三期实施：第一期对太和门、太和殿、乾清宫、神武门等中轴线建筑和寿康宫、慈宁宫等进行三维数字化测量与建模；第二期对乾隆花园及其附属建筑进行三维数字化测量与建模；第三期对西六宫、保和殿、中和殿、雨花阁等进行三维数字化测量与建模。为统一不同期的古建筑扫描数据坐标基准，需按相应的技术规范及工程要求实施控制测量。由于故宫的古建筑结构复杂，而且需要采集古建筑室内外完整数据，故难度很大，其扫描方案的设计和实施需综合考虑多种因素。

2.3.2　控制测量方案及实施

根据项目需求采用的规范和标准如下。

(1)《全球定位系统(GPS)测量规范》(GB/T 18314—2009)。

(2)《城市测量规范》(CJJ/T 8—2011)。

(3)《国家一、二等水准测量规范》(GB/T 12897—2006)。

采用的坐标基准如下。

(1)1980 西安坐标系、北京城市地方坐标系。

(2)1985 国家高程基准。

(3)故宫独立坐标系和独立高程系。

北京故宫是文物保护区，其古建筑分布密集，游人干扰大，通视条件差，并且仪器安置及点位标志不能影响文物保护等，因此，设计控制网时在点位精度、点位密度、点位分布及标志埋设等方面都进行了综合考虑。沿主要中轴线建筑及需要联测的寿康宫、慈宁宫、乾隆花园、西六宫等依次布设首级卫星定位测量控制网，保证每栋建筑至少有两个可通视控制点。图 2.8 为在午门北金水桥处设置的控制点 G_1 的位置和地面标记，图 2.9 为故宫首级卫星定位测量控制网，图 2.10为故宫首级水准测量控制网。下面以太和殿为例，详细介绍如何基于首级控制点数据 T_9 和 T_{10} 布设二级控制点，并将坐标系从室外引到室内、从室内地面传递到天花梁架层等，从而在基于地面激光雷达测量技术三维数字化过程中起到精准控制的作用。

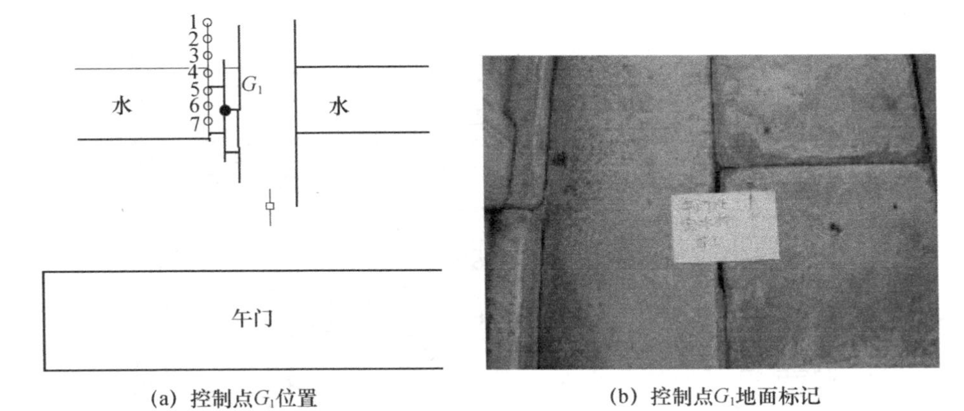

(a) 控制点G_1位置　　(b) 控制点G_1地面标记

图 2.8　午门北金水桥处设置控制点 G_1

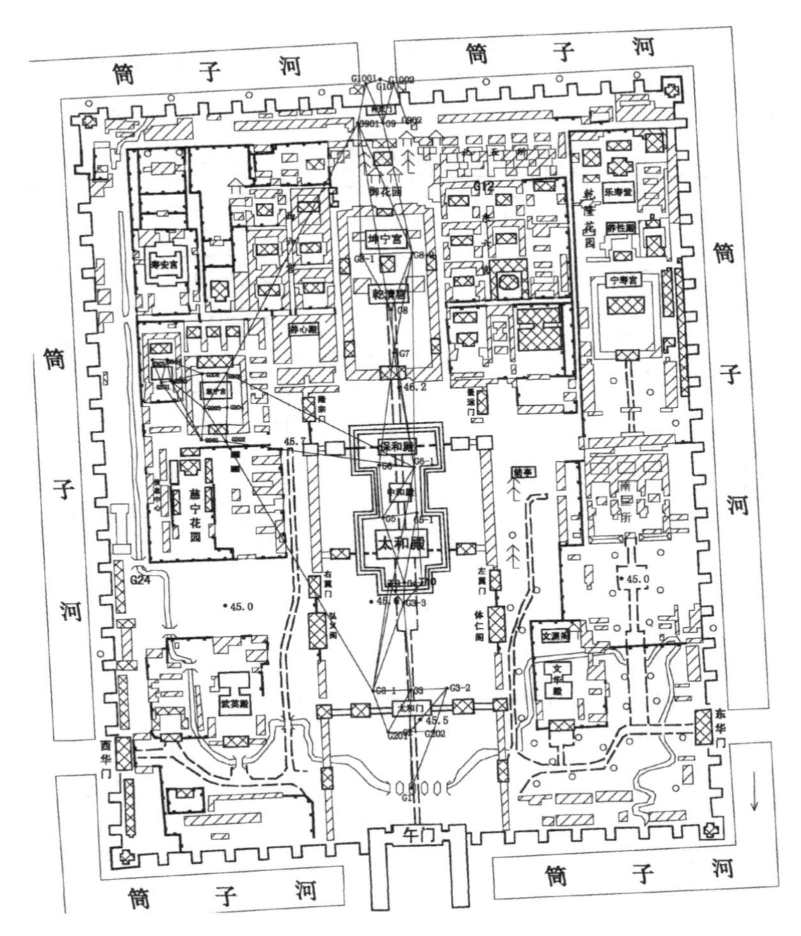

图 2.9　故宫首级卫星定位测量控制网

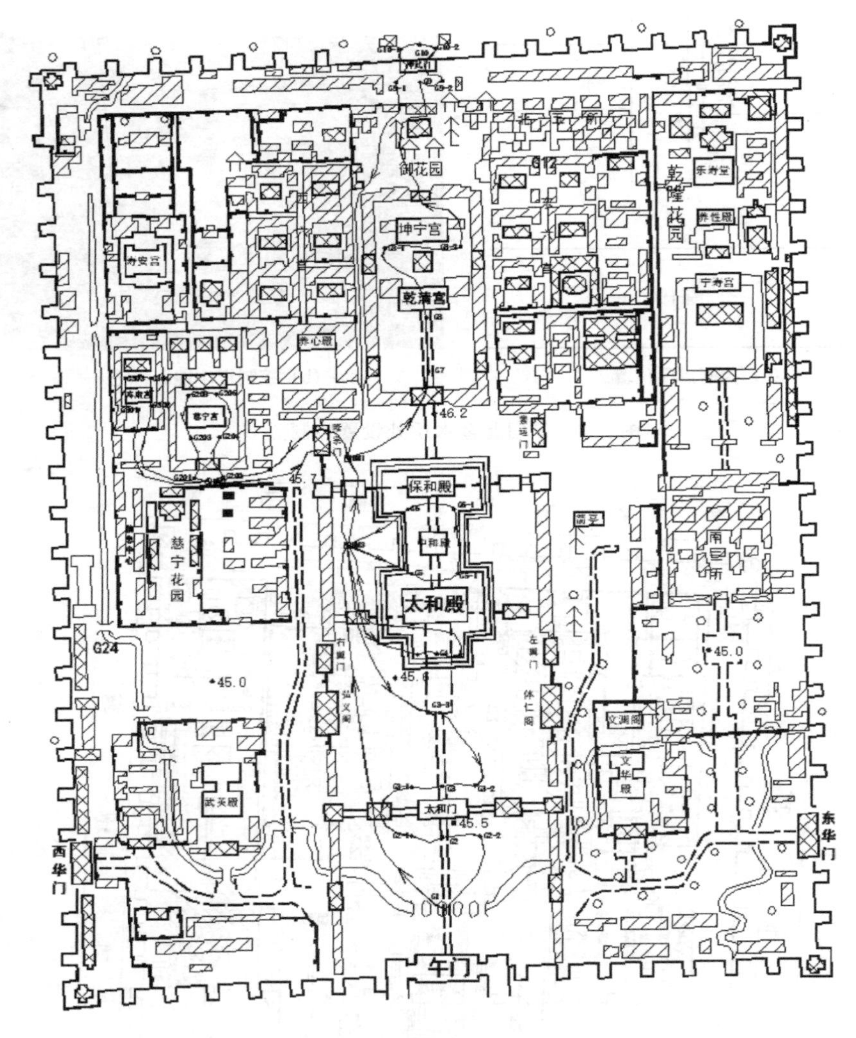

图 2.10　故宫首级水准测量控制网

图 2.11 为太和殿地面控制网略图，其中 T_9、T_{10} 为首级控制点。因为需要获取太和殿室外与室内统一坐标框架下的三维点云数据，在外围布设了 T_5、T_9、T_{10}、T_{11}、T_{12} 五个控制点，在大殿室内地面布设了两个控制点，分别为 T_{13} 和 T_{14}，观测并解求这些待定控制点的坐标。由于大殿内天花与地面阻隔，只能通过基于坐标和高程联系测量，将天花、梁架上的控制起算数据从大殿内的地面控制传递上去。

由于大殿内气流稳定，采用垂球传递坐标是可行的。图 2.12 为太和殿梁架平面坐标传递控制网略图。在天花两端适当的位置选择两个天花格并拆除天花板，同时在两端安置全站仪，作为太和殿梁架平面控制起算基线 Q'_{13}、Q'_{14}，利用垂球将仪器中心投至地面，待垂球稳定后在地面金砖上做Q_{13}、Q_{14}标记。在大殿内地面上布设包含Q_{13}、Q_{14}及控制点 T_{13}、T_{14}的二级导线，观测并解求Q_{13}、Q_{14}的坐标，作为梁架平面控制的起算数据，U_{13}、U_{14}为在梁架上布设的两个控制点。平差后大殿内二级导线相对闭合差为 1/16 700，满足二级电子测距（electronic distance measurement，EDM）导线 1∶10 000 的精度要求。为了进行坐标传递检核，在坐标传递时，对天花顶两点间的水平距离进行了检核。

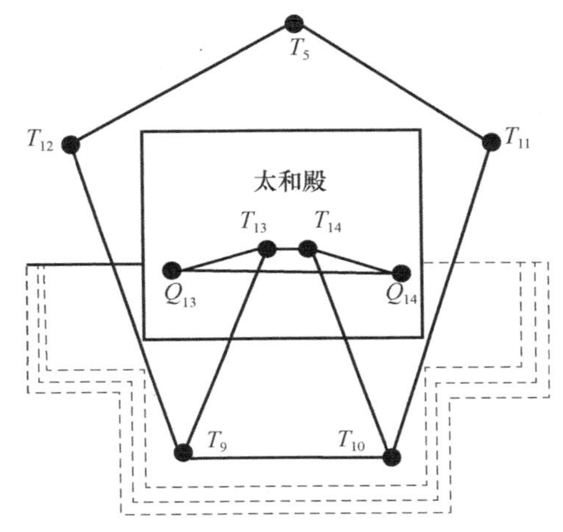

图 2.11　太和殿地面控制网略图

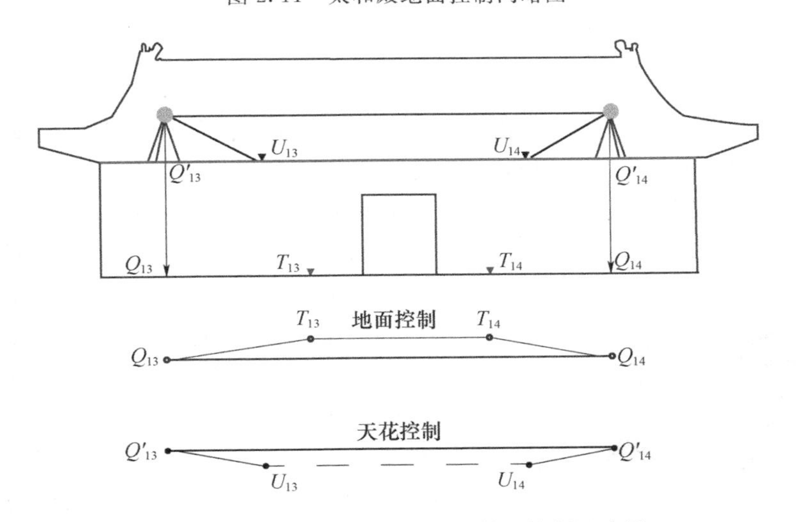

图 2.12　太和殿梁架平面坐标传递控制网略图

图 2.13 为太和殿梁架高程传递略图。利用钢尺进行高程传递，将地面控制点 T_{13}的高程传递至梁架上布设的控制点 U_{13}，传递时地面与梁架同时变化水准仪的仪器高，相应的读数数据分别标识在图 2.13 中，最大差值限差为±2 mm，满足要

求则取平均值为最后读数，基于精密水准测量的原理及相应读数利用 T_{13} 的高程 $H_{T_{13}}$ 计算出 U_{13} 的高程 $H_{U_{13}}$，从而将大殿内地面控制点高程传递到梁架控制点上。

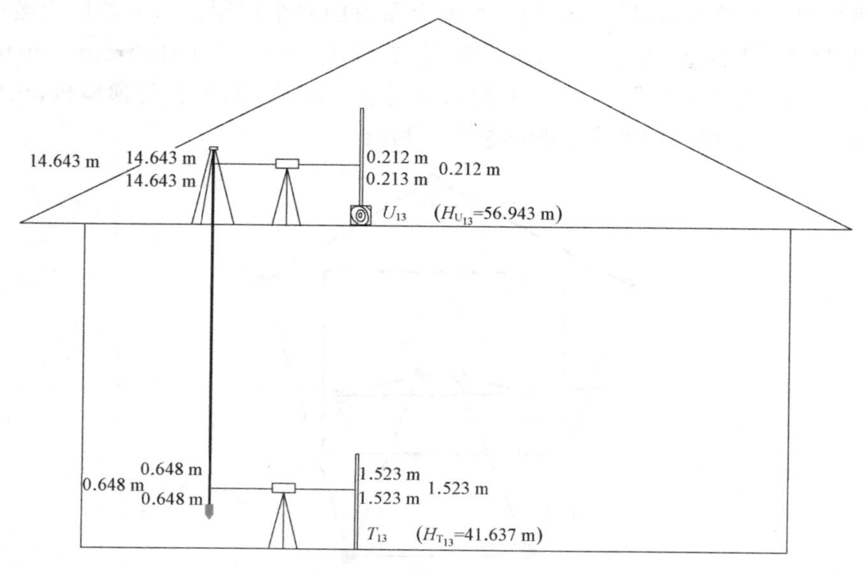

图 2.13 太和殿梁架高程传递略图

2.3.3 扫描方案及实施

1. 三维激光扫描仪的选择

依据故宫古建筑特点，将扫描范围分为室内与室外两部分。其中：室外部分主要扫描室外的门窗及屋顶外围部分，扫描距离一般在 100 m 左右，适合用远程扫描仪；室内部分则又分为天花以下及天花以上梁架部分，最远扫描距离为 50 m 左右，适合用中短距离扫描仪。根据故宫实际测量精度及数据重叠等需求，扫描主要采用的设备有徕卡公司的中远程地面激光扫描仪 HDS3000 及短程地面激光扫描仪 HDS4500，如图 2.14 所示。HDS3000 的有效扫描距离为 1～200 m，扫描距离为 50 m 时获取标靶的精度小于等于 2 mm，单点测量精度小于等于 5 mm。HDS4500 的有效扫描距离为 1～25 m，扫描距离为 25 m 时获取标靶的精度小于等于3.5 mm，扫描距离为 10 m 时的单点测量精度小于等于 6 mm。HDS3000 的数据采样率为 5 000 点/秒，HDS4500 的数据采样率为 500 000 点/秒，为缩短外业数据采集周期，一般在满足精度要求的情况下

(a) HDS3000 (b) HDS4500

图 2.14 项目选用的三维激光扫描仪

优先选择 HDS4500。

2. 扫描数据的获取

综合考虑多种因素布设扫描站点，图 2.15 为太和殿地面室内、外扫描站点布设情况，图 2.16 为太和殿内梁架顶部扫描站点布设情况，扫描平均密度为 5 mm。

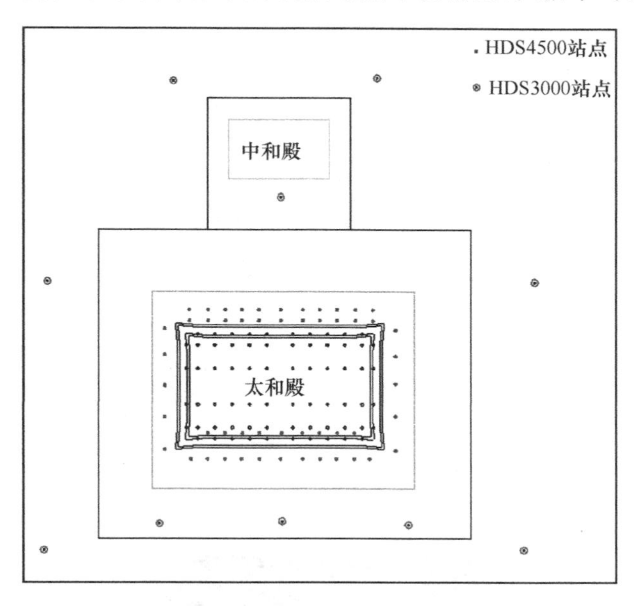

图 2.15　太和殿地面室内、外扫描站点布设略图

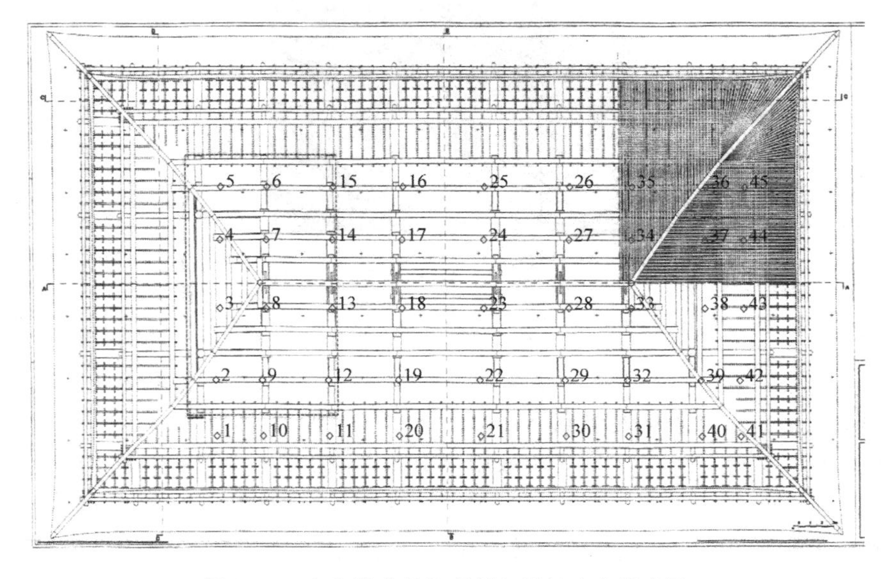

图 2.16　太和殿内梁架顶部扫描站点布设略图

扫描数据用标靶与控制点进行连接，并用标靶进行部分控制，图 2.17 为太和殿布设的标靶控制点。扫描时主要采用球形标靶和平面标靶。图 2.18 显示的球形标靶安装在天花板上，这样梁架上、地面上都可以扫描到。球形标靶拟合的误差一般为 2 mm，可以满足坐标转换需求。

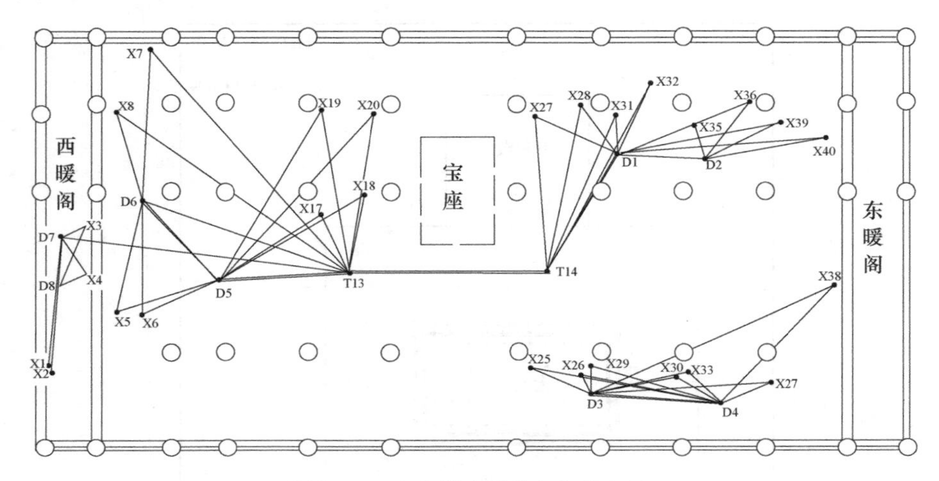

图 2.17　太和殿布设的标靶控制点

图 2.18　安装在天花上的球形标靶

因受故宫古建筑规模宏大、结构复杂等因素的影响，为满足扫描点云精度的要求，在采集古建筑外部房顶数据的时候通过采用升降机或搭脚手架方式实现，在采集室内梁架上点云数据的时候则通过脚手架方式实现，如图 2.19 所示。

该项目还采集了影像数据。获取影像数据时，需要考虑数据拍摄的分辨率及相机幅面等问题。为了获得一定比例尺下的正射影像，需按照比例尺预先计算出单张数码照片的分辨率，而单张数码照片的分辨率不仅与正射影像的比例尺有关，而且与古建筑物立面的划分方式有关，因此在进行实地拍摄之前要对所要拍摄的建筑物立面进行整体划分。以保和殿南外立面为例(图 2.20),拍摄距离为 3 m,拍摄的分辨率为 1 mm,图幅为 5 m×3 m。除了考虑平面的拍摄方式外,还需考虑景深对正射影像某一位置分辨率的影响。例如,建筑物的瓦片部分景深为 10 m,也即瓦片最上部和最下部相距 10 m,用一张照片拍摄,映射到三角网模型上时,瓦片最上部和最下部像素的差别较大。为了解决此类问题,保证整张正射影像分辨率的统一性,可对景深差异较大的地方分别进行划分并替代原有的地方。

(a) 室外升降机扫描

(b) 室外脚手架扫描

(c) 室内脚手架扫描

图 2.19　特殊位置扫描站点的扫描方式

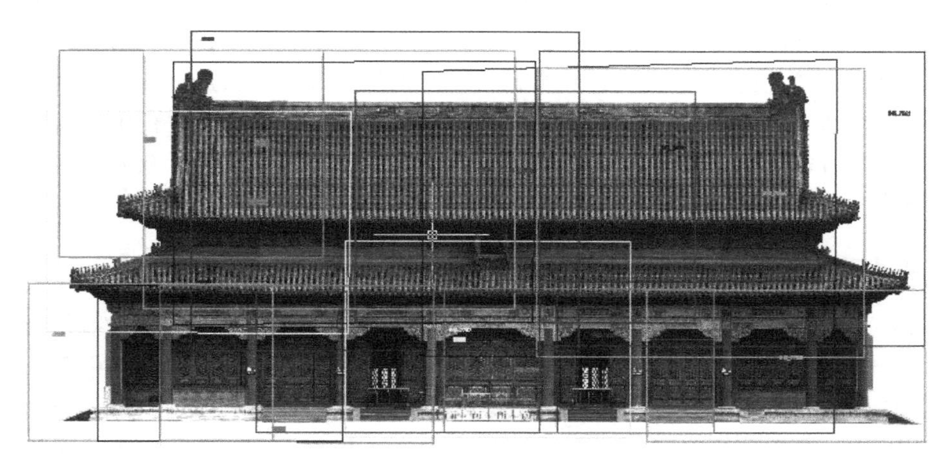

图 2.20　故宫保和殿外业影像拍摄划分

第3章 基于古建筑木构件的点云语义分割

古建筑数字化采集完成后，还需对离散的、坐标基准不同的每站点云数据进行处理，快速、高效地提取出古建筑木构件对应的点云数据，为下一步三维模型重建、古建筑木构件形态分析提供有效数据。但由于古建筑室内场景规模宏大、结构复杂，构件与构件之间紧密相连，从海量的离散点云数据中准确、完整地提取每个古建筑木构件对应的点云数据是非常困难的事情，并且完全由人工对密集分布的点云数据进行选取比较费时、费力。因此，本章重点从语义的角度研究自动化程度更高的古建筑木构件点云数据分割算法。

3.1 微分几何参数优化估计

基于三维激光扫描仪获取的点云数据在进行三维建模的具体应用中，如果没有其他数据可用于辅助分析，只有利用空间实体自身的几何特征和点云内在的拓扑关系进行分析，挖掘点云数据本身所蕴含的丰富几何信息，以重现具有完整几何结构和精确空间位置信息的实体模型。微分几何用于描述点云局部表面几何形体信息，它在基于三维激光扫描仪获取的点云数据进行三维建模的过程中是很重要的元素，是诸多数据处理算法的重要依据。本节在全面总结和分析微分几何知识的基础上，研究微分几何参数计算及其优化估计方法。

3.1.1 微分几何参数的定义和描述

微分几何可描述给定点附近的局部表面信息，反映曲面本身的内蕴性质，被广泛应用于计算机视觉、目标识别等领域，不仅是形状分析、模型重建过程中很重要的元素，而且也是特征提取、图像分割、基于几何的剖分、表面去噪、模型重采样、模型简化、表面参数计算等算法的重要依据。现有的很多点云处理方法都是先计算其微分几何属性，本书也采取这种策略，先估计点云局部微分几何属性，然后进行特征提取、点云分割、模型重建等操作。

微分几何中，涉及的概念有切向量、正常点、切方向、切平面、法方向、法截面、法截线、法曲率、主方向、主曲率、平均曲率、高斯曲率、主坐标系、主二次曲面和位姿矩阵等，下面一一给出它们的定义及描述（梅向明 等，2003；施法中，2001）。

图 3.1 中，S 认为是空间 $\mathbf{R}^3$ 中的一个曲面，并且可由任意的二变量 $X(u,v)$ 参数化表示。假定曲面 S 上任意一点 p 附近是光滑的，用(u_0,v_0)表示。曲面 S 上过

p 点有一条曲线 u，即

$$\boldsymbol{X}=X(u,v_0) \tag{3.1}$$

又有一条曲线 v，即

$$\boldsymbol{X}=X(u_0,v) \tag{3.2}$$

曲线上某点的切向量是通过此点的所有向量中最贴近此曲线的向量。在曲面 S 上 p 点处的这两条坐标曲线的切向量分别为

$$\boldsymbol{X}_u(u_0,v_0)=\frac{\partial \boldsymbol{X}}{\partial u}(u_0,v_0) \tag{3.3}$$

$$\boldsymbol{X}_v(u_0,v_0)=\frac{\partial \boldsymbol{X}}{\partial v}(u_0,v_0) \tag{3.4}$$

如果它们不平行，即 $\boldsymbol{X}_u\times\boldsymbol{X}_v$ 在 p 点不等于零，则称 p 点为曲面 S 的正常点。

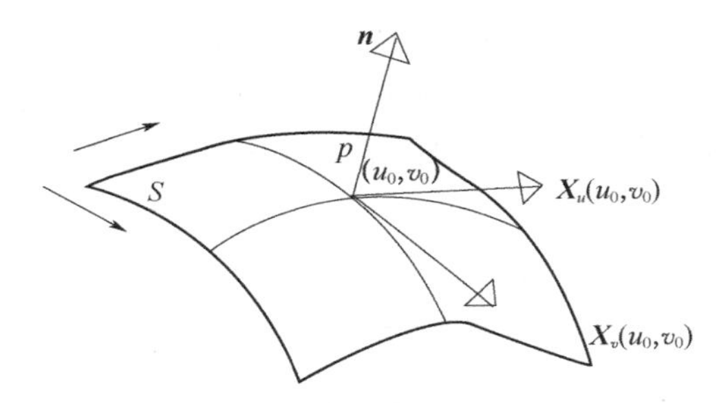

图 3.1　曲面 S 上 p 点的法方向和切向量

曲面 S 上任一过 p 点的曲线在 p 点处的切方向，称为曲面 S 在 p 点的切方向或方向，用 t 表示。

曲面 S 上 p 点处的所有切方向共面，此平面为曲面 S 在 p 点的切平面，用 T 表示。过 p 点垂直于切平面 T 的方向为曲面 S 在 p 点的法方向，可由 $\boldsymbol{X}_u$ 和 $\boldsymbol{X}_v$ 计算得出，一般指向外，用 $\boldsymbol{n}$ 表示，则有

$$\boldsymbol{n}=\frac{\boldsymbol{X}_u\times\boldsymbol{X}_v}{\|\boldsymbol{X}_u\times\boldsymbol{X}_v\|} \tag{3.5}$$

曲面 S 的第一基本形式和第二基本形式定义分别为

$$\mathrm{I}(u,v,\mathrm{d}u,\mathrm{d}v)=\mathrm{d}\boldsymbol{X}\cdot\mathrm{d}\boldsymbol{X}=\mathrm{d}\boldsymbol{U}^{\mathrm{T}}\boldsymbol{G}\mathrm{d}\boldsymbol{U} \tag{3.6}$$

$$\mathrm{II}(u,v,\mathrm{d}u,\mathrm{d}v)=-\mathrm{d}\boldsymbol{X}\cdot\mathrm{d}\boldsymbol{n}=\mathrm{d}\boldsymbol{U}^{\mathrm{T}}\boldsymbol{D}\mathrm{d}\boldsymbol{U} \tag{3.7}$$

式中：$\mathrm{d}\boldsymbol{U}=[\mathrm{d}u\ \ \mathrm{d}v]^{\mathrm{T}}$；$\boldsymbol{G}=\begin{bmatrix}\boldsymbol{X}_u\cdot\boldsymbol{X}_u & \boldsymbol{X}_u\cdot\boldsymbol{X}_v\\ \boldsymbol{X}_v\cdot\boldsymbol{X}_u & \boldsymbol{X}_v\cdot\boldsymbol{X}_v\end{bmatrix}$；$\boldsymbol{D}=\begin{pmatrix}\boldsymbol{n}\cdot\boldsymbol{X}_{uu} & \boldsymbol{n}\cdot\boldsymbol{X}_{uv}\\ \boldsymbol{n}\cdot\boldsymbol{X}_{vu} & \boldsymbol{n}\cdot\boldsymbol{X}_{vv}\end{pmatrix}$。

第一基本形式表明：在参数 (u,v) 空间内，曲面 S 上一点 p 在曲面上的微小移动量不随曲面参数、位移、旋转的变化而变化，不依赖于所属的三维空间，因此是曲面的内蕴性质。第二基本形式刻画了曲面离开切平面的弯曲程度，即刻画了曲面在空间中的弯曲性。形状算子矩阵 $\boldsymbol{M}=\boldsymbol{G}^{-1}\boldsymbol{D}$，它反映的是欧几里得三维空间中曲

面 S 在 p 点处的局部表面内在几何特征。

由第二基本形式可知，曲面 S 在 p 点的弯曲性可以由曲面 S 离开它在 p 点处切平面的快慢来决定。但是曲面在不同的方向弯曲的程度不同，也就是说，在不同的方向曲面以不同的速度离开切平面。为刻画曲面 S 在 p 点的弯曲性，引进曲率的概念。同时，为描述曲面弯曲的程度和曲面弯曲的方向，引入法平面、法截线、法曲率、主曲率和主方向的概念。

如图 3.2 所示，曲面 S 上 p 点处任一方向 $\boldsymbol{d}$ 与曲面 S 在 p 点处法方向 $\boldsymbol{n}$ 确定的平面，为曲面 S 在 p 点沿方向 $\boldsymbol{d}$ 的法截面。这个法截面与曲面 S 的交线称为曲面在 p 点沿方向 $\boldsymbol{d}$ 的法截线，记为 C_0。法截线 C_0 在 p 点的曲率为曲面 S 在 p 点沿 $\boldsymbol{d}$ 方向的法曲率，用 k_n 表示，并且 $k_n=\frac{\mathrm{II}}{\mathrm{I}}$，Ⅰ、Ⅱ为式(3.6)、式(3.7)。假设曲面 S 上一曲线 C 和法截线 C_0 切于点 p，p 点在曲线 C 中的曲率记为 k，法截线 C_0 与曲线 C 法方向之间的夹角记为 θ，则 p 点在曲线 C 沿 d 方向的曲面法曲率为 $k_n=k\cos\theta$，这就是默尼耶(Meusnier)法则。根据这个关系式，所有关于曲面曲线的曲率都可以转化为法曲率来讨论。

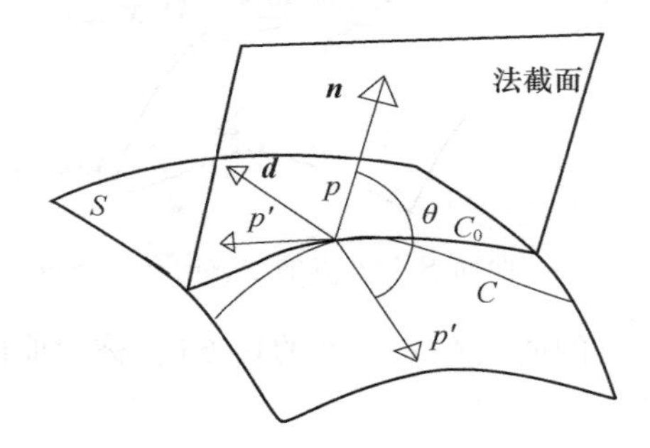

图 3.2　曲面 S 上 p 点的曲率性质

曲面 S 上 p 点的两个切方向，如果它们既正交又共轭，则可称为曲面 S 在 p 点的主方向。曲面 S 上 p 点处主方向上的法曲率称为曲面在此点的主曲率。由于曲面 S 上 p 点处的主方向是过此点的曲率线切方向，因此主曲率也就是曲面 S 上 p 点处沿曲率线切方向的法曲率。如果 p 点沿各切方向的法曲率都相等，则称 p 点为曲面 S 的脐点。曲面 S 上 p 点(脐点除外)的主曲率 k_1、k_2 是曲面 S 在 p 点处所有切方向的法曲率 k_n 中的最大值和最小值，相应的主方向分别记为 $\boldsymbol{e}_1$ 和 $\boldsymbol{e}_2$。k_1 和 k_2 是 p 点形状因子矩阵 $\boldsymbol{M}$ 的特征值，$\boldsymbol{e}_1$ 和 $\boldsymbol{e}_2$ 是相应的特征向量。

曲面 S 上 p 点处的切平面内从 $\boldsymbol{e}_1$ 至任一方向 $\boldsymbol{d}$ 的转角为 φ，则曲面 S 在点 p 沿方向 $\boldsymbol{d}$ 的法曲率 k_n 为

$$k_n=k_1\cos^2\varphi+k_2\sin^2\varphi \tag{3.8}$$

这个就是著名的欧拉公式。

利用主曲率可以推出两个重要的几何形状描述量，即平均曲率和高斯曲率，分

别用 H 和 K 表示。设 k_1、k_2 为曲面 S 上 p 点的两个主曲率，曲面在 p 点处的平均曲率 H 定义为曲面在该点处所有法曲率的平均值，由欧拉公式得该点的平均曲率为该点主曲率的平均值，即

$$H=\frac{1}{2}(k_1+k_2) \tag{3.9}$$

曲面 S 在 p 点的高斯曲率 K 为该点两主曲率的乘积，即

$$K=k_1k_2 \tag{3.10}$$

通过平均曲率和高斯曲率的组合，可以判定曲面 S 在 p 点处局部表面的几何特征。表3.1给出两个曲率特征与不同曲面类型的关系(Arman et al,1993)。

表3.1　平均曲率、高斯曲率与曲面类型的关系

H \ K	$K<0$	$K=0$	$K>0$
$H<0$	峰(peak)	脊(ridge)	鞍脊(saddle ridge)
$H=0$	—	平面(flat)	极小点(minimum point)
$H>0$	凹底(pit)	谷(valley)	鞍谷(saddle valley)

曲面 S 在 p 点处的法方向 $\boldsymbol{n}$ 和主方向 $\boldsymbol{e}_1$、$\boldsymbol{e}_2$ 两两正交，它们构成 p 点的主坐标系(图3.3)，p 点为该坐标系的原点，Z 轴与法方向 $\boldsymbol{n}$ 一致。除脐点外，曲面任一点的主框架坐标系都很容易定义，因为脐点处的两个主曲率相等。设 k_1、k_2 为 p 点的两个主曲率，p 点的邻域可以用一个二阶曲面表示，即

$$z=k_1x^2+k_2y^2 \tag{3.11}$$

该曲面称为 p 点处 S 的主二次曲面或者密切二次曲面。世界坐标系到 p 点主坐标系的转换矩阵 $\boldsymbol{R}$ 称为 p 点的位姿矩阵。

计算分段线性曲面 S 上 p 点处的局部表面微分几何参数等于计算 p 点处的达布(Darboux)框架(Sander et al, 1990)，即 $\Delta p=(\boldsymbol{p},\boldsymbol{e}_1,\boldsymbol{e}_2,\boldsymbol{n},k_1,k_2)$。本文在微分参数估计时，第一步计算达布框架，平均曲率和高斯曲率可由 k_1、k_2 计算得出。

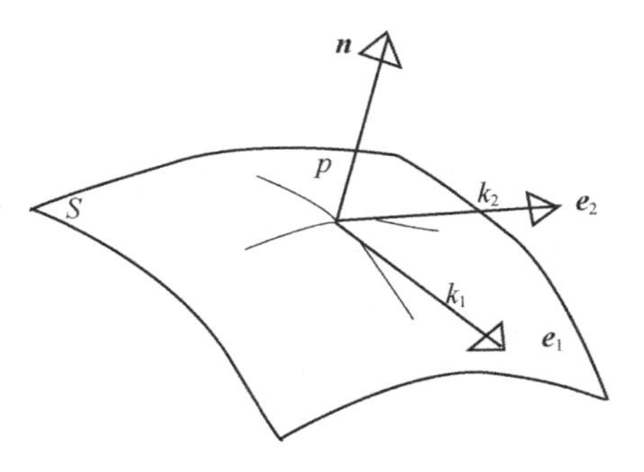

图3.3　曲面 S 上 p 点的主坐标系

尽管分段光滑曲面的微分几何参数估计在计算机图形领域广泛使用，凸显了它的重要性，但不适用于以离散形式存储的三维数据的几何属性估计，如法向量、曲率等。利用三维激光扫描仪获取的数据可能含有大量噪声和小规模振荡，并且利用局部算子估计微分几何参数的方法对噪声和量化值很敏感，即使三维数据精度足够好，要精

确估计微分几何参数也是十分困难的事情。由于噪声严重影响微分几何参数估计的精度，有些学者采取扩大空间邻域的方法提高精度，但这可能会平滑掉部分显著特征，导致计算出的微分几何参数估计值小于实际值。因此，本节研究的重点是精确估计微分几何参数的策略和具体计算方法，以保证估值的稳健性和可靠性。

目前，微分几何参数计算有三类方法，分别为曲面拟合估计方法、协方差估计方法和离散化表示连续形式下定义的微分几何参数的方法。根据不同的思路，离散近似估计方法又分很多种，如近似曲率圆方法、近似曲率球方法、表面法方向变化近似计算方法、曲率张量法等。根据古建筑采样点数据本身的特性，这里综合使用协方差和二次曲面拟合的方法估计微分几何参数。古建筑木构件连接处或自身边缘，均可视为光滑曲面，此时宜采用二次曲面拟合估计方法；有些构件中的采样点处弯曲度不高，可近似为平面点，此时宜采用协方差估计方法；之后再采用曲率一致性原理对微分几何参数估值进行全局优化，获取稳健的微分几何参数估值。

3.1.2　点云局部表面法向量估计方法

点云法向量在点云数据处理算法中占据着举足轻重的地位，点云平滑、点云简化、补洞、点云分割、三维重建等诸多相关算法都要用到点云法向量这个微分几何属性。在计算机中进行场景的三维显示时也离不开法向量，它是用来控制光照效果的主要依据，因为入射光与物体对光的反射和吸收决定了人眼所看到的物体的颜色，不同物体表面对光的吸收和反射量是不同的，这与物体表面的法向量有关。

针对离散点云，可采用协方差估计点云法向量。它的主要思想是基于信号处理的原理构建点与邻近点之间的协方差矩阵，邻域的协方差矩阵反映了曲面的局部几何属性。该方法是处理含有白噪声和加性噪声信号最有效的方式。令 p_i 为点 p 的第 i 邻域点，点 p 有 m 个邻域点。点 p 处的三阶协方差矩阵为

$$\boldsymbol{C}_1 = \frac{1}{m}\sum_{i=1}^{m}(\boldsymbol{p}_i - \overline{\boldsymbol{p}})(\boldsymbol{p}_i - \overline{\boldsymbol{p}})^{\mathrm{T}} \tag{3.12}$$

式中：$\boldsymbol{p}_i$ 为点 p_i 的坐标向量；$\overline{\boldsymbol{p}} = \frac{1}{m}\sum_{i=1}^{m}\boldsymbol{p}_i$，为邻域点的质心。这个矩阵可近似认为是第一基本形式矩阵 $\boldsymbol{G}$，它的两个较大特征值对应的两个特征向量 $\boldsymbol{v}_1$、$\boldsymbol{v}_2$ 和 $\overline{\boldsymbol{p}}$ 确定一个平面，在最小二乘意义下，邻域点到这个平面的正交距离之和最小。Liang 等(1990)证明，这个平面为近似拟合曲面在此点的切平面。因此，最小特征值对应的特征向量近似逼近法方向 $\boldsymbol{n}$。

上面计算出的法向量指向具有二义性，无法保证全部指向曲面的同一侧，因此还需进行点云法向量方向的调整。可依据最小生成树的思想进行法向量一致化，通常采用普里姆(Prim)算法来求解最小生成树。普里姆算法是图论中的一种算法，可在加权连通图里搜索最小生成树，即由此算法搜索到的边子集所构成的树

中，不但包括了连通图里的所有顶点，并且其所有边的权值之和也为最小。

设 $V=\{v_i \mid i=1,\cdots,n\}$ 是一散乱点集，$E=\{(v_i,v_j) \mid i,j=1,\cdots,n,i\neq j\}$ 表示连接两点的边。首先将点集 V 分为两部分，即已处理点的集合 U 和未处理点的集合 W，并且有 $W=V-U$；然后在 U 和 W 之间计算权值 c 最小的边，依次更新 U 和 W 即可得到最小生成树。其大致的计算步骤如下。

(1)将点云中的任一点 v_i 作为法向量调整的起始顶点，或者选择 z 坐标值最大的点作为法向量调整初始点，设其法向量为 $\boldsymbol{n}_0$，若 $\boldsymbol{n}_0\cdot(0,0,1)<0$，则将该顶点的法向量方向反转，使其指向点云曲面的外侧。同时，把其加入已处理点集 U 中，令 $U=\{v_i\}$，取未处理点集 $W=V-U$，令边的集合 $E=\varnothing$。

(2)设带权无向图 $G=(V,E)$，每个采样点 v_i 与 k 个邻域点相连形成边集 E，并且边 (v_i,v_j) 的权值为 $1-|\boldsymbol{n}_i\cdot\boldsymbol{n}_j|$，这样能保证权值非负，同时，权值越小则表示临近的两个点的法向量越接近平行，也就是夹角越小。

(3)从起始顶点开始遍历每一个顶点，若父顶点法向量 $\boldsymbol{n}_i$ 与子顶点法向量 $\boldsymbol{n}_j$ 满足 $\boldsymbol{n}_i\cdot\boldsymbol{n}_j<0$，则将 $\boldsymbol{n}_j$ 反向。此处以 $1-|\boldsymbol{n}_i\cdot\boldsymbol{n}_j|$ 为权值遍历最小生成树，可以保证沿着法向量最接近平行的两点之间传播法向量方向，从而保证点云棱角突变点处法向量方向传播的正确性。同时，更新已处理点集 U 及未处理点集 W。

(4)循环执行第(3)步直到未处理点集 $W=\varnothing$。此时得到的集合 $T=(V,E)$ 即为点云 V 的最小生成树。法向量方向一致化调整过程结束。

法向量的估计对噪声也非常敏感，并且场景复杂的古建筑点云包含多目标实体，点云之间不可能全部几何邻近，因此，基于传统的最小生成树的方法实现法向量归一化具有局限性。据此，本书提出的处理策略如图 3.4所示。先基于空间聚类方法将点云划分为空间相离或相近的若干子点云；然后对分割后的每块点云，先基于 K-D 树搜索邻近点；再利用协方差估计点云法向量，如果协方差矩阵对应的特征值计算出的表征曲率度量值大于阈值，则再进一步基于局部二次曲面拟合修正点云法向量。此时计算出的法向量具有二义性，如图 3.5(a)所示，还需要进行点云法向量的归一化处理；对每块分割内的点云基于最小生成树的方法进行归一化，然后对分割点云之间再进行法向量归一化处理；分割点云之间法方向传播的方式不是按超级体素的中心，而是按照相邻分割点云最邻近的两个点计算传播方向，最后完成整个点云法方向的统一，如图 3.5(b)所示。

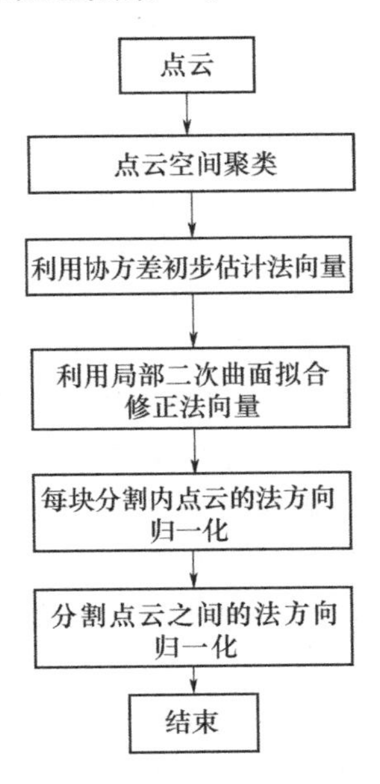

图 3.4　点云法向量估计与调整技术路线

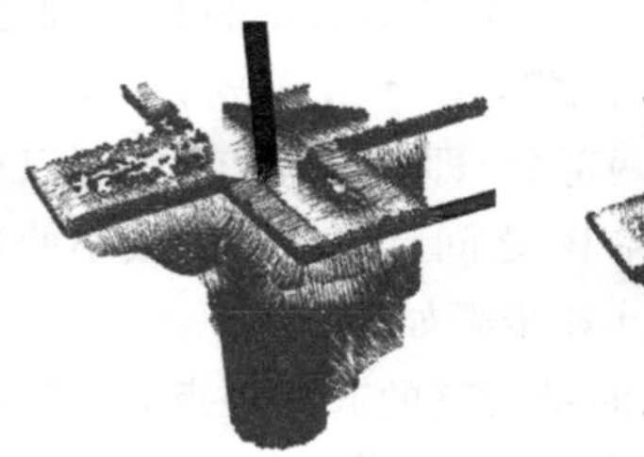
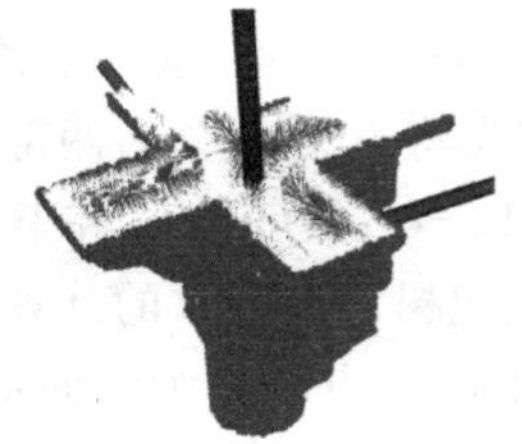

(a) 法方向归一化之前　　(b) 法方向归一化之后

图 3.5　点云法方向归一化前后对比

基于最小生成树进行点云法方向归一化处理时，为提升处理速度，在搜索下一个最小生成树节点时，采用红黑树结构存储待选点与已经确定为最小生成树节点之间的权值，将大大加快下一步搜索最小生成树节点的效率，可使速度提升好几个数量级。

3.1.3　综合二次曲面拟合与协方差的微分几何参数估计

1. 二次曲面拟合估计方法

对于光滑曲面模型，用二次曲面拟合计算微分几何参数是一个很好的方法。由于估计微分参数只需要最高二阶偏导数，因此拟合一个二次曲面就足够了。二次曲面性质简单，可以简化后面的曲率计算，尤其是大数据量计算。Krsek 等(1998)用实验也证明，用三次和四次曲面拟合计算出的微分参数，不仅增加运算量，还对参数估计值精度的提高收效甚微。

在 3.1.1 小节中，介绍了曲面一点 p 处的主二次曲面的概念。它利用点 p 处的位姿矩阵，将点 p 邻域点的三维坐标从世界坐标系转换到点 p 处的主坐标系中。在主坐标系中，利用主二次曲面模型表示曲面上 p 点的邻域。由于主方向待求，所以不能确定位姿矩阵，但可由估计出的点法向量计算出一个旋转位姿矩阵。具体方法是在由点 p 和法向量确定的平面内，确定两正交向量 $\boldsymbol{e}_1'$和 $\boldsymbol{e}_2'$，由于 $\boldsymbol{n}$ 和 $\boldsymbol{e}_1'$、$\boldsymbol{e}_2'$三者两两正交，并且 $\boldsymbol{e}_1'$、$\boldsymbol{e}_2'$与 p 点主方向有一定的夹角，因此它们构成一个以 p 点为原点的旋转主坐标系。p 点所在的局部表面也不能由主二次曲面模型表示，这里采用的二次曲面模型表达式为

$$z'=a'x'^2+b'x'y'+c'y'^2+d'x'+e'y'+f \tag{3.13}$$

假定 $\boldsymbol{p}_w$为点 p 在世界坐标系下的坐标向量，$\boldsymbol{R}'$为 p 点的旋转位姿矩阵，$\boldsymbol{x}_w$为一点在世界坐标系下的坐标向量，$\boldsymbol{X}'$为这点在 p 点旋转主坐标系下的坐标向量，记为 $\boldsymbol{X}'=[x'\ \ y'\ \ z']^{\mathrm{T}}$，则有

$$\boldsymbol{X}'=\boldsymbol{R}'(\boldsymbol{x}_w-\boldsymbol{p}_w) \tag{3.14}$$

然后根据 p 点所有邻域点在其旋转主坐标系下的坐标向量 X'，利用非线性优化函数，即

$$\min\left(\sum_{i=1}^{m}\| z'-(a'x'^2+b'x'y'+c'y'^2+d'x'+e'y'+f')\|^2\right) \tag{3.15}$$

求解二次曲面系数 a'、b'、c'、d'、e'、f'。最后由二次曲面方程求出一阶、二阶微分算子，进而求出主方向、主曲率等参数。点 p 法向量更新为

$$\boldsymbol{n}=\frac{[-d' \quad -e' \quad 1]^{\mathrm{T}}}{1+d'^2+e'^2} \tag{3.16}$$

平均曲率为

$$H=\frac{a'+c'+a'e'^2+c'd'^2-b'd'e'}{(1+d'^2+e'^2)^{\frac{3}{2}}} \tag{3.17}$$

高斯曲率为

$$K=\frac{4a'c'-b'^2}{(1+d'^2+e'^2)^2} \tag{3.18}$$

位姿矩阵为

$$\boldsymbol{R}=\begin{bmatrix}\cos\alpha & \sin\alpha & 0\\ -\sin\alpha & \cos\alpha & 0\\ 0 & 0 & 1\end{bmatrix}\boldsymbol{R}' \tag{3.19}$$

式中：$\alpha=\frac{1}{2}a\tan 2(b',a'-c')$。可由平均曲率和高斯曲率计算出主曲率，由位姿矩阵获取主方向。

二次曲面拟合估计微分几何参数的步骤大致如下。

(1)由法向量 $\boldsymbol{n}$ 构造旋转位姿矩阵 $\boldsymbol{R}'$，$\boldsymbol{R}'=[\boldsymbol{r}_1\ \boldsymbol{r}_2\ \boldsymbol{r}_3]^{\mathrm{T}}$，其中

$$\begin{cases}\boldsymbol{r}_3=\boldsymbol{n}\\ \boldsymbol{r}_1=\dfrac{(\boldsymbol{I}-\boldsymbol{n}\boldsymbol{n}^{\mathrm{T}})\boldsymbol{e}_1}{\|(\boldsymbol{I}-\boldsymbol{n}\boldsymbol{n}^{\mathrm{T}})\boldsymbol{e}_1\|}\\ \boldsymbol{r}_2=\boldsymbol{n}\times\boldsymbol{r}_1\end{cases}$$

式中：$\boldsymbol{I}$ 为三阶单位矩阵；$\boldsymbol{e}_1$ 为世界坐标系的 X 轴基向量。

(2)根据 $\boldsymbol{X}'=\boldsymbol{R}'(\boldsymbol{x}_{\mathrm{w}}-\boldsymbol{p}_{\mathrm{w}})$，将 p 点的邻域点坐标从世界坐标系转换到 p 点旋转主坐标系中。

(3) 根据非线性优化函数 $\min\left(\sum_{i=1}^{m}\| z'-(a'x'^2+b'x'y'+c'y'^2+d'x'+e'y'+f')\|^2\right)$，利用第(2)步转换后的邻近点坐标数据，求出二次曲面系数 a'、b'、c'、d'、e'、f'。

(4)由式(3.16)更新法向量 $\boldsymbol{n}$，由式(3.17)、式(3.18)求解曲率参数。

(5)由式(3.19)估计位姿矩阵 $\boldsymbol{R}$，并求解主方向。

2. 协方差估计方法

首先和上述方法一样，利用 p 点和其法向量建立一旋转主坐标系；然后利用坐标转换关系即式(3.14)，计算点 p 所有邻域点在其旋转主坐标系中的坐标。由点

p 所有邻域点 $p_i(i=1,2,\cdots,m)$在点 p 正切平面内的投影点 q_i 计算协方差矩阵，有

$$\boldsymbol{C}_2=\frac{1}{m}\sum_{i=1}^{m}(\boldsymbol{q}_i-\overline{\boldsymbol{q}})(\boldsymbol{q}_i-\overline{\boldsymbol{q}})^{\mathrm{T}} \tag{3.20}$$

其中

$$\boldsymbol{q}_i=\begin{bmatrix}(\boldsymbol{p}_i-\boldsymbol{p})\cdot\boldsymbol{e}_1{}'\\(\boldsymbol{p}_i-\boldsymbol{p})\cdot\boldsymbol{e}_2{}'\end{bmatrix} \tag{3.21}$$

式中，$\boldsymbol{p}$、$\boldsymbol{p}_i$、$\boldsymbol{q}_i$ 分别为点 p、p_i、q_i 的坐标向量，$\boldsymbol{e}'_1$、$\boldsymbol{e}'_2$ 分别为点 p 正切平面的基向量，$\overline{\boldsymbol{q}}=\frac{1}{m}\sum_{i=1}^{m}\boldsymbol{q}_i$。矩阵 $\boldsymbol{C}_2$ 可近似为第二基本形式。这个二阶矩阵的特征向量可近似为点 p 主方向的估值，两个特征值为两个主曲率的估值，然后可利用式(3.9)、式(3.10)分别计算出平均曲率和高斯曲率。

3. **实验结果**

图 3.6 中显示出点云局部表面微分几何参数估计之后的主坐标系，其 X、Y、Z 轴分别用红、绿、蓝三种颜色表示。根据柱体表面微分几何属性的分析，最小主曲率对应的主方向(Y 轴)与柱体轴向一致，最大主曲率对应的主方向(X 轴)垂直于柱体轴向，实验数据的估计结果也反映了这个特性。对该计算方法进行定量验证，计算一模拟柱体数据点云局部表面微分几何参数，主曲率估值的均方差为 0.002，可见该方法对估计主方向、主曲率具有有效性。

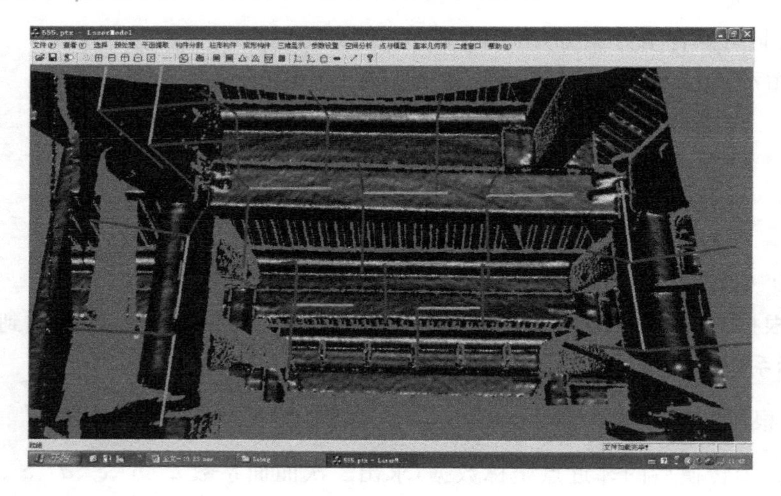

图 3.6　点云局部表面微分几何参数估计之后的主坐标系(彩图附后)

3.1.4　基于曲率一致性原理优化微分几何参数的估计值

由于点云数据具有离散特性，从对象表面采样点估计达布(Darboux)框架是很困难的。点云数据通常在采集过程中受到不同程度的噪声干扰，而微分参数如法

方向、主曲率、主方向等估值对观测值和量化误差等都很敏感，从全局角度考虑，邻近点云之间的微分几何参数估值会出现不一致的情况。因此，为提高微分参数估计值和后续数据处理的精度等，还需对微分参数进行第二步处理即全局状态下的优化，以改善微分参数的估值。该方法最初由 Sander 等(1990)提出，当时用于3D数据图像的表面重建，后来被推广应用于距离图像数据处理中(Ferrie et al，1993)。其主要思想就是在平滑表面的同时，尽可能保留由达布框架 Δp 描述的局部特征，步骤可分为如下三步。

(1)估计每个点的局部表面微分几何参数。

(2)利用传输模型描述点 p 所有邻近点 $p_i(i=1,2,\cdots,m)$ 的微分几何参数 Δp_i 至 p 点的变化量，记为 $\Delta\tilde{p}_i=(\boldsymbol{p}_i,\tilde{\boldsymbol{e}}_{1i},\tilde{\boldsymbol{e}}_{2i},\tilde{\boldsymbol{n}}_i,\tilde{k}_{1i},\tilde{k}_{2i})$，根据最小微分参数变化的能量约束函数，求解优化后的微分几何参数。

(3)根据更新函数，更新每个点的微分几何参数。更新后的微分参数与其邻近点的微分参数一致。

用3.1.3小节介绍的方法估计每个点的局部表面微分几何参数。传输模型有很多种选择，如采样点密度比较大时，可选择抛物面型二次曲面模型甚至平面模型等。对传输模型唯一的要求就是满足表面过点 p 和 p_i 的曲线的曲率变化最小。利用外推法，根据传输模型和邻近点 p_i 计算点 p 的微分几何参数。假定点 $\tilde{p}_i$ 为点 p 在过点 p_i 传输模型上的投影点，可根据有向距离计算投影点。由计算出的一系列 $\Delta\tilde{p}_i$，根据$(\boldsymbol{e}_1,\boldsymbol{e}_2,\boldsymbol{n})$两两正交的约束和最小曲率变化能量最小的约束，求解 Δp 的最大似然估计。这个估计过程可分以下两步实现。

(1) 法方向和主曲率 k_1 和 k_2 的估计。

(2) 主方向 $\boldsymbol{e}_1$ 的估计($\boldsymbol{e}_2$ 可根据约束，由 $\boldsymbol{n}$ 和 $\boldsymbol{e}_1$ 的叉乘计算得出)。

根据如下最小能量函数，即

$$E_1=\min\left(\sum_{i=1}^{m}\left[\|\boldsymbol{n}-\tilde{\boldsymbol{n}}_i\|^2+(k_1-\tilde{k}_{1i})^2+(k_2-\tilde{k}_{2i})^2+\lambda(\boldsymbol{n}\cdot\boldsymbol{n}-1)\right]\right) \tag{3.22}$$

迭代求解法方向 $\boldsymbol{n}$、最大主曲率 k_1 和最小主曲率 k_2。式中，λ 为权值。

在正切平面 T 内，最小化主方向变化能量函数为

$$E_2=\min\left(\sum_{i=1}^{m}1-[\boldsymbol{e}_1(\theta)\cdot\tilde{\boldsymbol{e}}_{1i}]^2\right) \tag{3.23}$$

式中：$\boldsymbol{e}_1(\theta)=\boldsymbol{b}_1\cos\theta+\boldsymbol{b}_2\sin\theta,\theta\in(0,2\pi)$；$\boldsymbol{b}_1$ 和 $\boldsymbol{b}_2$ 为点 p 的正切平面内任意两正交单位向量；$\boldsymbol{e}_1(\theta)$ 为优化求出的最大主曲率对应的主方向。

根据上述最小能量函数，给出相应的参数更新迭代等式。由于距离图像数据中，存在方向或深度的不连续性，因此在参数更新迭代等式中，给每个邻近点赋一

权值，依据权值大小决定当前点参数的影响因子。相应的参数更新迭代等式为

$$p^{(j+1)} = \sum_{i=1}^{m} \lambda_i^{(j)} p_i^{(j)} \tag{3.24}$$

$$\boldsymbol{n}^{(j+1)} = \frac{\left[\sum_{i=1}^{m}\lambda_i^{(j)} n_{ix}^{(j)} \quad \sum_{i=1}^{m}\lambda_i^{(j)} n_{iy}^{(j)} \quad \sum_{i=1}^{m}\lambda_i^{(j)} n_{iz}^{(j)}\right]^{\mathrm{T}}}{\sqrt{\left(\sum_{i=1}^{m}\lambda_i^{(j)} n_{ix}^{(j)}\right)^2 + \left(\sum_{i=1}^{m}\lambda_i^{(j)} n_{iy}^{(j)}\right)^2 + \left(\sum_{i=1}^{m}\lambda_i^{(j)} n_{iz}^{(j)}\right)^2}} \tag{3.25}$$

$$k_1^{(j+1)} = \sum_{i=1}^{m} \lambda_i^{(j)} \widetilde{k}_{1i}^{(j)} \tag{3.26}$$

$$k_2^{(j+1)} = \sum_{i=1}^{m} \lambda_i^{(j)} \widetilde{k}_{2i}^{(j)} \tag{3.27}$$

$$\boldsymbol{e}_1^{(j+1)} = \boldsymbol{e}_1(\theta^{(j+1)}) = \boldsymbol{b}_1 \cos\theta^{(j+1)} + \boldsymbol{b}_2 \sin\theta^{(j+1)} \tag{3.28}$$

式中，j 为迭代步数，n_{ix}、n_{iy}、n_{iz} 分别为第 i 个邻近点法方向 n_i 在 x、y、z 三轴上的投影长度。主方向 $\boldsymbol{e}_1$ 的求解转化为 θ 的迭代求解。相应的迭代等式为

$$\theta^{(j+1)} = \tan^{-1}\left(\frac{(A_{22}^{(j)} - A_{11}^{(j)}) + \sqrt{(A_{22}^{(j)} - A_{11}^{(j)})^2 + 4\,(A_{12}^{(j)})^2}}{2A_{12}^{(j)}}\right) \tag{3.29}$$

式中，$A_{kn}^{(j)} = \sum_{i=1}^{m} \lambda_k^{(j)} (\boldsymbol{e}_1^{(j)} \cdot \boldsymbol{b}_k)(\boldsymbol{e}_1^{(j)} \cdot \boldsymbol{b}_n)$。

在上述计算过程中，首先要计算每步迭代过程中所需的权值。当前点 p 的第 i 个邻近点第 j 步迭代时的权值为

$$\left.\begin{aligned} \lambda_i^{(j)} &= \frac{W_i^{(j)}}{\sum_{i=1}^{m} W_i^{(j)}} \\ W_i^{(j)} &= \mathrm{e}^{-\frac{(\sigma_i^{(j)})^2}{\gamma^{(j)}}} \end{aligned}\right\} \tag{3.30}$$

式中，$(\sigma_i^{(j)})^2$ 为点 p 第 i 个邻近点在第 j 步中的误差方差，即

$$(\sigma_i^{(j)})^2 = \frac{1}{j} \sum_{k=1}^{j} (\zeta_i^{(k)})^2 \tag{3.31}$$

式中，$\zeta_i^{(k)}$ 为点 p 第 i 个邻近点在第 k 步中的误差，即

$$\zeta_i^{(k)} = \| \boldsymbol{n}^{(k)} - \widetilde{\boldsymbol{n}}_i^{(k)} \|^2 + (k_1^{(k)} - \widetilde{k}_{1i}^{(k)})^2 + (k_2^{(k)} - \widetilde{k}_{2i}^{(k)})^2 + \| \boldsymbol{e}_1^{(k)} - \widetilde{\boldsymbol{e}}_{1i}^{(k)} \|^2 \tag{3.32}$$

根据上述两式推出误差方差的递推公式为

$$(\sigma_i^{(j)})^2 = (\sigma_i^{(j-1)})^2 + \frac{1}{j}[\zeta_i^{(j)} - (\sigma_i^{(j-1)})^2] \tag{3.33}$$

$\gamma^{(j)}$ 是平滑控制参数，为所有邻近点误差方差的平均值，即

$$\gamma^{(j)} = \frac{2}{m} \sum_{i=1}^{m} (\sigma_i^{(j)})^2 \tag{3.34}$$

现在需要考虑的问题是何时结束迭代优化计算。假定待重建模型 S 共有 t 个有效点，$R_S^{(j)}$ 记为模型 S 在第 j 步迭代优化时的最小能量，即

$$R_S^{(j)} = \sum_{i=1}^{t} E_{1i}^{(j)} + E_{2i}^{(j)} \tag{3.35}$$

式中，$E_{1i}^{(j)}$、$E_{2i}^{(j)}$ 分别为模型 S 中第 i 个有效点在第 j 步迭代时的能量。当 $|R_S^{(j)} - R_S^{(j-1)}|$ 小于一指定阈值时，迭代结束。Ferrie 等(1993)在其研究中指出，一般迭代五次就可以得到稳定的优化结果。经过曲率一致性处理之后，几何特征的稳健性增强，与表面自然属性更加一致。

3.2　点云数据预处理

3.2.1　点云去噪与平滑

古建筑经过几百年的历史沧桑，历经风吹雨打，沉淀了很多灰尘，有些黏漆已经脱落和剥皮。三维激光扫描仪采集数据时，采集的点云数据也不可避免要包含各种因素产生的噪声。依据扫描过程中产生噪声机制的不同，可以将噪声分为系统噪声、环境噪声和目标噪声三类。系统噪声是指数据采集过程中激光雷达旋转导致的抖动、接收信号的信噪比、激光束宽度、激光发散、激光波长、接收器反应、电子钟准确度等引起的数据噪声；环境噪声是指扫描过程中，由杂散光和背景光干扰、运动目标干扰、非扫描目标混杂在扫描目标中等因素引起的数据噪声；目标噪声则是指因目标表面材料反射激光信号差而导致的噪声。还有一部分噪声产生的原因在于扫描到对象边界时产生的小角度回波不稳定或经过多次反射接收到信号(多路径效应)。

一般来说，系统噪声与三维激光扫描仪相关，主要由扫描仪厂商通过扫描设备内置软件进行修正去除，主要去除环境噪声和目标噪声。一切与扫描目标不相干的点集都是扫描过程的“副产品”，这些点集都可以视为环境噪声。大场景目标扫描的时候，一般目标点云数据和环境噪声数据在空间上有一定距离分隔，形成不同尺度集合的孤立点集，可以采用手工方法快捷地去除这类环境噪声。一般按照尺度、分顺序依次滤除环境噪声，去除后可以减少冗余数据的影响和数据量。目标噪声依附在目标点云表面，由于激光雷达点云数据量大、分辨率高，手工删除方法费时、费力，而且去噪不彻底，可采用算法自动判断点云是否为噪声进而予以剔除。处理的思路一般是选取某一度量值，计算每一个点对应的度量值，然后与给定的度量值阈值比较大小，大于阈值的点则判断为噪声点。度量值的选择有多种，如曲率、有效距离、邻近点个数等。这里以一定距离范围内邻近点的个数为例进行方法说明：先对点云构建 K-D 树，以便对每个采样点的邻近域进行获取，提高搜索效率；设定阈值 r 作为 K-D 树的搜索半径，然后 K-D 树对每个采样点以 r 为半径进

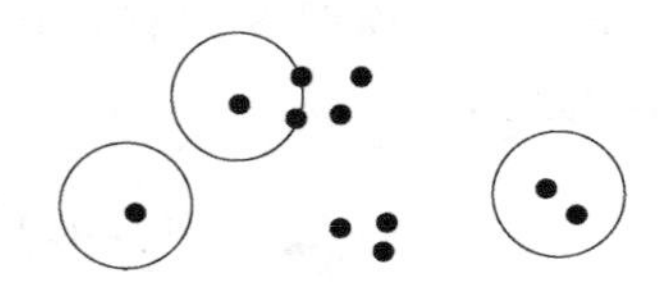
图 3.7　去除噪声点示意图

行搜索邻域的操作，获取半径为 r 内的所有采样点；如果该邻域内采样点的个数 K 小于指定阈值K_0，即认为该采样点为噪声点。阈值 r 一般根据点云密度设置。图 3.7为去除噪声点示意图。

点云去噪是点云数据预处理的关键步骤之一，为后续数据处理提供了可靠的精选点云数据。因此，一般点云数据预处理第一步就是点云去噪。由于没有一种通用的算法可以过滤掉所有的噪声，本书采用由远及近、由小到大的策略进行分级去噪。对于远处非扫描对象点云，采用手工或距离阈值方法进行滤除。对于小尺度的噪声点云，采用度量特征阈值进行判定；先基于点的邻近点个数初步判定是否为噪声点，大于阈值的为噪声，小于阈值的点云再进一步采取基于统计的方法去噪，该统计方法的阈值根据点云邻近点平均距离的高斯分布函数计算。图 3.8 为故宫太和门点云数据分级去噪实例。

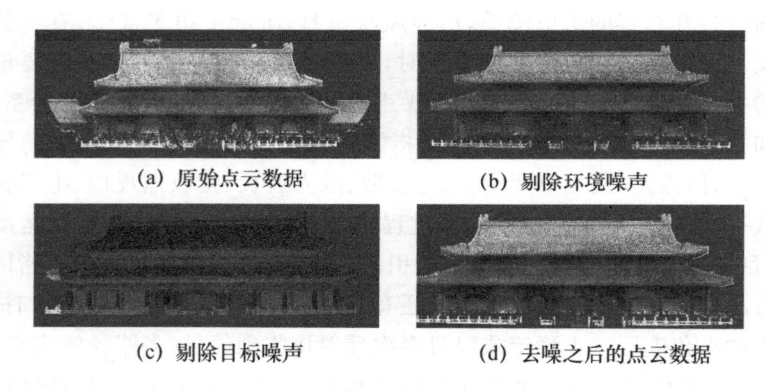
(a) 原始点云数据　(b) 剔除环境噪声

(c) 剔除目标噪声　(d) 去噪之后的点云数据

图 3.8　太和门点云数据分级去噪实例

点云去噪后，还有小尺度的随机误差存在，需要再对点云进行平滑处理，得到光滑分布的点云。一种好的平滑策略应在平滑噪声的同时保持有效几何特征，尤其是细小特征。此类平滑算法主要有平均值法、投影法、高斯算法、拉普拉斯平滑方法等。为兼顾效率和速度，本书在基于平均曲率流方法的基础上，提出带权张量平滑去噪方法。具体方法为用带权张量取代平均曲率，使速度等于带权张量，沿着表面法方向平滑表面。相应的传播等式为

$$\frac{\partial \boldsymbol{p}}{\partial t}=\lambda F(\boldsymbol{p})\boldsymbol{n}(\boldsymbol{p}) \tag{3.36}$$

离散化后即为

$$\boldsymbol{p}^{(j+1)}=\boldsymbol{p}^{(j)}+\lambda F(\boldsymbol{p}^{(j)})\boldsymbol{n}(\boldsymbol{p}^{(j)}) \tag{3.37}$$

$F(\boldsymbol{p})$可由点 p 至所有邻近点 $p_i(i=1,2,\cdots,m)$的向量在其法向量上的张量计

算得到，即

$$F(\boldsymbol{p}) = \sum_{i=1}^{m} W_i(\boldsymbol{p}_i - \boldsymbol{p}) \cdot \boldsymbol{n}(\boldsymbol{p}) \tag{3.38}$$

式中，权 W_i 满足 $\sum_{i=1}^{m} W_i = 1$ 。为防止一些特征被平滑掉，如尖锐特征等，这里定义了线段曲率的概念。如图3.9所示，线段曲率为两点法向角度的变化与线段长度的比值，即

$$k(\boldsymbol{p}\boldsymbol{p}_i) = \frac{\boldsymbol{n}(\boldsymbol{p}) \cdot \boldsymbol{n}(\boldsymbol{p}_i)}{\| \boldsymbol{p}_i - \boldsymbol{p} \|} \tag{3.39}$$

权的选取与线段曲率有关，线段曲率越大，权值越小，反之亦然。

基于平均曲率流的平滑方法最大的缺点就是在平滑过程中没有一种判断机制，可能会产生过渡平滑。对此，本书增加了一个平滑条件，即

$$\max|F(\boldsymbol{p}^{(j)})| < \varepsilon \tag{3.40}$$

式中，ε 为一指定阈值。如果 j 次平滑后，最大带权张量的绝对值小于 ε，则停止平滑；否则继续进行 $j+1$ 次平滑操作。

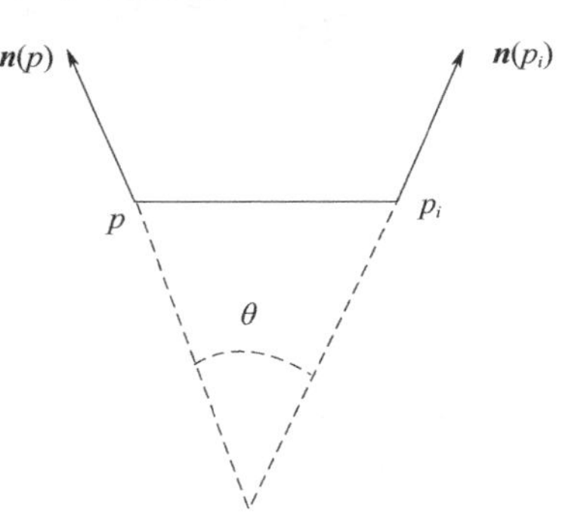

图3.9　线段曲率概念示意图

图3.10为未经平滑去噪处理的实验数据，图3.11为带权张量平滑方法处理后的实验数据。实验结果表明，该平滑方法在有效保持几何特征的基础上，可得到光滑分布的点云数据。

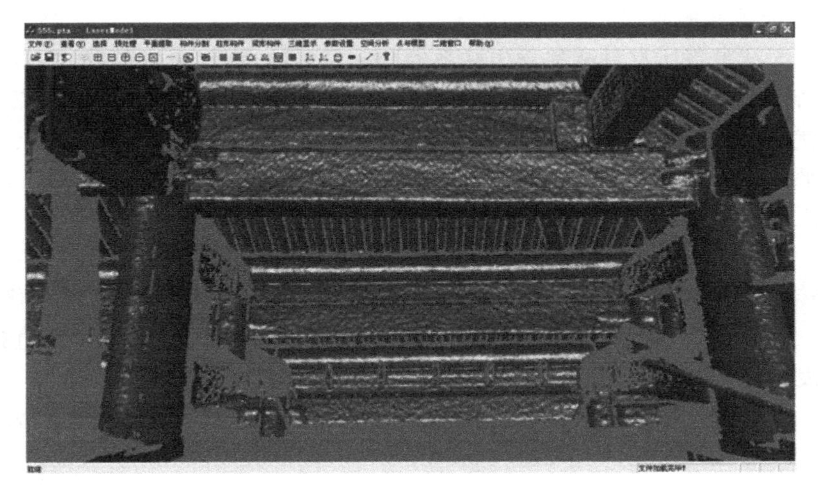
图3.10　未经平滑去噪处理的实验数据

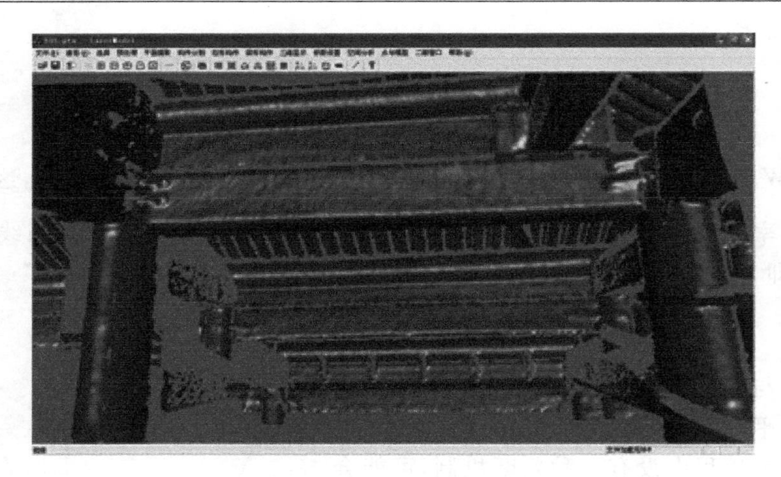

图 3.11　带权张量平滑方法处理后的实验数据

3.2.2　点云数据配准

由于受三维激光扫描仪性能及古建筑本身结构复杂等因素的影响，不能一次性获取完整古建筑点云数据，需多站点扫描。扫描站点就是三维激光扫描仪在一个固定的位置上进行扫描所获取的全部点云数据及相关的控制数据。扫描过程中仪器是固定的，因此一个扫描站点中的所有数据都是统一以扫描设备为中心的局部坐标系的单站数据，站点是点云进行配准的基本单位。由于每测站数据都建立自己独立的坐标系，要提取完整古建筑点云数据，还需要解决点云数据配准的问题，即将不同测站获取的点云数据配准到统一的坐标系中。

1. 点云配准的原理

点云配准是将所有具有独立坐标系的同一目标的点云，通过某些同名特征（约束）拼接转换到同一基准坐标系下，构建完整空间对象点云模型的过程。点云配准的本质就是求出从测站坐标系到参考坐标系的坐标转换参数，即三阶旋转矩阵 $\boldsymbol{R}$ 和三维平移向量 $\boldsymbol{t}$。设 (x_p, y_p, z_p) 为 p 点在测站坐标系下的坐标，(x'_p, y'_p, z'_p) 为 p 点在参考坐标系下的坐标，则 p 点在这两个坐标系下的坐标满足

$$[x'_p \quad y'_p \quad z'_p]^{\mathrm{T}} = \boldsymbol{R} \times (x_p \quad y_p \quad z_p)^{\mathrm{T}} + \boldsymbol{t} \tag{3.41}$$

旋转矩阵 $\boldsymbol{R}$ 由三个角元素 (α, β, γ) 组成，因此对应三个参数，三维平移向量 $\boldsymbol{t}$ 也对应三个参数。为实现空间变换，需要求解此六个参数。旋转矩阵 $\boldsymbol{R}$ 直接由角度函数表示为

$$\boldsymbol{R}(\alpha,\beta,\gamma) = \begin{bmatrix} 1 & 0 & 0 \\ 0 & \cos(\alpha) & \sin(\alpha) \\ 0 & -\sin(\alpha) & \cos(\alpha) \end{bmatrix} \begin{bmatrix} \cos(\beta) & 0 & -\sin(\beta) \\ 0 & 1 & 0 \\ \sin(\beta) & 0 & \cos(\beta) \end{bmatrix} \begin{bmatrix} \cos(\gamma) & \sin(\gamma) & 0 \\ -\sin(\gamma) & \cos(\gamma) & 0 \\ 0 & 0 & 1 \end{bmatrix} \tag{3.42}$$

式中，α、β、γ 分别为坐标系绕 X、Y、Z 三轴进行旋转的角度，但以此进行坐标系的旋转参数求解会引起数值解不稳定，因为欧拉角很小的变化可能对应很大的旋转变化。因此，实际中一般采用其他方法来构造旋转矩阵进行解算。本书介绍一种构造旋转矩阵的简便方法，即罗德里格斯矩阵构造法（姚吉利 等，2006）。该方法根据旋转矩阵的对称正交特性，构造如下矩阵，即

$$\boldsymbol{S}=\begin{bmatrix}0 & -c & -b\\ c & 0 & -a\\ b & a & 0\end{bmatrix} \tag{3.43}$$

这样，可以直接构造旋转矩阵 $\boldsymbol{R}$，即

$$\boldsymbol{R}=(\boldsymbol{I}-\boldsymbol{S})^{-1}(\boldsymbol{I}+\boldsymbol{S}) \tag{3.44}$$

式中：$\boldsymbol{I}$ 为单位矩阵。求解 a、b、c，展开后可以很快计算出旋转矩阵为

$$\boldsymbol{R}=\frac{1}{\Delta}\begin{bmatrix}1+a^2-b^2-c^2 & -2c-2ab & -2b+2ac\\ 2c-2ab & 1-a^2+b^2-c^2 & -2a-2bc\\ 2b+2ac & 2a-2bc & 1-a^2-b^2+c^2\end{bmatrix} \tag{3.45}$$

式中，$\Delta=\sqrt{a^2+b^2+c^2}$。此方法适用于大旋角空间变换的角度参数求解。

计算出配准参数之后，需对其进行精度评定，可利用均方差 RMS 进行评价，其表达式为

$$\mathrm{RMS}=\sqrt{\frac{1}{n}\sum_{i=1}^{n}\left\|\begin{bmatrix}x'_{pi} & y'_{pi} & z'_{pi}\end{bmatrix}^{\mathrm{T}}-\boldsymbol{R}\begin{bmatrix}x_{pi} & y_{pi} & z_{pi}\end{bmatrix}^{\mathrm{T}}-\boldsymbol{t}\right\|^2} \tag{3.46}$$

配准完成后，才能获取空间对象完整的点云模型，为下一步应用提供数据，配准的精度也直接影响后期成果的精度，因此必须保证点云数据配准的精度。图 3.12为三站点云数据配准的实例。

2. 点云配准的方法

点云配准的方法有多种：一种是利用相关的控制条件或者对参与配准的点云数据进行局部几何特征提取，然后根据同名特征计算配准参数，称为特征配准法；一种是直接配准，即从点云数据直接出发寻找公共部分进行配准，比较典型的是迭代最近点（iterative closet point，ICP）算法；还有基于前两种方法的综合配准方法和多视数据的整体配准方法等。

1）特征配准法

特征配准实际上是基于同名几何特征根据式（3.41）计算出六个参数，从而实现不同测站点云坐标系之间转换的方法。特征的来源有两种：一种是人工布设的，如各种标靶、测量控制点等；另一种是从场景中找的、基于点云用算法拟合出来的几何特征，如平面、球面、柱面等，拟合出的几何特征精度要大于点云的单点精度，当拟合特征精度足够时，可以将它们作为点云配准的依据，而且大型场景中往往都

能提取出一些几何特征。下面详细讲解基于这些特征实现点云配准的方法。

(a) 测站1点云数据 (b) 测站2点云数据

(c) 测站3点云数据 (d) 配准之后的完整点云模型

图 3.12 三站点云数据配准实例

为实现不同测站之间的精准配准，基于三维激光扫描仪采集数据时一般都按相应要求布设一定数量的标靶，有多种类型的标靶，如图 3.13 所示。一般三维激光扫描仪都有各自配套的标靶类型，它们在地面激光扫描中广泛使用。以徕卡扫描仪为例，图 3.13(a)为 HDS3000 扫描仪标靶，其靶心设置白色高反射率材料，中心有磁芯，可以精确获取中心点，在适宜的扫描距离内标称点位精度在 2 mm 以内；图 3.13(b)为 HDS4500 扫描仪标靶，靶上设置的灰白间隔标志差异明显，精密扫描后通过灰度识别，可以精确获取中心。其他标志中，以定标球应用最为广泛，其优点是球体无须旋转，在各个方向观测到的定标球都能够得到球冠，加上定标球的直径一般都是已知的，在实际中拟合球心的精度比较高，可以通过精确的点约束进行配准。图 3.13(c)所示的定标球，球径偏差在 1 mm 以内，对激光反射良好，在实际数据配准中，球的拟合直径精度也可以达到 2 mm。

为了将标靶与传统测量控制点结合起来，将点云坐标系转换到控制测量坐标系，很多学者也研究了一些办法。如图 3.14 所示，左边为控制扫描标靶，右侧为标靶贴上徕卡 TCA2003 全站仪的反射片，通过两种不同的方法，将扫描仪与传统测量的控制坐标联系起来，可以实现传统测量与三维激光地面扫描控制的坐标统一。

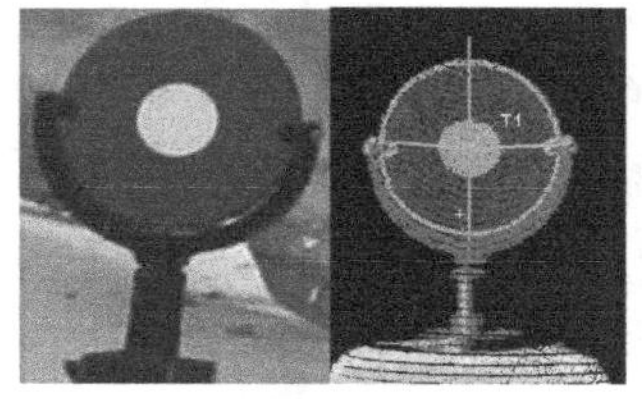

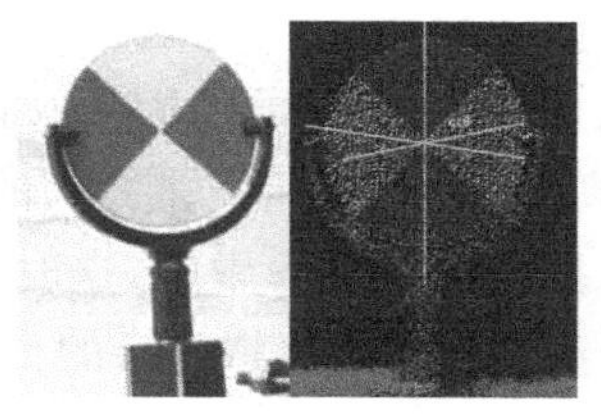

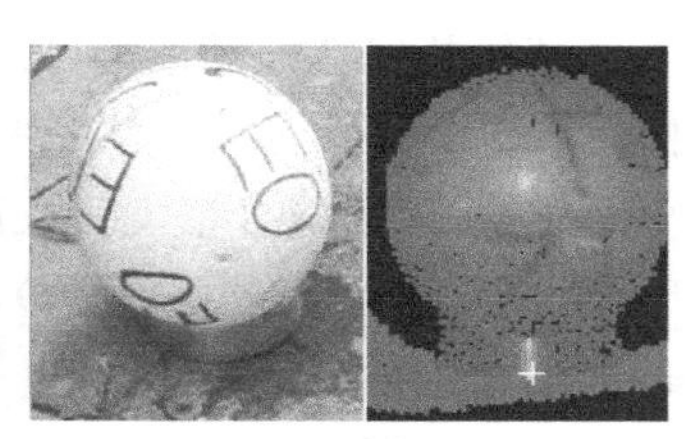

(a) HDS3000标靶　　(b) HDS4500标靶　　(c) 定标球

图 3.13　常见的点测量标志示例

基于点特征求解不同坐标系之间的坐标转换参数时,利用罗德里格斯构造旋转矩阵 $\boldsymbol{R}$,可直接基于式(3.41)构建误差方程。由方程可知,基于点特征的配准至少需要三对(六个)不在一条直线上的同名点才能实现。

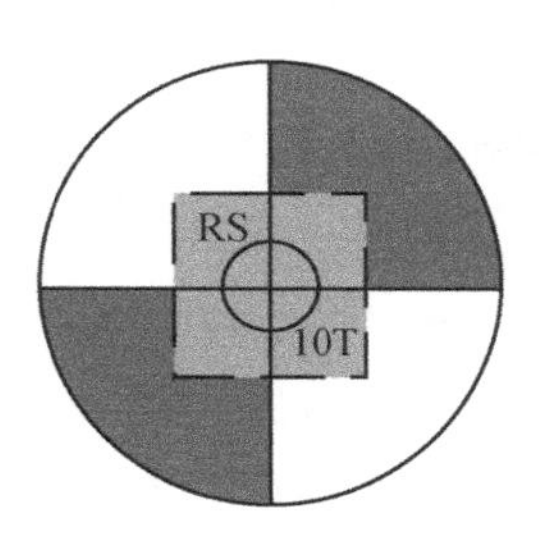

图 3.14　标靶与测量控制点联系

平面与线状特征在扫描场景中更为常见,人工建筑的表面有很多平面特征,有部分大型目标虽然整体呈不规则形状,但是局部仍可视为平面特征,可以直接通过平面特征拟合获取约束。线状特征主要包括建筑中柱体的轴心线、棱线等,一般通过拟合平面交线或者柱体轴心线来获取。

图 3.15 为故宫太和门某一站点的点云,图中的柱子和梁面都可以作为配准的约束来进行拟合提取。由于现实中这些表面并不是完全规则的几何体,因此拟合约束时需要尽量保证约束的空间位置一致性,这样才能保证配准特征的一致性,从而提高特征配准的精度。

(a) 点云平面特征　　(b) 现实场景　　(c) 点云柱面特征

图 3.15　场景的平面和柱面几何特征

其他几何特征约束都可以归化到这三类中。特征提取算法主要包括球面、平面、柱面的拟合算法。值得注意的是，在最小二乘法拟合球面的过程中，当点云坐标值较小的时候，球的拟合精度比较高，但是当坐标值非常大的时候（与实际工程坐标统一后常常会加上一个大的常数），拟合误差就非常大，这时候一般都是先将坐标进行重心化，平移到一个小坐标系进行拟合，然后将拟合后的目标再平移回原坐标系中。

在构建误差方程时，设 $\boldsymbol{F}=(f_x,f_y,f_z)$ 为平面的法向量或线的方向向量，$\boldsymbol{X}$ 为重心向量，那么面或线特征 P 可以表示为 $P(\boldsymbol{F},\boldsymbol{X})$。对于一对同名几何面或线特征 $P_0(\boldsymbol{F}_0,\boldsymbol{X}_0)$、$P(\boldsymbol{F},\boldsymbol{X})$ 有两个约束关系。第一个是法向平行，表达式为

$$\boldsymbol{F}_0-\boldsymbol{RF}=\boldsymbol{0} \tag{3.47}$$

同样设

$$\boldsymbol{A}_f=\begin{bmatrix} 0 & -f_{0z}-f_z & -f_{0y}-f_y \\ -f_{0z}-f_z & 0 & f_{0x}+f_x \\ f_{0y}+f_y & f_{0x}+f_x & 0 \end{bmatrix},\quad \boldsymbol{t}=\begin{bmatrix} a \\ b \\ c \end{bmatrix},\quad \boldsymbol{L}_f=\begin{bmatrix} f_{0x}-f_x \\ f_{0y}-f_y \\ f_{0z}-f_z \end{bmatrix}$$

则方向观测误差方程可表示为

$$\boldsymbol{V}=\boldsymbol{A}_f\boldsymbol{t}-\boldsymbol{L}_f \tag{3.48}$$

求解完 $\boldsymbol{t}$ 后可以根据式(3.45)构造出旋转矩阵 $\boldsymbol{R}$。

第二个约束为特征 $P(\boldsymbol{F},\boldsymbol{X})$ 的重心 $\boldsymbol{X}$ 在平面 $P_0(\boldsymbol{F}_0,\boldsymbol{X}_0)$ 上，表达式为

$$\boldsymbol{F}_0(\boldsymbol{RX}+\Delta\boldsymbol{X}-\boldsymbol{X}_0)=\boldsymbol{0} \tag{3.49}$$

式中，$\Delta\boldsymbol{X}$ 为特征 $P(\boldsymbol{F},\boldsymbol{X})$ 所属的三维空间坐标系与 $P_0(\boldsymbol{F}_0,\boldsymbol{X}_0)$ 所属的三维空间坐标系之间坐标转换的平移向量，$\boldsymbol{X}_0$ 为特征 $P_0(\boldsymbol{F}_0,\boldsymbol{X}_0)$ 的重心坐标。得到平移参数的误差方程为

$$\boldsymbol{V}=\boldsymbol{F}_0\Delta\boldsymbol{X}-\boldsymbol{F}_0(\boldsymbol{X}_0-\boldsymbol{RX}) \tag{3.50}$$

实际应用中，点特征、线特征及面特征等可以多特征联合参与配准。由于多测站点云之间的约束关系存在多种情况，相邻测站之间可能是一对一的约束关系，也可能是一对多的约束关系，因此相邻测站之间的约束关系至少要满足一些基本条件才能够参与联合配准。在多特征联合配准中，假设参与的点约束的个数为 n，方向约束的个数为 m，那么要进行配准的两站点云的约束条件数至少满足 $m+n\geqslant 3$ 才能够完成配准，有多余的条件就可以参与平差，提高配准精度。

2)迭代最近点配准法

迭代最近点配准(iterative closest point，ICP)是直接基于两站点云的重叠部分实现坐标转换的方法，属于一种高层次的基于自由形态曲面的配准方法。计算机视觉研究者 Besl 等(1992)在四元数基础上提出了 ICP 算法，它使用了七参数向量 $\boldsymbol{X}=(q_0,q_x,q_y,q_z,t_x,t_y,t_z)$ 作为旋转和平移的表示方法，其中 $q_0^2+q_x^2+q_y^2+q_z^2=1$（即单位四元数条件）。令原始采样点集为 p，对应曲面模型为 S，距离函数定义为

$$d(p,S)=\min_{x\in \boldsymbol{X}}\|\boldsymbol{x}-\boldsymbol{p}\| \tag{3.51}$$

式中，p 到模型 S 的最近点之间的距离即是 p 到 S 的距离。

该算法的基本思想是给定目标点集 p 和参考点集 S；为了使 p 能够和 S 对齐，先对 p 中的每一个点在 S 中找一个与之距离最近的点，建立点对的映射关系；然后通过最小二乘法计算一个最优的坐标变换（记作 M），并令 $S=M(p)$；进行迭代求解直到满足精度为止，最终的坐标变换即为每次变换的合成。计算最近点集过程是ICP算法计算过程代价最大的一步，因此，ICP算法配准的关键在于不同视场下公共点集的求取。ICP算法也存在一些问题：首先，ICP算法对配准点集的初始位置要求比较严格，当点集位置相差较大时，算法可能单调收敛到局部最小，这种情况下，ICP算法获得的解便不是全局最优解；其次，ICP算法要求其中一个曲面上的每一个点在另外一个曲面上都有对应点，即一个曲面是另一个曲面的严格子集，只有这样才能使得两幅待配准点云数据在整体上达到某种度量准则下的最优配准，然而点云数据彼此之间仅仅是部分重叠，只能近似满足ICP算法的应用条件。因此，很多学者对ICP算法进行了不同的改进，如利用投影或切面等信息寻找同名点以加快最近点搜索、通过寻找特征点代替重叠点云配准以减少参与配准点数、通过引入准则或约束以去除错误对应点对等方法。各类改进方法都是相对独立的，针对不同的情况对ICP算法做了调整，总体来说，当配准的点集足够密集且初始位置很好的时候，ICP算法能够精确实现目标配准。

特征配准与ICP算法进行综合，就是多级配准的方法。将测站点云数据的配准分为粗配准和精确配准两部分，然后将特征配准作为粗配准得到多测站点云相对的初始状态，再利用ICP算法进行精确配准。由于经过特征配准以后两幅距离影像的初始位置已经相当接近，这样在执行ICP算法时候，算法搜索同名点的范围可以大大缩小，加速ICP收敛速度，从而提高距离影像配准的精度和速度。

3）多站数据的整体配准

前面两种方法通过两两相邻站点之间不断配准合并，最后得到整体数据模型。而多站数据的整体配准是将所有参与配准的多测站数据根据其相互之间的约束关系，一次性转换到一个统一的坐标系下，形成一个整体点云模型的过程。

多站数据的整体配准实际上以间接平差原理为理论基础，即在配准中将所有特征约束作为观测值，将每一测站的空间转换参数及部分未知约束作为待定参数进行整体的间接平差。求解待定方位元素和未知控制点平差值后，利用求解的空间转换参数直接对各测站点云数据进行空间变换就可以实现整体配准。

在进行多站数据的整体配准时，必须有高精度的控制约束作为基础，一般会在扫描目标的周围布设控制网，然后在控制网的基础上扫描测站点云数据。控制网坐标系的选择应按照实际工程或项目需求来定，一般为测量坐标系、建筑坐标系或者其他的局部坐标系。通过其他手段提取到精度较高的特征也可以作为配准的约束。

整体配准的基本流程包含控制文件采集、数据预处理、整体解算、结果输出四个部分，其基本程序的流程图如图 3.16 所示。一般情况下，点约束条件可通过观测标靶点与控制点或者拟合定标球的中心获得，然后按一定规则命名即可；当相邻站点之间点约束不足时，需要在两测站点云中寻找相同或位置相近的线性或者面约束，这些约束主要靠局部数据拟合求得。约束的数量要满足配准的基本条件，一般要多出一些约束用来平差或者检验，以提高配准的精度。

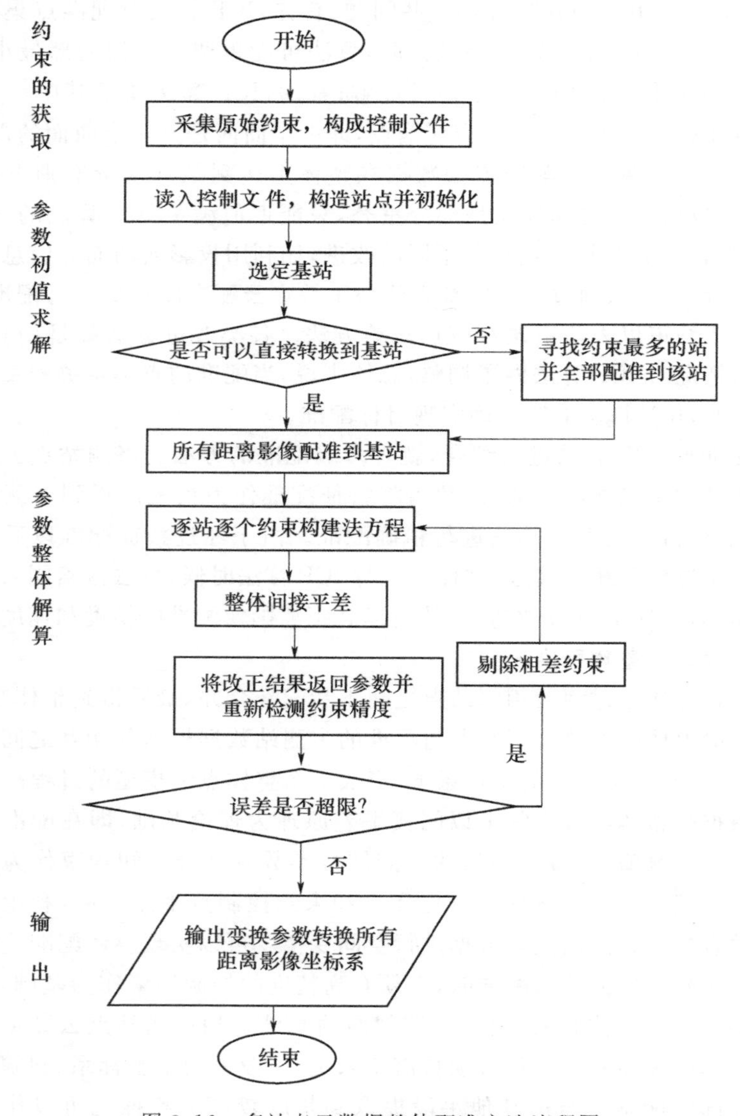

图 3.16　多站点云数据整体配准方法流程图

对于大型场景的配准，整体配准的方法更加适用，一方面能将各类约束条件综合配准，另一方面能够提高配准的精度。但是在某些控制条件精度不高的情况下，在站点之间加上重叠点云数据的约束，配准精度会提高一些，这值得进一步探讨。整体配准过程中，如何分配各个约束的权值是一个值得研究的问题。对于不同手段获得的约束条件，其本身精度存在差异，这些差异可以从配准结果中观察出来；拟合的控制条件精度不稳定，部分约束条件可能是由很少的数据点拟合得到的，这样的约束在整体配准中应适当削减其权值，具体削减到什么程度才是最佳，需要进一步的探讨。如果能够找到各条件权值的标准，整体配准的精度和稳定性就能够得到提高。

3.3　基于特征的木构件点云分割

特征提取和分割技术在目标识别、自动导航、工业检测、逆向工程等领域应用广泛，而在基于三维激光扫描仪获取的点云数据对古建筑构件进行三维模型重建的过程中，基于特征提取和分割技术进行目标构件点云数据的提取也是非常重要的一个环节。

由于古建筑室内场景复杂，快速、准确的实现不同古建筑木构件点云数据的分割是非常困难的。针对古建筑木构件点云数据的几何特征，结合基于微分几何属性形状分析的研究，本节提出基于边缘跟踪和区域增长的方法，即综合采用基于边缘和区域的分割策略，通过三维交互的方式，在分割之后的点云数据基础上方便、快捷地提出目标构件表面采样点数据。

3.3.1　特征提取

特征作为标明物体本质属性的事物，一直以来在模式识别、机器人视觉、图像分割、边缘提取等方面起着非常重要的作用。本书采取自底向上的策略进行特征提取，即由点到线、面等的特征提取。下面详细介绍特征点提取、边界跟踪和平面特征提取的方法。

特征点提取是图像分割、边缘提取、目标识别等方法的第一步。在灰度图像处理中，经常采用梯度算子、Sobel 算子、Roberts 算子等先提取特征点，如阶跃点、屋脊点等，然后再利用 Hough 变换等方法提取边缘信息。针对点云数据，也可采用类似策略，但特征点的提取要从空间三维几何特征的角度考虑。点云数据的特征点有距离不连续点、尖锐点、平面点和曲面点等。距离不连续点根据距离阈值很容易判别，如果点与其邻近点之间的距离大于阈值，则点为距离不连续点。尖锐点一般出现在不同类型特征点之间的连接处。为使重建后的三维模型更符合真实的拓扑结构，在模型重建过程中要考虑尖锐点。在判断尖锐点时，可利用点法向量与邻近点法向量的夹角进行判断，也可以根据点到其邻近点所拟合的曲面的距离进行提取。很多实体的表面由平面和曲面组成，因此可将点分为平面点和曲面点。利用邻近点信息，计算每个点对应的平均曲率 H 和高斯曲率 K；当 $H=K=0$ 时，点为平面点，否则为曲面点；还可再进一步根据平均曲率的正负号快速判别曲面点的凹凸性。

线特征信息在图像分割中起着非常重要的作用。在图像处理领域也有很多被大家所熟悉的线特征提取方法，如 Hough 变换等。在二维领域，根据像素灰度值可以很方便地提取出直线、圆等边缘信息。但在三维领域，进行特征线提取要复杂得多，这里主要讲解根据点云局部微分几何的知识，对表面形状进行分析并提取特征线。点云最大、最小主曲率对应的主方向，作为几何形体分析中比较重要的信息，表明物体曲率线的方向。在物体边缘处，沿最大主曲率对应的主方向上的曲率是变化的，曲率表现的性质为各向异性，最大主曲率对应的主方向正交于物体边缘，最小主曲率对应的主方向则平行于物体边缘，因此，可利用与最大、最小主曲率对应的主方向之间的夹角作为检测线段是否为真正边缘的依据之一。为更形象地表示这一特性，以图 3.17 中粗线为例，选中一真正边缘线段（左）和假边缘线段（右），并显示其端点的主坐标系；可以看出，真实边缘线两端点的最小主曲率对应的主方向与边的夹角很小，可近似认为平行于边缘线段，与实际物体边缘相符，而非边缘线两端点的最小主曲率对应的方向几乎垂直于边缘线段，与不是边缘线段的实际情况相符。因为最大、最小主曲率对应的主方向互相垂直，所以这里只考虑最小主曲率对应的主方向与边的交角。在本计算中，取线段与其两端点最小主曲率对应的主方向的夹角最大值为 d_e。如图 3.18 所示，线段 ab 与其两端点 a、b 的最小主曲率对应的主方向的夹角分别为 θ_a 和 θ_b，则 d_e 为

$$d_e=\max(\theta_a,\theta_b) \tag{3.52}$$

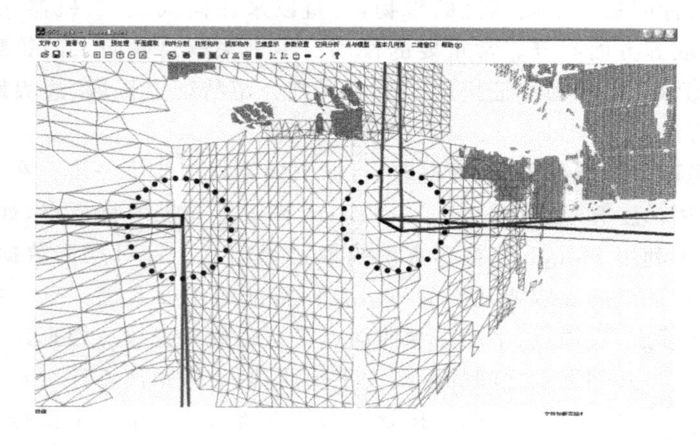

图 3.17　最大、最小主曲率对应的主方向与边缘关系分析

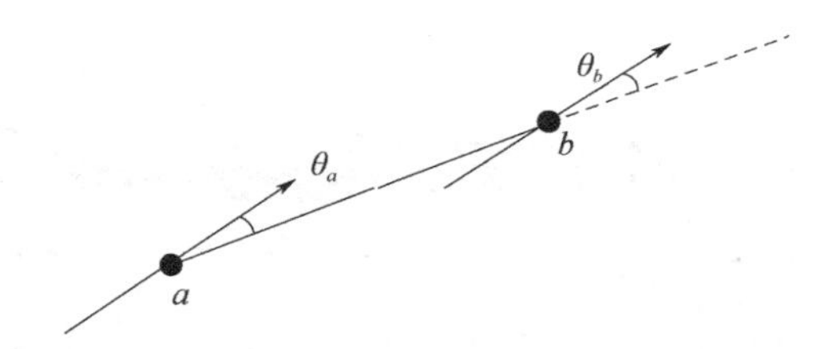

图3.18　边与其两端点最小主曲率对应的主方向的夹角定义

另外，如果边 ab 根据式(3.39)计算的线段曲率比较大，则线段 ab 为边缘的可能性也就比较小。因此，这里有两个指标判断尖锐边是否为真正的边缘，即只有 d_e 和 $k(ab)$ 均小于指定的阈值，才认为 ab 为边缘线段，否则放弃不被考虑。

特征线提取过程一般分为线段编组和边缘跟踪两阶段：先基于提取的特征点，根据法向量等微分几何属性信息提取特征线段，但现有的线段信息没有真正地形成物体的边缘，边缘之间存在间隙，还需边缘跟踪处理；然后基于点的邻近点计算点对应的最大、最小主曲率及对应的主方向，再根据最大主曲率对应的主方向在边缘处表现各向异性并垂直于边缘、最小主曲率对应的主方向平行于边缘的特性，可采用诸如启发式方法对特征线段之间的空隙进行连接，实现基于边缘跟踪的线特征提取。下面对边界跟踪的具体方法进行详细介绍。如图3.19所示，假设图3.19(a)中边 ab 经判断属于边缘线段，但由于端点 a 和 b 均为内部点，边 ab 前后均有边缘线段需要判定，这就要从端点的邻近边中找出最有可能为边缘线段的边，这里给每个邻近边一个权值 w_e。权值要从以下两个方面考虑：一个是式(3.52)描述的每个边的 d_e，d_e 越小，越有可能是边缘线段；另一个是边 ab 与邻近边的夹角 θ_e，θ_e 越小，越有可能是边缘。综合这两个因素，每个邻近边的权值为

$$w_e = w_{de} d_e + w_{\theta e} \theta_e \tag{3.53}$$

式中：w_{de}、$w_{\theta e}$ 分别表示 d_e 与 θ_e 在权值 w_e 计算中所占的比例。权值最小的邻近边被认为是边缘线段。图3.19(b)为判断边 ag 和边 bd 为边缘线段后的示意图。然后再对每个新加入的边缘线段开始新一轮的边缘跟踪过程，如图3.19(c)所示。首先判断边缘线段的终端点是否为边界点，如果是则停止搜索，如果不是则按照前述方法，计算权值然后判断，依次递归下去，直至完成所有边缘线段的边缘跟踪。图3.20为边缘跟踪实例结果图，其中用蓝色表示边缘跟踪后的边缘信息。

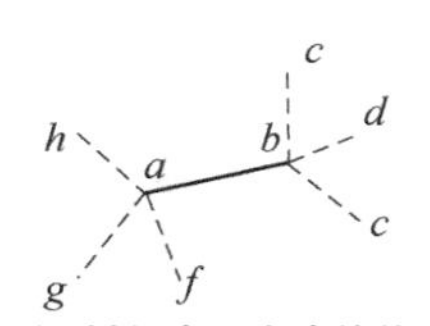

(a) 判断边ab为边缘线段

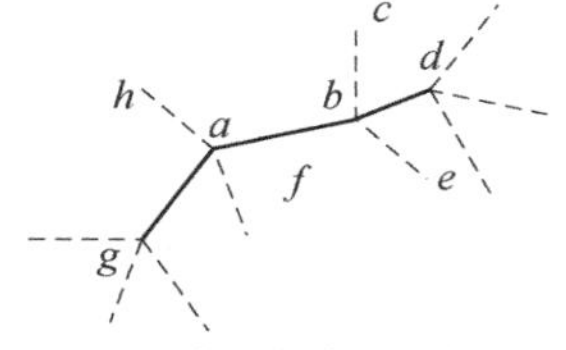

(b) 判断边ag和边bd为边缘线段

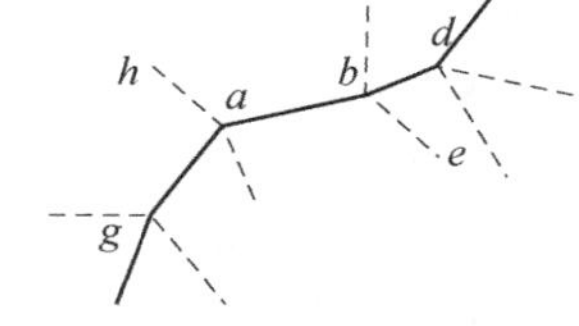

(c) 判断新加入的边为边缘线段

图3.19　边缘跟踪原理

图 3.20　边缘跟踪实例(彩图附后)

平面特征是几何特征中比较重要的特征,具有各向同性的性质,并且 $H=K=0$,在几何形状分析中比较容易识别,因此非常受重视。由于平面特征是点云数据的最佳拟合,提取出的平面特征比每个采集点的精度要高,因而在不同测站点云数据的配准中经常用平面特征作为对应特征,计算平移和旋转参数。平面特征提取有很多方法,如 Hough 变换方法,这种方法需要对方向进行离散化,将空间问题转换到参数范围内,根据统计值进行分析。这里详细讲解利用区域增长提取平面特征的方法。采用的平面模型为

$$ax+by+cz+d=0 \tag{3.54}$$

先根据种子点计算初始平面参数 a、b、c、d,然后根据点的邻近关系将种子点的邻近点放入队列中,再判断队列中的点与平面的空间关系。由于邻近点至区域是空间相连的,只需依据点到平面的距离判定即可,如果距离小于阈值,则将点归并到平面区域中,从而实现区域增长。所有邻近点与平面的空间关系判定完之后,检验区域是否增长,如果增长,则重新估计平面参数 a、b、c、d,然后提取更新后的平面区域的拓扑邻近点、判定邻近点与平面的空间关系,如此递归进行,直到区域停止增长为止。

平面特征提取的算法描述如下:

```
用种子点初始化区域;
设置区域增长标志为 1;
While(区域增长标志为 1){
    计算区域平面参数;
    搜索邻近点放入队列中;
    区域增长标志为 0;
```

```
    While(队列不为空){
        根据队列先进先出原则为当前点赋值;
          if(当前点至平面的距离小于阈值){
              当前点加入该区域,实现区域增长;
              区域增长标志为 1;
          }
    }
}
```

图 3.21 中蓝色区域为提取的平面特征,效果非常好,近似为同一个平面的点均包括在内。从图上可以看到,构件两端起固定作用的对象点云不属于构件表面,实验结果也很好地将这些点排除在平面外。这里距离阈值为 2 mm,提取的平面点云与拟合出的平面特征的距离均方差近似为 0。阈值不同,提取的平面特征也不同,一般根据数据处理的精度要求多次测试来设定最佳阈值。

图 3.21　平面特征提取实验结果(彩图附后)

对于其他类型的面特征如球面、圆柱面、圆锥面等,选取相对应的数学模型,然后可以采用类似的思路进行提取。

3.3.2　基于特征分割木构件点云的实现

根据不同的问题描述和技术需求,分割是一个艰巨而复杂的研究课题。分割就是将具有某种共性的连通部分分为一个区域,并把其中感兴趣的区域或目标提取出来。对人来说,很容易识别出简单的几何体如球、柱、锥等,但让计算机完成同样的任务就要困难许多。起初,分割技术应用在二维灰度图像上,根据对应实体进行分割,不同区域对应不同实体。主要是根据邻域像素点灰度值变化的函数实现分割。通常选择一些重要特征，在获取图像中最优、最显著有用特征的同时，丢弃无关或次要的信息，以降低分类的复杂性。随着三维激光扫描仪等新型传感器的出现，采集空间三维信息的手段更高效、便捷，分割技术也就不只局限于应用在二维图像中了，分割的原理同样可以推广应用在其他类型的数据上。例如，对于深度数据，共性是从几何和拓扑的概念上来定义的，经常是曲率的函数。

点云数据中包含场景对象明确的三维信息，直接对点云数据进行三维重建，不仅增加数据处理的复杂度，而且可能造成系统资源的巨大消耗。为了后续处理数据的方便，就需要对数据进行相应的分割处理，将点云分成不同的区域，相同区域上的所有点具有某种共性。被分割后的数据仍然是数据的聚集，只是其中的点更具有局部相似性。当然，在大多数情况下，即使细分，由于数据采集的随机性、表面的任意性等，也不能细分到用一个方程式表达，不过可以用分段的曲面插值、网格化或者用最小二乘法进行流线型表面拟合等。分割后可获得各专题的深度图像，而专题图像的数据处理、特征提取与建模、可视化表达比原始数据容易得多。点云数据的分割，作为三维特征提取、目标识别、定位和建模中的一个重要步骤，一直是一个十分活跃的研究领域，受到了很多研究人员的关注，但还有很多难题有待解决，值得深入研究。现有的二维图像分割算法不是简单扩展就可以应用在深度图像分割技术中的。即使是一个只含有多边形对象的简单场景，进行有效的分割也不是件容易的事。如何正确识别比较小的面对象，保存边缘位置信息等是三维建模和基于目标识别的计算机辅助设计建模中面临的主要困难。总结现有的研究成果，基于特征的分割算法大致分为三类，即基于边缘的分割算法、基于区域的分割算法和基于边缘和区域的混合分割算法。

1. 基于边缘的分割算法

该分割算法先根据数据点的局部微分几何特性在点云数据中检测边界点；然后进行边界点的连接，利用内插构建平滑边缘；最后，根据检测的边界将整个数据集分割为独立的多个点集。共性度量值用于判定分割后的子区域是否全局共性。如果不共性，则再继续分割为更小的区域。该分割算法计算量大，计算过程复杂。

2. 基于区域的分割算法

该分割算法将属于同一基本几何特征的点集分割到同一区域，是个迭代的过程，可以分为自底向上、自顶向下两种。自底向上方法是从一种子点开始，按某种规则不断加进周围点，其关键在于种子的选择、扩充策略。自顶向下方法假设所有点属于同一个面，拟合过程中误差超出要求时，则把原集合分为两个子集，此类方法实际使用较少。三种常用的基于区域的分割算法如下。

(1)分割合并(split-and-merge)。这是一种自顶向下的方法：先递归分割距离图像直到子区域全局相似，因为细分产生伪边缘，再根据相似性标准合并邻近区域。

(2)区域增长。这是一种自底向上的方法:从一个种子点开始,这个种子点可以随机选取,也可以根据几何标准选择;累加与种子点区域邻近且具有相似局部几何特性的点;如果区域不再增长,再根据相似性标准合并邻近区域。

(3)聚类算法。对小点集估计面参数,在柱状图中累计参数,峰值点对应数据中面的实例;然后根据统计测试获取相似值,进行区域合并操作。

3. 基于边缘和区域的分割算法

上述两类方法都有各自的优缺点,通常需要后处理过程。基于边缘的分割算法检测边缘困难且存在间隙;如果特征很少,插值问题就变得很困难。基于区域的分割算法很容易受噪声影响,产生的边缘是闭合的,但一般会存在变形;除此之外,最初种子点的选择也是需要考虑的问题。实际上,如果单纯的采用一种策略,在稳健性、唯一性和快速性等方面都存在不足。古建筑由很多构件组装而成,每个构件又由不同类型的表面组成。为有效地实现不同构件、构件上不同类型表面对应的点云数据分割,综合利用基于边缘的分割算法和基于区域的分割算法是一种有效的策略。

首先,利用边缘跟踪方法实现点云数据的初始分割。点云局部微分几何属性计算完毕,根据前面介绍的线特征提取方法提取特征线后,形成初始分割,用 C_1、C_2、…、C_n 表示初始分割后的 n 个子区域,并且满足以下条件。

(1)C_1、C_2、…、C_n 的交集形成整个兴趣区域。

(2)C_1、C_2、…、C_n 中的任何两个子集两两相交为空。

其次,有些实体之间连接处的点云数据存在明显的曲率变化,比较容易判断,能快捷地实现不同构件点云数据的分割,但有些实体之间连接处的点云数据是平滑过渡的,比较难以判别区分点云数据对应的构件,每个子区域没有细分到构件的某个类型的曲面,有时甚至包含几个构件的点云,因此还需对每个子区域进行进一步的点云分割处理过程。这里将表面分为三种类型,即平面、凸面和凹面,采集点也相应地分为平面点、凸面点和凹面点。点云法向量估计之后,就可将点分为平面点和曲面点,凹面和凸面的区分可根据点云平均曲率判断。根据形状分析,如果点云平均曲率小于零,即 $H<0$,则点云所属的曲面为凸面,点为凸面点;反之,如果平均曲率大于零,即 $H>0$,则点云所属的曲面为凹面,点为凹面点。

再次,针对每个分割之后的子区域 $C_i(i=1,2,\cdots,n)$ 提取平面特征。一方面,平面特征易于提取,提取之后可以简化分割难度;另一方面,受阈值和邻域范围的影响,点云分类的结果会有所不同,当邻域范围大时,有些平面点可能会判定为曲面点,先提取平面特征就可以在一定程度上消除这些因素的影响,从而准确地判定平面点。平面特征提取时采用面积约束法,如果提取后的平面特征面积小于指定阈值,则认为提取的平面特征不存在。平面特征提取之后,将其作为一个分割后的区域以 $C_{(n+i)}$ 的形式存储,属于该平面特征的点云都认为是平面点，同时子区域 C_i 包含的点集更新为 $C_i-C_{(n+i)}$，记为 C_i'；然后对子区域 C_i' 基于区域增长的方法开始新一轮的平面特征提取，如此递归下去，直到提取完子集内对应的平面特征。

最后，进行凹面和凸面的分类。子区域 C_i 内的所有平面特征提取后对应的子集用 C_i' 来表示，对 C_i' 进行分类，根据点云平均曲率，将具有连通关系且平均曲率符号一样的点云依据区域增长的方法聚为一类，据此实现初始分割子区域 C_i 的再次分割。同理，对所有初始分割之后的子区域进行再次分割，最终实现点云数据的分割。将点云分割到不同类型的表面，对于下一步来说，无论进行点云简化、点云平滑还是点云表面拟合，都会非常便捷、快速。图 3.22 是基于边缘分割算法的结果图，图 3.23 是基于边缘和区域分割算法的结果图，图 3.24 是从古建筑场景点云中提取的梁构件点云。

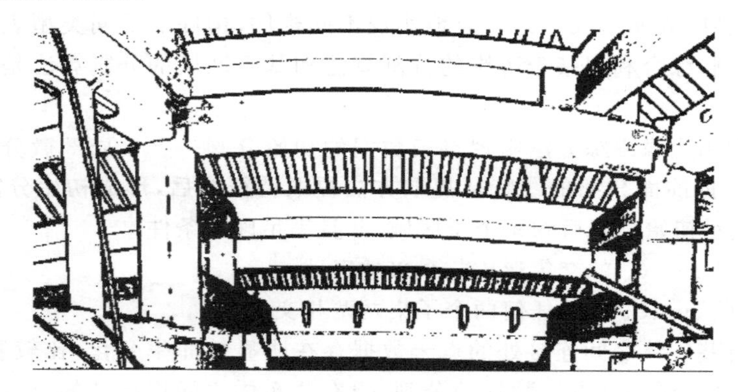

图 3.22　基于边缘分割算法的结果

图 3.23　基于边缘和区域分割算法的结果

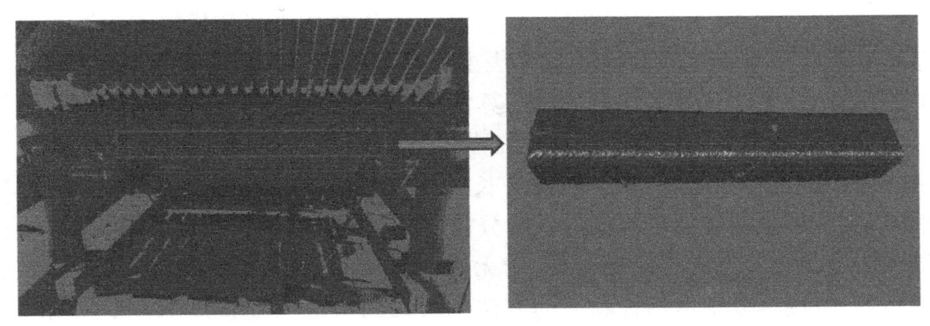

(a) 古建筑场景点云　　(b) 提取的梁构件点云

图3.24 从古建筑场景点云中提取的梁构件点云

为对点云数据分割算法建立合理的评价体系，Hoover等(1996)提出用分割算法分割后的结果与距离图像对应的真实分割数据(ground truth)相比较，利用五个指标进行定性分析，即正确分割区域的比例、过度分割区域比例、分割不完全区域的比例、没有分割出区域的比例和有噪声分割区域的比例。针对上述实验，由于没有其他数据供参考，这里采用上述类似思路并综合比较分割前后数据的方法对分割效果进行定性分析。一些构件具有比较完整的点云数据可以实现较好的分割，但有些构件由于表面反射和遮挡等原因，构件表面点云数据不完整，可能会出现同一构件点云数据存在不相连接的子集，数据缺失严重的构件点云数据会无法实现正确分割。这类构件在提取其表面点云时需要更多的交互操作，因而会影响下步构件点云数据提取的效率。如果构件之间是平滑连接，也会给点云数据分割带来难度，如出现不同构件点云数据分割到同一个子集中的情况。因此，在分割过程前，消除冗余数据和滤波去噪过程必不可少，这样不但能减轻问题处理的复杂度，而且能同时提高点云微分几何数据估值的稳健性，进而提高提取边缘、曲面等特征的可靠性，从而提升分割的效果。

3.4 古建筑木构件点云语义分割

木构件是古建筑的基本组成部分且结构复杂。古建筑数字化保护的诸多应用需要从古建筑点云中分割出木构件点云，如古建筑的建筑信息模型(building information model，BIM)、古建筑形变监测、古建筑数字化存档等。由于古建筑结构复杂、场景规模宏大，并且三维激光雷达点云具有数据量大、离散性强、噪声和漏洞严重等特性，如何快速、高效地处理古建筑点云数据仍是当前亟待解决的难题。点云数据的分割，作为三维特征提取、目标识别、定位和建模等应用中的一个重要步骤，一直是一个十分活跃的研究领域，国内外学者对此进行了大量的研究。

Grilli 等(2017)和 Nguyen 等(2013)分别对点云分割算法及其优缺点进行了详细的总结分析。现有的点云数据分割算法主要有基于边缘的分割算法、基于区域增长的分割算法、基于边缘和区域的分割算法、基于模型拟合的分割算法和基于机器学习的分割算法等。每种方法都有它的优缺点及适用性,如基于边缘的分割算法检测边缘困难且存在间隙,基于区域增长的分割算法受限于种子点的选择且对噪声敏感,基于模型拟合的分割算法只能分割平面、柱面、球面等基本模型,基于混合边缘和区域的分割算法比较耗时,基于无监督分类的机器学习分割算法对噪声比较敏感等。目前,分割木构件点云的方法主要是利用第三方软件平台手动对古建筑点云数据进行木构件分割。这种手动分割的方法效率低下,成为制约该技术深入推广的主要瓶颈。

早期的点云分割算法只是将具有某种共性的点集分为一类,如分为平面点集、球面点集、柱面点集等,缺乏高层语义信息。许多学者从事点云语义分割算法的研究,常用的点云语义分割算法主要有基于层次提取的语义分割算法和基于深度学习的语义分割算法等。前者是基于分割对象的特性进行多层次提取的语义分割算法;后者需要大量的实验数据进行机器学习,现在还没有大量的已标注的古建筑点云数据用于训练。目前,广泛使用的标准数据集如 Semantic 3D. net、Stanford Large-scale 3D Indoor Spaces Dataset (S3DIS)等与本书研究对象在古建筑类型、结构等方面不同,相应的语义分割算法也有局限性。

因此,需要针对中国古建筑的特性,研究相应的点云语义分割算法。针对此问题,本节提出一种自动的古建筑点云语义分割算法,分割之后的点集与木构件对应。该算法充分利用古建筑结构布局的特点,基于古建筑点云数据提取的竖直轴向、柱列轴线及构件尺寸等信息自动分割出木构件对应的点云数据。经实验验证,其分割效果理想,提高了古建筑点云数据分割的自动化程度。

3.4.1 算法原理

首先,准备该算法所需的数据。考虑到每栋单体古建筑在空间上的独立性及效率问题,先手工从古建筑场景点云数据中选取单体古建筑点云,并检查点云数据三维坐标系的竖轴是否大致竖直,如果不满足要求,需进一步做人工目视转正处理。为给算法提供精确可靠的点云数据,降低噪声数据对点云数据处理算法的影响,需要再对点云数据进行自动去噪处理,可采用 3.2.1 小节中介绍的点云去噪平滑的方法按序、逐级处理。

其次,自动计算与柱构件相交且垂直于点云三维坐标系竖轴的一个截面,并提取出截面点云数据;利用点云欧氏聚类方法,从截面点云中提取对应于柱构件的点云数据,然后估计柱构件参数;基于罗德里格斯旋转矩阵将古建筑点云数据自动转正,使点云三维坐标系的竖轴 Z 严格垂直于地面,进而使算法在 Z 维度上的处理流程更为简单、高效，对于部分构件分割的难题便可以由三维向二维过渡，较大程度地提升算法的效率、降低算法的复杂程度。

最后，基于模型拟合的方法分割出柱构件点云，再利用古建筑几何结构、尺寸等信息基于包围盒的方法对其他木构件如梁、枋等进行分割。算法流程如图3.25所示。下面对关键算法进行详细描述。

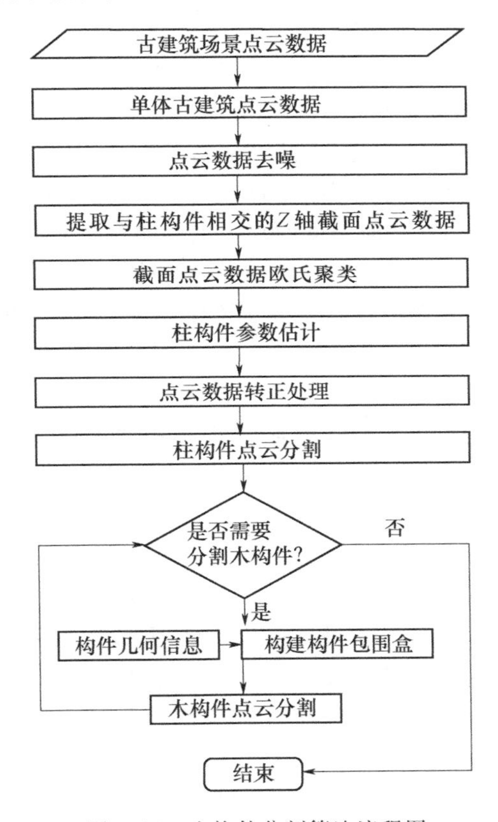

图3.25 木构件分割算法流程图

1. 截面点云数据欧氏聚类

根据古建筑结构的特点，柱构件作为重要的支撑构件，一般是按照一定规律排列布置的，外檐或室内的柱子在梁架下面的部分在空间上不与其他构件相连，是独立的，并且形状近似柱形。因此，基于这些特性提取柱构件对应的部分点云。点云数据去噪之后，求解点云在三维坐标系中竖轴 Z 上的最小、最大值，分别设为Z_{min}、Z_{max}。根据目标古建筑的几何结构，分析柱构件高度在 Z 轴中的长度占比 s（$0<s<1$），计算与柱构件相交且垂直于 Z 轴的截面高度Z_0，其计算公式为

$$Z_0=Z_{min}+\frac{s}{3}(Z_{max}-Z_{min}) \tag{3.55}$$

对每个采样点$P_i(x_i,y_i,z_i)$，其中i表示点序号，提取满足条件$Z_0-0.3\leqslant z_i\leqslant Z_0+0.3$的采样点作为截面点云数据。此时提取的截面点云数据属于若干个柱构件，可根据欧氏聚类方法对其进行聚类，得到n个柱构件对应的部分点云数据。

2. 柱构件参数估计

利用上述分割出的柱构件部分点云数据分别估计其对应的柱构件几何参数。采用的数学模型为

$$\begin{gathered}(x_j-x_0)^2+(y_j-y_0)^2+(z_j-z_0)^2-\\ [n_x(x_j-x_0)+n_y(y_j-y_0)+n_z(z_j-z_0)]^2-R^2=0\end{gathered}\tag{3.56}$$

式中：(x_j,y_j,z_j)为圆柱面上一点，这里表示属于圆柱面上一采样点的三维坐标；(x_0,y_0,z_0)为圆柱轴线上一点的三维坐标；(n_x,n_y,n_z)表示圆柱单位轴向量；R为圆柱的半径。以目标柱构件对应的截面点云坐标的重心坐标作为(x_0,y_0,z_0)的初始值，以$(0,0,1)$作为(n_x,n_y,n_z)的初始值，以目标柱构件对应的截面点云到(x_0,y_0,z_0)的欧氏距离平均值作为R的初始值，利用 Levenberg-Marquardt 方法计算出参数(x_0,y_0,z_0)、(n_x,n_y,n_z)和R。

3. 点云数据转正处理

估算出柱构件的轴向量之后，还需要确保轴向量的方向一致。假定$N_i=(n_{ix},n_{iy},n_{iz})$为第$i$个柱构件的单位轴向量，$N_0=(0,0,1)$为$Z$轴的单位向量，如果满足

$$\boldsymbol{N}_0\cdot\boldsymbol{N}_i<0\tag{3.57}$$

则对$\boldsymbol{N}_i$进行处理，得到$\boldsymbol{N}_i=(-n_{ix},-n_{iy},-n_{iz})$；否则不作处理。将处理后的$n$个柱构件轴向量相加取平均值，然后进行单位化处理，设得到的向量为$\overline{\boldsymbol{N}}=(n_x',n_y',n_z')$，进而建立以该向量为$Z$轴的转正之后的三维坐标系。依据罗德里格斯矩阵构造方法，计算从点云所在的三维坐标系到转正之后三维坐标系的旋转矩阵$\boldsymbol{R}(\theta)$，具体方法如下。

(1)依据余弦定理，计算$\overline{\boldsymbol{N}}$和$\boldsymbol{N}_0$两向量之间的夹角$\theta$，计算公式为

$$\theta=\arccos\left(\frac{\overline{\boldsymbol{N}}\cdot\boldsymbol{N}_0}{|\overline{\boldsymbol{N}}||\boldsymbol{N}_0|}\right)\tag{3.58}$$

(2)由空间几何的基本原理易知，同时垂直于$\overline{\boldsymbol{N}}$和$\boldsymbol{N}_0$的向量为$\overline{\boldsymbol{N}}\times\boldsymbol{N}_0$，将其设为$\boldsymbol{N}_r=(n_{rx},n_{ry},n_{rz})$，为方便后续处理，此处设其为单位向量。则$\boldsymbol{R}(\theta)$满足如下关系，即

$$\boldsymbol{R}(\theta)=\boldsymbol{E}+\tilde{\boldsymbol{w}}\sin\theta+\tilde{\boldsymbol{w}}^2(1-\cos\theta)\tag{3.59}$$

式中：$\boldsymbol{E}$为三阶单位矩阵；$\tilde{\boldsymbol{w}}$为$\boldsymbol{N}_r$的反对称矩阵，其具体表达式为

$$\tilde{\boldsymbol{w}}=\begin{bmatrix}0&-n_{rz}&n_{ry}\\n_{rz}&0&-n_{rx}\\-n_{ry}&n_{rx}&0\end{bmatrix}\tag{3.60}$$

利用该旋转矩阵对点云数据进行空间变换，并找出坐标变换之后点云最小的 Z 轴坐标，记作$Z_{\min}'$，旋转之后的点云数据与地面垂直。为确保点云数据在 Z 维度上均大于等于0，还需对点云数据在 Z 方向上进行平移，平移量为$-Z_{\min}'$。

4. 柱构件点云分割

利用步骤3中构建的旋转矩阵，分别计算出柱构件在步骤2中估算的单位轴向量，以及轴线上一点的三维坐标在转正之后的三维坐标系中对应的坐标，分别记作$\boldsymbol{N}_i'=(n_{ix}',n_{iy}',n_{iz}')$和$O'_i(x_{i0}',y_{i0}',z_{i0}')$，其中 i 表示对应第 i 个柱构件的参数。

对于任意一个采样点$P_i'(x_i',y_i',z_i')$，令该采样点到第 i 个柱构件轴线的距离为d_i，根据空间几何理论知识，有

$$d_i^2=(x_i'-x_{i0}')^2+(y_i'-y_{i0}')^2+(z_i'-z_{i0}')^2-\left[n_{ix}'(x_i'-x_{i0}')+n_{iy}'(y_i'-y_{i0}')+n_{iz}'(z_i'-z_{i0}')\right]^2 \tag{3.61}$$

为避免对柱构件的分割造成欠分割，对柱子的半径设定一个阈值R_{th}，并用R_i表示第 i 个柱构件的半径。如果d_i满足如下关系，即

$$(R_i-R_{th})^2\leqslant d_i^2\leqslant(R_i+R_{th})^2 \tag{3.62}$$

那么认为该采样点为第 i 个柱构件上的一点。考虑到实际的柱并不是严格的圆柱，经过大量的实验，R_{th}一般取0.02为宜，这样既能避免欠分割也能避免过分割现象。

5. 梁、枋等木构件点云分割

完成柱构件点云分割后，需进一步对梁、枋等木构件进行分割。考虑到古建筑柱列轴线是每个木构件的定位依据，还需基于柱构件参数提取柱列轴线信息，进而基于柱列轴线信息构建待分割木构件的包围盒，实现基于包围盒的木构件点云分割。

假设古建筑柱构件轴线在三维坐标系 XOY 平面内的投影点分别为P_1、P_2、…、P_{2m}，为了体现算法对各种亭子类型的古建筑点云数据的适用性并方便计算，不妨令 $m=3$。如图3.26(a)所示，对于 P_1 至 P_6 这6个投影点，求解出投影点所构成矩形对应的4个顶点，分别为P_1、P_2、P_3、P_4，这4个点依次连接构成矩形V_{1234}。假设P'_1、P'_2为某一木构件在长度方向上的几何中心轴线在 XOY 平面内投影线段的两个端点，根据空间几何理论知识并考虑构件尺寸信息，外插求出P'_1、P'_2两点在 XOY 平面上的坐标，如图3.26(b)所示。根据空间几何理论知识及P'_1、P'_2两点的坐标，同理可求出图3.26(c)中P_{V1}、P_{V2}、P_{V3}、P_{V4}在 XOY 平面上的坐标。进而基于P_{V1}、P_{V2}、P_{V3}、P_{V4}构建待分割木构件的包围盒，如图3.26(d)所示。P_{V5}、P_{V6}、P_{V7}、P_{V8}在 XOY 平面内的投影点分别与P_{V1}、P_{V2}、P_{V3}、P_{V4}对应。依据待分割木构件的位置信息，分别对P_{V1}、P_{V2}、P_{V3}、P_{V4}和P_{V5}、P_{V6}、P_{V7}、P_{V8}在 Z 维度上赋值。

基于包围盒分割木构件点云的关键是判定采样点与包围盒之间的空间位置关系，可以根据采样点到包围盒6个平面欧氏距离的正负号进行判断，最终实现基于包围盒的木构件点云分割。

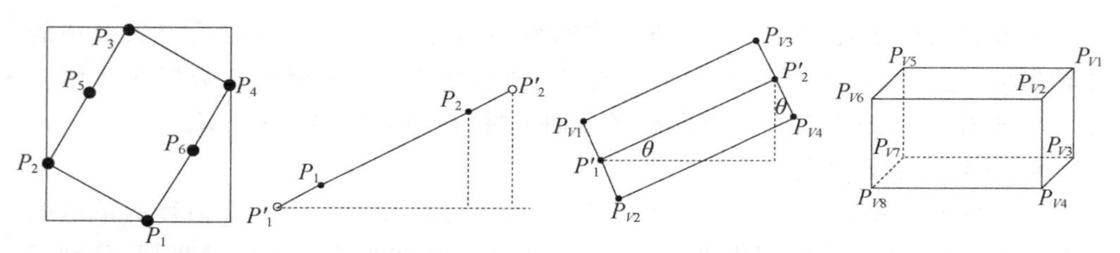

(a) 柱构件轴心投影　(b) 柱轴线延长线内插点　(c) 包围盒在XOY面的投影点　(d) 构件包围盒

图 3.26　基于柱列轴线信息构建待分割木构件包围盒

3.4.2　实验与分析

为了充分体现上述算法的可行性及稳健性，采用北京建筑大学测绘楼五层楼台上一座亭子风格的古建筑作为实验对象，图 3.27(a)为现场采集的五站数据配准之后的结果。因为单体建筑在空间上的独立性，人工交互可以快速提取单体建筑点云数据，如图 3.27(b)所示。提取之后的点云数据经环境噪声去除、人工目视转正及点云数据去噪之后的结果如图 3.27(c)所示。

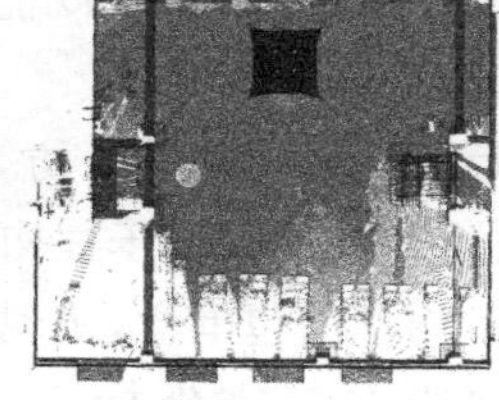

(a) 古建筑场景点云　(b) 古建筑场景点云数据顶视图　(c) 提取的单体建筑

图 3.27　实验数据

为获取柱构件参数，构建高度为 1.1 m 的水平截面，获取 Z 轴坐标为 0.8～1.4 m的采样点，如图 3.28(a)所示，然后进行欧氏聚类并利用模型拟合的方法求解柱构件参数，求出柱构件平均单位轴向量为(0.002 077，−0.013 917，−0.999 901)。

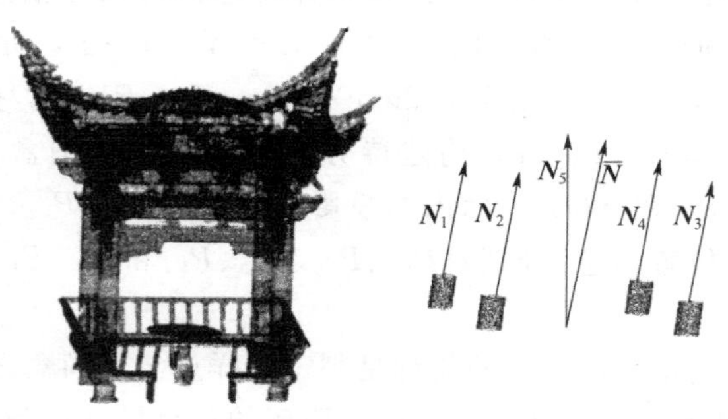

(a) 截面点云数据　(b) 柱构件轴向量估算

图 3.28　点云转正过程示意图

依照前文方法，将对点云数据进行坐标转正的问题转换为求向量(0.002 077，−0.013 917，−0.999 901)与向量(0,0,1)之间的空间变换矩阵，如图 3.28(b)所示，依据罗德里格斯矩阵构造方法解得该变换矩阵为

$$\begin{bmatrix} 1.489\,030 & -0.072\,999 & -0.147\,607 \\ -0.072\,998 & 1.010\,800 & -0.989\,046 \\ 0.147\,607 & 0.989\,046 & 0.999\,901 \end{bmatrix}$$

点云数据坐标转正后，还需再次处理使其 Z 轴坐标均大于等于 0。

图 3.29　柱构件分割结果

对坐标转正之后的点云数据，利用前文方法提取柱构件点云数据，如图 3.29 所示。再基于计算出的柱列轴线信息构建待分割木构件包围盒，提取木构件点云数据。在这个过程中分割梁、枋需要的尺寸信息如图 3.30 所示。本实验基本参数：梁距离地面的高度为 2.2 m，长为 2.5 m，宽为0.23 m；枋距离地面的高度为 1.9 m。

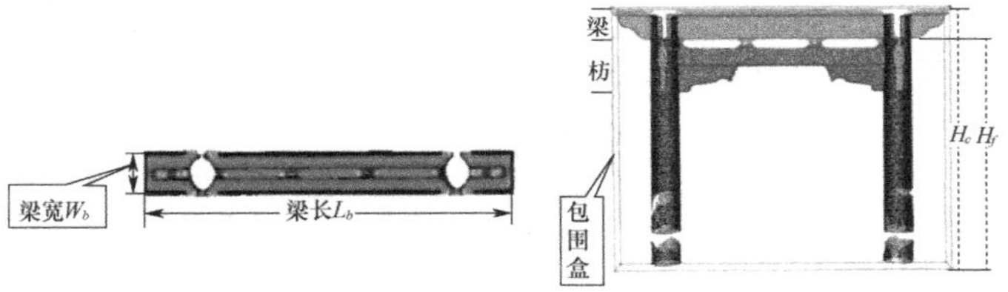

(a) 梁的参数　　(b) 梁、枋位置参数

图 3.30　梁、枋构件点云分割所需参数示意图

由于古建筑木构件之间是通过榫卯结构镶嵌穿插相连在一起的，在执行分割处理时，分层次提取木构件的方法是较优的策略。图 3.31(a)为梁、枋整体从古建筑点云中分割出的结果，图 3.31(b)为梁、枋基于柱列轴线进一步分割的结果，图 3.31(c)为更进一层次分离梁、枋构件的结果。实验数据最终的分割结果如图 3.32 所示。

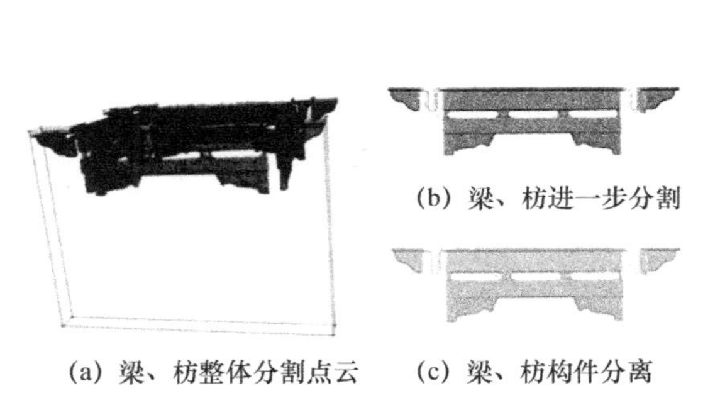

(a) 梁、枋整体分割点云　　(b) 梁、枋进一步分割　　(c) 梁、枋构件分离

图 3.31　分层次分割木构件示意图

图 3.32　实验数据最终分割结果

该算法在输入少量参数后，剩余操作全是自动完成，得出较好的实验效果，大大提高了木构件点云语义分割的效率。

3.4.3 算法小结

在目前古建筑点云数据语义分割算法还不太成熟的情况下，为了尽可能减少人工干预，上述算法采用尽可能少的参数对古建筑点云数据进行分割。该算法根据古建筑的特性提出了一种古建筑自动转正的方法，通过对古建筑点云数据转正使其严格垂直于地面，这样在 Z 维度上的处理变得相对简单，使木构件的分割可以由三维过渡到二维，极大地提升了算法的效率；然后通过圆柱数学模型估算柱构件参数，利用古建筑几何结构、尺寸等信息，基于包围盒的方法对其他木构件如梁、枋等进行分割。为了论证该算法的稳健性与可行性，用实验进行验证，最终结果表明其具有一定的可行性与稳健性。

由于不同古建筑的营造手段及复杂度不尽一致，上述算法仅采用亭子类古建筑点云数据作为实验数据，并且需要古建筑一些已知的参数信息作为起算条件。下一步研究方向是改进算法，使之可适用于各种类型的古建筑点云自动分割，其初始参数可通过特征检测自动获取。

第4章　逆向古建筑三维模型重建

逆向重建指利用古建筑激光雷达点云数据构建出古建筑三维模型。近年来，随着三维激光扫描技术和三维建模技术研究的发展，三维模型的应用吸引了越来越多的目光，三维建模技术也逐步从科学研究领域发展到进入了人们的日常生活。三维模型全方位记录了物体表面精确的几何信息，相对于以往的二维图像，三维模型允许用户从各个角度观察事物，其可信度要远远高于二维空间中的信息分析，有助于模型的形态分析和几何量测。利用三维激光扫描技术，实现每个构件、每座建筑及整个建筑群的三维模型重建，客观真实地记录古建筑的现状特征，对于古建筑的保护、管理和展示等都有重要意义。本章研究的重点是如何根据三维激光扫描仪采集的点云数据，快速、准确地重构古建筑三维几何模型，实现对古建筑进行全方位的数字化信息采集和记录，推动后续古建筑三维展示、古建筑整体模型动态组装、变形检测等几何形态分析的应用开展。

4.1　三维重建

三维重建是指对三维物体建立适合计算机表示和处理的数学模型，是在计算机环境下对物体进行处理、操作并分析其性质的基础，也是在计算机中建立能表达客观世界的虚拟现实的关键技术。三维物体的对象非常广泛，有以数字城市为目的的城市环境模型重建，有建筑物、文物或艺术品的模型重建，还有大型室内环境的模型重建及医学图像的三维表面模型重建等。重建出的三维模型具有高精度的几何信息和具有真实感的颜色信息，在虚拟现实、城市规划、地形测量、文物保护、三维动画游戏、电影特技制作及医学等领域有着广泛的应用前景。

三维重建一直是计算机辅助几何设计、计算机视觉、计算机图形学、计算机动画、人工智能、模式识别、科学计算和虚拟现实、数字媒体创作、医学图像处理和地理信息系统等领域的研究热点。三维模型允许用户从各个角度观察事物，其可信度要远远高于二维空间中的信息分析，有助于模型的形态分析和几何量测。近年来，随着相关技术的发展，三维模型的应用吸引了越来越多的目光，如数字场景漫游、工业制造、文化遗产保护、医学、城市规划、游戏、电影特效等，建模对象从小型的零件、商品，到人体、雕塑，再到大型的建筑、街道甚至城市，三维建模技术逐步从科学研究领域进入了人们的日常生活。

在计算机内生成物体三维模型主要有两类方法：一类是通过一定的数据采集

手段获取真实物体的表面数据，然后在计算机中运用相关算法对数据进行处理，最后以一定的数据结构形式对所定义的几何实体加以描述，实现真实三维物体的逼真再现，即逆向重建；另一类是使用几何建模软件，通过人机交互方式生成人为控制下的物体三维几何模型，即正向重建，这种实现技术已经十分成熟，现有若干软件支持，如 3DS MAX、Maya、AutoCAD、UG 等及建筑信息模型（building information model，BIM）平台软件 Revit、Beltly、ArchiCAD 等。本书从正逆向两个角度研究重建古建筑三维模型的相关理论、技术及方法等，本章重点研究第一类，即基于采集数据逆向重建三维模型的相关内容。

根据利用不同传感器所采集的测量信息的不同，三维重建所需要的数据主要包括激光雷达数据和摄影测量数据两大类。激光雷达采用非接触主动测量方式直接获取高精度三维数据，能够对任意物体进行扫描，并且没有白天和黑夜的限制，能快速将现实世界的信息转换成计算机可以处理的数据；具有扫描速度快、实时性强、精度高、主动性强及全数字特征等特点，可以极大地降低成本、节约时间；使用方便，其输出格式可直接与 CAD、三维动画等工具软件接口。摄影测量基于计算机视觉理论，利用数字摄像机作为图像传感器，综合运用图像处理、视觉计算等技术进行非接触三维测量，用计算机程序获取物体的三维信息；其优势在于不受物体形状限制，重建速度较快，可以实现全自动或半自动建模等，是三维重建的一个重要发展方向，但在由三维世界转换为二维影像的过程中，不可避免地会丧失部分几何信息，因此从二维影像出发理解三维客观世界存在自身的局限性。激光雷达和摄影测量等多种获取空间信息手段相辅相成、互为补充，为三维重建提供了充分的数据源。

反映实体精确空间几何信息的数据一般记录了三维实体表面在离散点上的各种物理参量，其中最基本的信息是物体各离散点的三维坐标，其他信息还包括物体表面的颜色、透明度、纹理特征等。这种数据又称为点云数据，现已成为现实世界数字化的重要数据源。激光雷达可直接获取实体表面高密度的点云数据，摄影测量基于计算机视觉理论可从多幅影像中恢复三维点云的多视立体几何，然而这些设备或方法往往不是在高度约束可控的情况下采集点云数据的，这样获取的数据会存在多种质量缺陷，包括大面积的数据缺失、不同区域点云密度的急剧变化及噪声等。为能提供精确、可靠的点云模型，三维重建前需要进行点云数据去噪平滑、配准融合等相关的预处理。目前，基于点云数据的三维重建技术取得了很多成果，如采用基于距离函数的零水平集方法、基于泊松重建的隐函数曲面构建方法、基于三维德洛奈的方法、基于三维 Alpha Shapes 的方法、基于细分的方法等构建不规则三角网模型，也可以采用样条曲面拟合的方法构建实体曲面模型，还可以利用拟合的基本体素通过布尔运算和构造立体几何（constructive solid geometry，CSG）表示实体模型，或利用拟合的基本体素构建深度图像等。从计算机实现的角度来说，利用外部传感器往往获得大量原始数据，在三维重建过程中，处理这些数据通常会占用大量的内存资源和中央处理器时间，因此开发良好、鲁棒性强的算法是模型重建能够在实际应用中得到普及的关键。三维重建过程所涉及的算法还应该具有尽可能小的空间复杂度和时间复杂度，并尽量提高重建过程的自动化程度。由于实际场景的复杂性，所获得的数据量庞大，如果需要太多的人工操作往往会造成误差甚至错误，因此应使重建过程减少人工的干预。

三维重建的模型按照对几何信息和拓扑信息的描述及存储方法的不同可划分为线框模型、表面模型和实体模型。线框模型仅通过顶点和棱边来描述形体的几何形状、特点，数据结构简单、信息量少，占用的内存空间小，对操作的响应速度快，通过正投影变换可以快速生成三视图，进而生成任意视点和方向的视图和轴侧图，并能保证各视图正确的投影关系；缺点是定义的形体存在多义性，没有包含全部的信息，不能计算面积、体积等物理量，不适于真实感显示(不能处理物体的侧影轮廓线，也不能生成剖面图、消隐图、明暗色彩图等)，应用范围很有限。表面(曲面)模型对物体各个表面或曲面进行描述，特点是表面模型增加了面、边的拓扑关系，因而可以进行消隐处理，以及剖面图的生成、渲染、求交计算、数控刀具轨迹的生成、有限元网格划分等操作，但表面模型仍缺少体的信息及体、面间的拓扑关系，无法区分面的哪一侧是体内或体外，不能进行物性计算和分析。三维模型中的表面模型根据描述方式不同又分为非均匀有理B样条(non-uniform rational B-spline，NURBS)曲面模型、隐式曲面模型、网格模型等。NURBS曲面模型适用于创建光滑和流线型的表面。隐式曲面模型是用隐式函数描述的一个曲面，表达形式简单，易于改变曲面的拓扑结构，但难以表达复杂的拓扑结构，并且隐式曲面形状的交互调整是使用隐式曲面模型建模的一个难点。网格模型存储简单，表达形式统一简洁，并且能表达复杂的拓扑关系，其拓扑关系易于调整，模型编辑和算法开发相对容易，图像渲染工具包都直接支持三角形的绘制，因此广泛应用于各个领域，成为主流的三维几何模型表现形式。实体模型不仅描述了实体全部的几何信息，而且定义了所有的点、线、面、体的拓扑信息，可对实体信息进行全面完整的描述，能够实现消隐、剖切、有限元分析、数控加工、实体着色、光照及纹处理、外形计算等各种处理和操作，但在显示、应用范围、编辑等方面也有一定的劣势。本章将以古建筑作为研究对象，根据成果要求及古建筑结构形状特征等，重点研究构建不同数据模型的相关方法。

4.2　基于点云构建线框模型

4.2.1　线框模型

线框模型由一系列的直线、圆弧、点及曲线组成，用来描述对象的轮廓外形。

线框模型是二维工程图的直接延伸，把原来的平面直线和圆弧扩展到空间直线和圆弧等，并用它们来表示形体的边界和外部轮廓。它可以生成、修改、处理二维和三维线框几何体，可以生成点、直线、圆、二次曲线、样条曲线等，又可以对这些基本线框元素进行修剪、延伸分段、连接等处理，生成更复杂的曲线。线框模型的数据结构是表结构，即顶点表和边表，在计算机内部存储的是物体的顶点和棱线信息。其所含的数据量较少，模型的数据结构和处理算法也比较简单和易于掌握，对计算机硬件的要求不高，运算速度快，而且符合长期以来工程设计人员的设计习惯，可以方便地生成物体的工程图、轴侧图和透视图。线框模型早在20世纪60年代就被广泛采用，是CAD几何造型技术发展过程中最早应用的建模方法，至今仍被较为广泛地使用。

线框模型表示三维物体时，用三维的基本图形元素来描述和表达物体，但仅限于点、线和曲线的组成。线框模型可作为进一步构造曲面和实体模型的基础。在复杂的产品设计中，往往是先用线条勾画出基本轮廓，即所谓“控制线”，然后逐步细化，在此基础上构造出曲面和实体模型。随着三维立体造型技术的发展，线框模型也暴露出一些弱点。例如，没有包含全部的信息，定义的形体存在多义性；不能计算面积、体积等物理量；不适于真实感显示（不能处理物体的侧影轮廓线，也不能生成剖切图、消隐图、明暗色彩图等），其应用范围有限。

4.2.2　古建筑线框模型

古建筑的各种线画图主要是利用正投影，辅以轴侧图和透视图，按照国家制图标准绘制的。它们不仅可以表现出一座建筑物的整体外貌、各个时代建筑特征、各种构件的形状及它们在结构上的交接关系，而且还能准确地表示各种尺寸、数据及所用的材料质地、工程做法等，因此成为认识和研究建筑理论及历史的重要资料。古建筑线框模型主要利用直线、圆弧、样条曲线等制作平面图、剖面图、立面图及局部大样图等。

平面图又分为建筑群总平面图和单体建筑平面图。总平面图测绘是对古建筑范围内的各种建筑物、围墙、照壁、牌楼、牌坊、廊庑、古碑刻、道路、地面铺装、古井、古树、古塔、香炉等进行测量定位，并明确注明了各单体建筑物之间的相对位置和间距，同时对建筑物周边凸出的地形地貌特征也有定位记录，使总体布局与环境的关系一目了然。总平面图中也标明各建筑物、构筑物的名称或编号，从而与单体建筑平面图便捷地实现对应。

单体建筑平面图是水平剖视图。假想用一个水平面把整座建筑物窗榻板上部切掉，在无槛窗距室内地面1.2～1.5 m的位置，画出俯视留下部分的水平正投影图就是平面图。单体建筑平面图主要表示该建筑的柱子排列（即柱网）、面阔进深的大小、墙壁的分隔和厚度、门窗的位置及大小、踏跺、垂带石、地面及佛台、佛像等。一座木构古建筑,如果是多层的,则各层均需绘制平面图。如果在同一张图纸上绘制多于一层的平面图,各层平面图按层数的顺序从左至右或从下至上布置。此外,每座建筑物还应绘制梁架仰视平面(一般是指普柏枋或平板枋以上,从斗拱底剖切正投影)和屋面俯视平面图。

单体建筑剖面图分为横剖面图和纵剖面图,它们均为平行投影图。假想一个垂直的剖切面,沿进深或面阔方向把建筑物剖开,向一侧绘制平行投影图;沿进深方向所作的剖面为横剖面,沿面宽方向所作的剖面为纵剖面。一座结构比较简单的单层建筑物,只需画出横剖面和纵剖面两个图。如果建筑物开间较多,结构较复杂,需画的横剖面图可分明间、次间、梢间等几种;纵剖面图可分前视、后视两种。画横剖面图剖切位置一般从明间的中部开始。纵剖面是沿着脊檩的外侧进行剖切的。

单体建筑立面图分为正立面图、侧立面图、背立面图,按其方位又分别称为南立面图、北立面图、东立面图和西立面图。按照投影原理,立面图应将建筑立面上所能看到的台基、房身、屋面各个部位都画出来。

局部大样图一般是为了更加详细、清楚地标注建筑某一交接点或重要构造部位而放大比例绘制的图纸。有些详图是在绘制平面图、立面图、剖面图时一同绘制并引出标注的,有些详图是单独绘制的。

一座古建筑大样图有多少,主要取决于该建筑结构的复杂程度和附属艺术品的多寡。一般情况下,像斗拱、藻井、门窗及有一定历史价值的雕刻等附属艺术品,须画大样图。一座宋、辽、金时期的木构古建筑,施用斗拱类型较多,少则几种,多则十几种,如辽代建筑山西应县木塔所用的斗拱就多达54种。一般情况下,每一种类型的斗拱都要分别绘制大样图,并且应有侧视投影图、仰视水平投影图、正立投影图三个图,当斗拱有后尾且结构复杂时,还须加画背立投影图。

基于古建筑激光雷达点云数据制作古建筑平面图、立面图、剖面图及局部大样图时,关键处理过程是基于点云拟合出直线、圆、样条曲线等线模型对应的参数。例如,直线需要反求出两个端点坐标,圆需要反求出圆心坐标和半径,样条曲线需反求出控制其几何形状的控制点坐标等。然后再利用线相交求出相交线段的交点,进而生成所需的线框模型。

4.2.3 基于点云制作古建筑线框模型

基于点云制作古建筑剖面图的时候,需要先确定剖面的位置。剖面可以手工确定,也可以利用点云反求出平面的参数。因此,点云是对古建筑表面的离散采样。在提取剖面点云的时候,一般按点到平面的距离小于指定阈值来判定剖面点云,然后再由剖面点云创建剖面线,进而制作出线框模型。可先从点云中分割出属于单一线类型的点云,然后再基于点云拟合直线、圆、样条曲线等,最后制作线框模型。图 4.1 为从某古建筑点云中剖切出的剖面点云，图 4.2 为由剖面点云生成的剖面图。

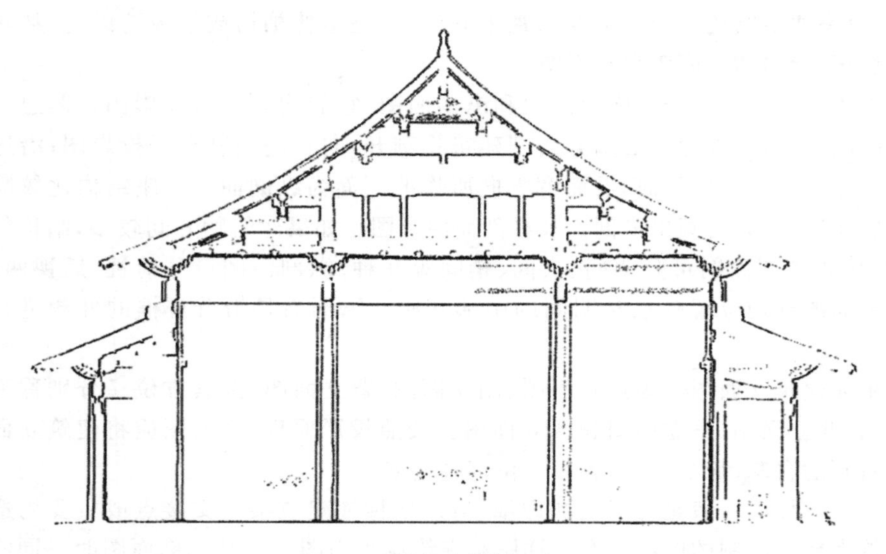

图 4.1 某古建筑剖面点云

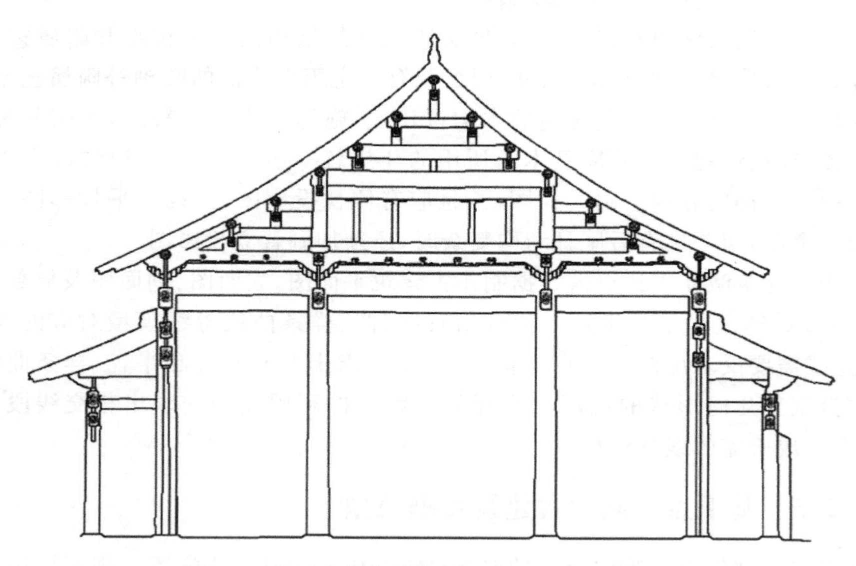

图 4.2 基于实例古建筑剖面点云生成的剖面图

图 4.3 为某古建筑院落激光雷达点云模型，图 4.4 为该院落带纹理的点云模型，基于本节介绍的方法制作的平面图、立面图、剖面图分别如图 4.5、图 4.6 和图 4.7 所示。

图 4.3　某古建筑院落激光雷达点云模型

图 4.4　实例古建筑院落带纹理的点云模型

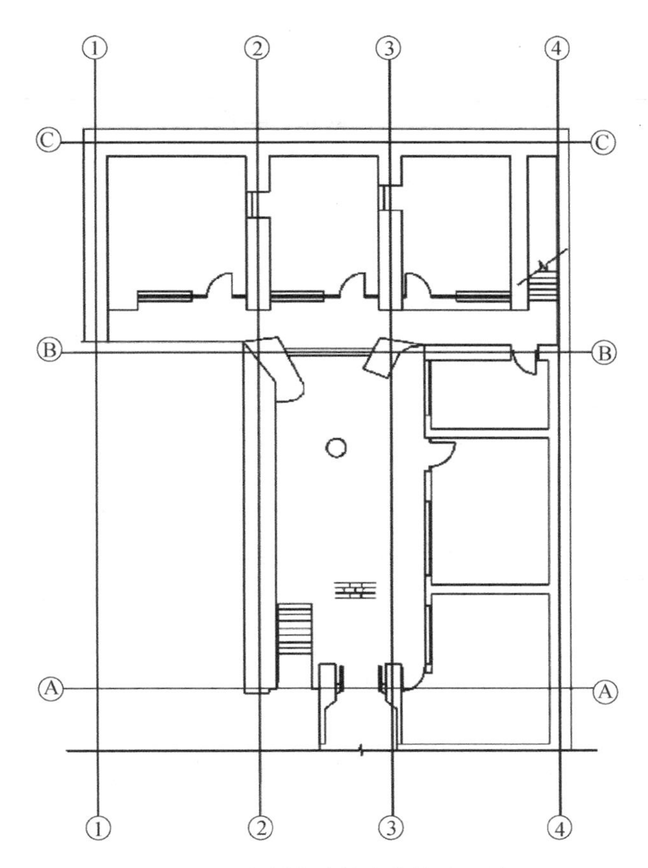

图 4.5　实例古建筑院落的平面图

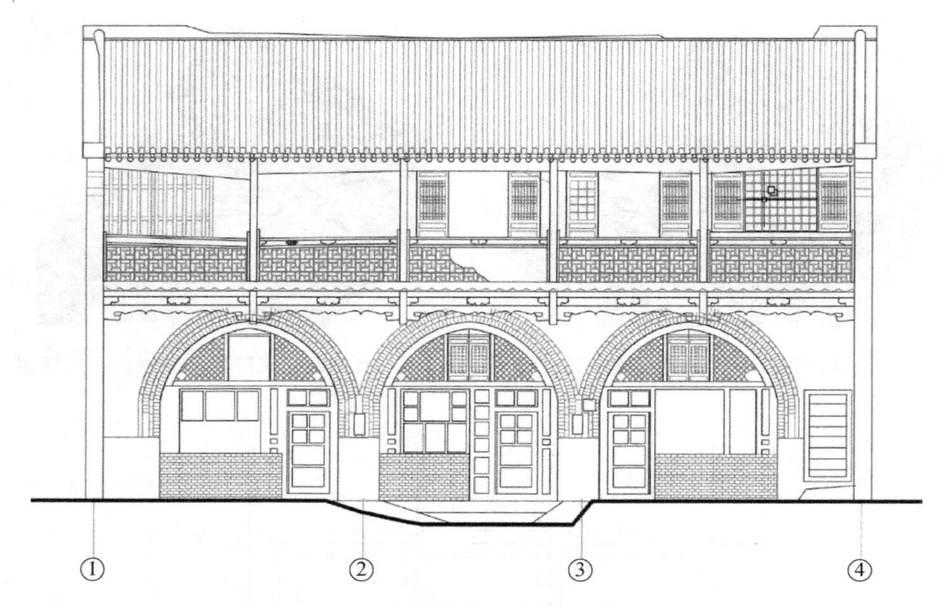

图 4.6　实例古建筑院落的立面图

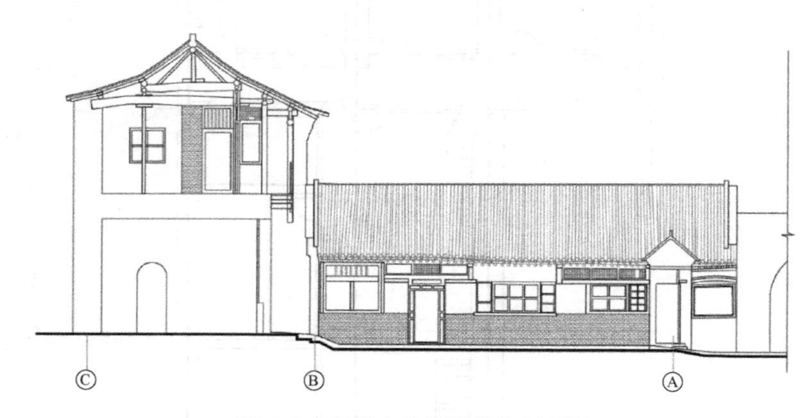

图 4.7　实例古建筑院落的剖面图

4.3　基于点云构建自由曲面模型

4.3.1　曲面建模

曲面建模是利用物体的表面进行实体描述的一种三维建模方法，主要适用于表面不能用简单的数学模型进行复杂描述的物体。其曲面生成的过程是先确定一系列的离散点，再由一组点来生成一条曲线或一个曲面，通过多条曲线或多个曲面之间的光滑连接，构造满足要求的复杂形状。曲面建模的重点是由给出的离散点数据构成光滑过渡的曲面，使这些曲面通过或逼近这些离散点。

曲面建模的基本原则如下。

(1)创建曲面的边界曲线要尽可能简单。一般情况下，曲线阶次不大于三。当需要曲率连续时，可以考虑使用五阶曲线。

(2)用于创建曲面的边界曲线要保持光滑连续，避免产生尖角、交叉和重叠。另外，在进行曲面创建时，需要对所利用的曲线进行曲率分析，曲率半径要尽可能大，避免创建非参数化曲面特征。

(3)曲面要尽量简洁，面尽量做大。对不需要的部分要进行裁剪，曲面的张数要尽量少。

(4)根据不同部件的形状特点，合理使用各种曲面特征创建方法。尽量采用实体修剪，再采用挖空方法创建薄壳零件。

(5)曲面特征之间的圆角过渡尽可能在实体上进行操作，曲面的曲率半径和内圆角半径不能太小。

曲面建模的创建过程分为两类：一类是通过点创建自由曲线，再由自由曲线创建曲面；另一类是直接由点云创建主要或者大面积的曲面，再利用桥接面、二次截面、软倒圆、N 边曲面选项等对前面创建的曲面进行过渡连接、编辑或者光顺处理，最终得到完整的对象模型。

曲线、曲面的数学描述有两种形式，即参数方程表达式和隐式方程表达式，分别为

$$x=x(t),\quad y=y(t),\quad z=z(t)\quad (0\leqslant t\leqslant 1) \tag{4.1}$$

$$s(x,y,z)=0 \tag{4.2}$$

式(4.1)为参数方程表达式，其特点是可以快速求出 x、y 和 z 的坐标。式(4.2)为隐式方程表达式，特点是可以清晰地表达几何关系。应用中常采用前者表达曲线、曲面，优点体现在与坐标系无关、具有更大的控制自由度、可避免斜率无穷大的情况、自变量和因变量相分离、规格化参数变量等方面。

常用的曲线、曲面表示方法有插值、逼近、拟合和光顺。图4.8为部分曲线表示方法的示例。插值是根据给定的一组有序的数据点，构造一条曲线或曲面，使其通过这些数据点，或根据未知函数 $f(x)$ 上的若干个互异的型值点 $f(x_i)$，构造新函数 $g(x)$，使 $g(x_i)=f(x_i)\ (i=0,1,\cdots,n)$；其中 $g(x)$ 为 $f(x)$ 的插值函数，x_i 为插值节点。逼近是构造一条曲线或曲面，使其在一定条件下最为接近给定的数据点，或构造新函数，使其能最佳地逼近原函数；该方法不要求通过所有给定的数据点，只是对数据点的最佳逼近。拟合是插值和逼近的统称，即在允许的误差范围内贴近或通过所有给定的数据点，并使所构造的曲线或曲面光滑连接。光滑是客观评判，指空间曲线、曲面的连续阶，数学上一阶导数连续的曲线即为光滑曲线；顺眼是

主观评价，是指人对空间曲线、曲面鼓瘪凹凸的感觉。光顺就是使所构造的曲线或曲面光滑和顺眼。曲线、曲面连接处强调的几何连续性是指曲线或曲面在连接处的连接状态，有三种情况：零阶连续指边界重合；一阶连续指一阶导数连续、切线矢量连续；二阶连续指二阶导数连续、曲率连续。

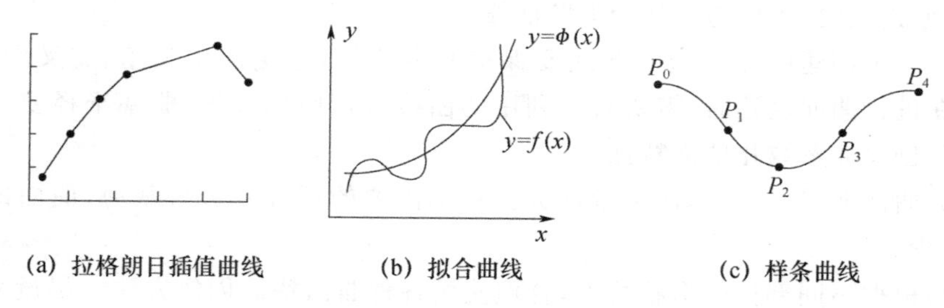

图 4.8 部分曲线表示方法示例

点是构造曲线与曲面最基本的几何元素，用于确定、修改曲线与曲面的位置及形状。描述曲线、曲面时有三种类型的点：一是控制点，如图 4.9(a)所示，它用于确定曲线和曲面的位置与形状，所控制的曲线或曲面不一定通过控制点；二是型值点，如图 4.9(b)所示，用于确定曲线和曲面的位置与形状，所控制的相应曲线或曲面一定通过型值点；三是插值点，是为了提高曲线和曲面的输出精度，或为了修改曲线和曲面形状，在型值点或控制点之间插入的点。

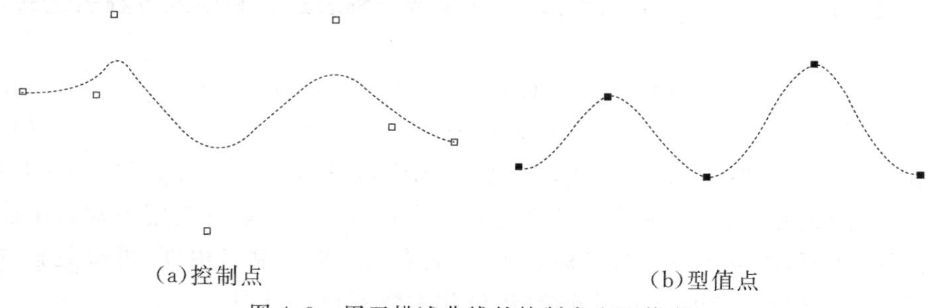

图 4.9 用于描述曲线的控制点和型值点

自由曲线、曲面一般用参数曲线、曲面表示。非均匀有理 B 样条(non-uniform rational B-spline，NURBS)方法以其优良的整体光滑曲面拟合特性而受到普遍重视。它用统一的形式表示标准解析形状和自由曲面，可通过控制点和权值方便灵活地控制曲面形状，有效进行节点插入，便于修改、分割、几何插值等处理，成为曲线、曲面生成技术的主要工具。当前 NURBS 对权因子的适用性还没有很好的界定，有时采用 B 样条曲线、曲面。下面对这两种曲线、曲面的定义和性质进行详细介绍。

1. B 样条曲线

贝塞尔曲线或曲面有许多优越性，但有两点不足，即贝塞尔曲线或曲面不能进行局部修改；贝塞尔曲线或曲面的拼接比较复杂。Gordon 等(1974)发展了Schoenberg 于1946年提出的样条方法，提出了B样条方法，在保留贝塞尔方法全部优点的同时，又克服了贝塞尔方法的弱点。

B样条曲线的方程定义为

$$P(t)=\sum_{i=0}^{n}P_iN_{i,k}(t) \tag{4.3}$$

式中，$t\in[t_k,t_{n+1}]$，P_i 是控制多边形的顶点，$N_{i,k}(t)$称为 k 阶($k-1$ 次)B样条基函数。B样条基函数是由一个称为节点矢量的非递减参数 t 的序列所决定的 k 阶分段多项式，也即为 k 阶($k-1$ 次)多项式样条。

基于 de Boor-Cox 递推公式的B样条基函数定义为

$$N_{i,1}(t)=\begin{cases}1, & t_i<x<t_{i+1}\\ 0, & \text{其他}\end{cases} \tag{4.4}$$

$$N_{i,k}(t)=\frac{t-t_i}{t_{i+k-1}-t_i}N_{i,k-1}(t)+\frac{t_{i+k}-t}{t_{i+k}-t_{i+1}}N_{i+1,k-1}(t) \tag{4.5}$$

并约定$\frac{0}{0}=0$；$t_0,t_1,\cdots,t_{k-1},t_k,\cdots,t_n,t_{n+1},\cdots,t_{n+k-1},t_{n+k}$为参数 t 的序列；k 为阶数，即为次数加一。

B样条基函数的性质有如下几个特性。

(1)局部性。k 阶B样条曲线上参数为 $t\in[t_i,t_{i+1}]$的一点，最多与 k 个控制顶点有关，相应的控制点为$P_j(j=i-k+1,\cdots,i)$，与其他控制顶点无关；移动该曲线的第 i 个控制顶点P_i，最多影响定义在区间(t_i,t_{i+k})上那部分曲线的形状，对曲线的其余部分不产生影响。

(2)连续性。$P(t)$在 r 重节点处的连续阶不低于 $k-1-r$。

(3)凸包性。$P(t)$在区间(t_i,t_{i+1})上的部分位于$P_{i-k+1},\cdots,P_i$ k 个点的凸包C_i内，整条曲线则位于各凸包C_i的并集之内($k-1\leqslant i\leqslant n$)。

(4)分段参数多项式。$P(t)$在每一区间上都是次数不高于 $k-1$ 的参数 t 的多项式。

(5)导数公式。B样条曲线的导数为

$$\begin{aligned}P'(t)&=\Big(\sum_{i=0}^{n}P_iN_{i,k}(t)\Big)'=\sum_{i=0}^{n}P_iN_{i,k}'(t)\\&=(k-1)\sum_{i=1}^{n}\Big(\frac{P_i-P_{i-1}}{t_{i+k-1}-t_i}\Big)N_{i,k-1}(t)\end{aligned} \tag{4.6}$$

式中，$t\in[t_{k-1},t_{n+1}]$。

(6)变差缩减性。设平面内 $n+1$ 个控制顶点构成B样条曲线 $P(t)$ 的特征多边形，在该平面内的任意一条直线与 $P(t)$ 的交点个数不多于该直线和特征多边形的交点个数。

(7)几何不变性。B样条曲线的形状和位置与坐标系的选择无关。

(8)仿射不变性。B样条基函数在仿射变换下表达式具有形式不变性，即有
$A[P(t)]=\sum_{i=0}^{n}A[P_i]N_{i,k}(t)\ ,\quad t\in[t_{k-1},t_{n+1}]$。

(9)直线保持性。控制多边形退化为一条直线时，曲线也退化为一条直线。

(10)造型的灵活性。用B样条曲线可以构造直线段、尖点、切线等特殊情况。对于四阶(三次)B样条曲线，若要在其中得到一条直线段，只要P_i、P_{i+1}、P_{i+2}、P_{i+3}四点位于一条直线上。图4.10为三次B样条曲线的一些特例。

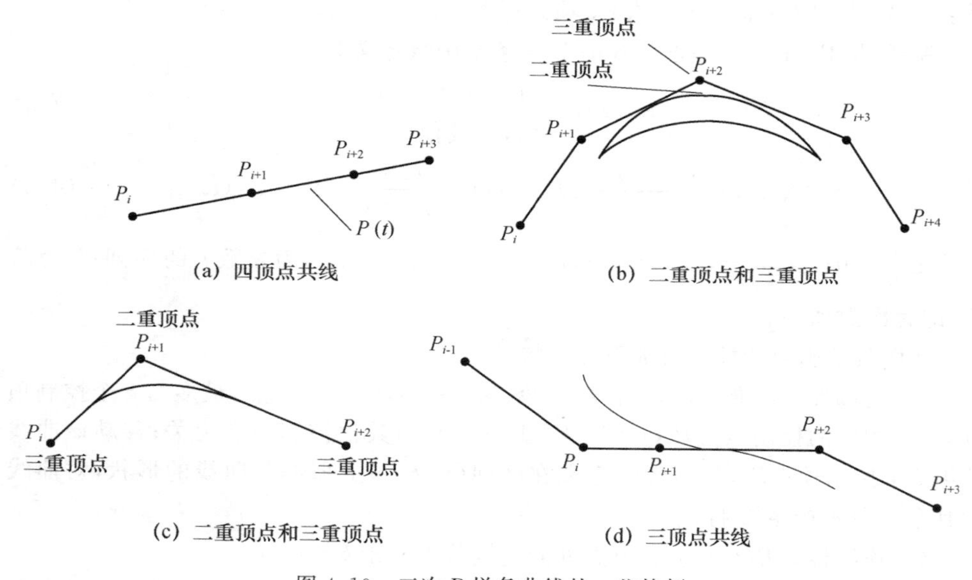

图4.10 三次B样条曲线的一些特例

B样条曲线按其首末端点是否重合，可分为闭曲线和开曲线。B样条曲线按其节点矢量中节点的分布情况，可划分为四种类型，即均匀B样条曲线、准均匀B样条曲线、分段贝塞尔曲线、非均匀B样条曲线。

2. B样条曲面

给定参数轴u和v的节点矢量，即$\boldsymbol{V}=[v_0\ \ v_1\ \ \cdots\ \ v_{n+q}]$和$\boldsymbol{U}=[u_0\ \ u_1\ \ \cdots\ \ u_{m+p}]$，$p\times q$阶B样条曲面定义为

$$P(u,v)=\sum_{i=0}^{m}\sum_{j=0}^{n}P_{ij}N_{i,p}(u)N_{j,q}(v) \tag{4.7}$$

P_{ij}构成一张控制网格，称为B样条曲面的特征网格。$N_{i,p}(u)$和$N_{j,q}(v)$是B样条基函数，分别由节点矢量$\boldsymbol{U}$和$\boldsymbol{V}$按式(4.4)和式(4.5)确定。

3. NURBS曲线

B样条曲线，包括其特例的贝塞尔曲线都不能精确表示出抛物线外的二次曲

线;B 样条曲面,包括其特例的贝塞尔曲面也都不能精确表示出抛物面外的二次曲面,而只能给出近似表示。提出非均匀有理 B 样条(non-uniform rational B-spline,NURBS)方法主要是为了找到与描述自由型曲线、曲面的 B 样条方法相统一,又能精确表示二次曲线与二次曲面的数学方法。

NURBS 曲线的定义为

$$P(t)=\frac{\sum_{i=0}^{n}\omega_i P_i N_{i,k}(t)}{\sum_{i=0}^{n}\omega_i N_{i,k}(t)}=\sum_{i=0}^{n}P_i R_{i,k}(t) \tag{4.8}$$

$$R_{i,k}(t)=\frac{\omega_i N_{i,k}(t)}{\sum_{j=0}^{n}\omega_j N_{j,k}(t)} \tag{4.9}$$

式中:P_i 为控制点;$N_{i,k}(t)$ 为 k 阶 B 样条基函数;ω_i 为权因子;t 为参数值;$R_{i,k}(t)$ 为有理基函数,它具有如下与 k 阶 B 样条基函数类似的性质。

(1)局部支撑性。即有 $R_{i,k}(t)=0, t\notin[t_i,t_{i+k}]$。

(2)权性。

(3)可微性。如果分母不为零,有理基函数在节点区间内是无限次连续可微的,在节点处 $k-1-r$ 次连续可导,r 是该节点的重复度。

(4)若 $\omega_i=0$,则 $R_{i,k}(t)=0$。

(5)若 $\omega_i=+\infty$,则 $R_{i,k}(t)=1$。

NURBS 曲线与 B 样条曲线具有类似的几何性质,如局部性、变差减小性、凸包性、在仿射与透射变换下的不变性、权因子为零的控制点对曲线没影响等,因 NURBS 曲线能够使控制点对曲线的控制产生不同比例的影响,所以对曲线的控制有更大的灵活空间。

4. NURBS 曲面

将 NURBS 曲线从一维空间扩展到二维空间就形成了 NURBS 曲面。一个 $p\times q$ 次 NURBS 曲面的有理多项式矢函数定义为

$$P(u,v)=\frac{\sum_{i=0}^{m}\sum_{j=0}^{n}\omega_{ij}P_{ij}N_{i,p}(u)N_{j,q}(v)}{\sum_{i=0}^{m}\sum_{j=0}^{n}\omega_{ij}N_{i,p}(u)N_{j,q}(v)}=\sum_{i=0}^{m}\sum_{j=0}^{n}P_{ij}R_{i,p;j,q}(u,v) \tag{4.10}$$

$$R_{i,p;j,q}(u,v)=\frac{\omega_{ij}N_{i,p}(u)N_{j,q}(v)}{\sum_{r=0}^{m}\sum_{s=0}^{n}\omega_{rs}N_{r,p}(u)N_{s,q}(v)} \tag{4.11}$$

式中:$u,v\in[0,1]$;$P_{ij}(i=0,1,\cdots,m;j=0,1,\cdots,n)$ 为控制顶点,呈拓扑矩形阵列,形成一个控制网络;ω_{ij} 是与顶点 P_{ij} 联系的权值;$N_{i,p}(u)$ 和 $N_{j,q}(v)$ 分别为参数 u 方

向 p 次和参数 v 方向 q 次的规范B样条基函数，它们分别由 u 向与 v 向的节点矢量 $\boldsymbol{U}=[u_1 \ \cdots \ u_{m-p+1}]$ 与 $\boldsymbol{V}=[v_0 \ \cdots \ v_{n-q+1}]$ 按式(4.4)和式(4.5)确定。$R_{i,p;j,q}(u,v)$ 为非均匀有理B样条基函数，它具有与B样条基函数相类似的性质。

NURBS方法具有较多的优点，其中较为突出的优点如下。

(1)NURBS方法给出的是标准的二次解析曲线、曲面，又为自由型曲面的精确表示与设计提供了一个公共的数学形式，因此由统一的数据结构就能处理这两类形状信息。

(2)NURBS方法为修改曲线、曲面的形状，既可以借助控制顶点调整，也可利用权因子，因而具有较大的灵活性。

(3)NURBS方法的计算很稳定，NURBS曲面在比例、旋转、平移、剪切及平行和透视投影变换下是不变的。

(4)NURBS曲线、曲面在线性变换下是几何不变的，具有功能完善的几何计算工具，其中包括节点插入与删除、节点加密、升阶、分割等算法与程序，这些工具可用于整个设计、分析、加工和查询过程中。

鉴于NURBS方法强大的造型功能，兼容了贝塞尔曲面和均匀B样条，又能精确表达圆柱、圆锥、球等规则解析曲面，因此当代CAD系统都采用NURBS模型作为自由曲线、曲面的通用表达形式。目前国际上公认的IGES图形交换标准和STEP产品数据交互标准都用NURBS模型作为自由曲线、曲面的标准形式。但应用NURBS模型还存在一些难以解决的问题。例如：其比传统的曲线、曲面定义方法需要更多的存储空间；权因子选择不当会引起畸变；对搭接、重叠形状的处理很麻烦；反求曲线、曲面上点的参数值的算法存在数值不稳定问题。

4.3.2　基于点云拟合自由曲线、曲面

参数化自由曲线、曲面由控制顶点定义。基于点云构建曲线、曲面的思路通常由给定的点反求通过或逼近这些点的参数模型对应的控制顶点，再根据需要调整初始控制点进行形状修改，以获得满意的结果。基于点云构建自由曲线、曲面的过程包含三步，分别为数据点的参数化、节点矢量的确定和反算控制顶点。

1. 数据点的参数化

(1)均匀参数化法。

均匀参数化法是一种给数据点赋参数值最简单的方法，其表达式为

$$u_i=\frac{i-1}{m-1} \tag{4.12}$$

式中：$1 \leqslant i \leqslant m$，$m$ 表示数据点的个数。该方法仅适合于参数方向上数据点分布较为均匀的情况，否则相邻段弦长相差悬殊，弦长较长的那段曲线显得较为扁平，较短的那段则膨胀得很厉害。

（2）累加弦长参数化法。

当测量点分布不均匀时，可以使用累加弦长参数化法。这种参数化方法如实地反映了数据点按弦长分布的情况，克服了数据点在分布不均的情况下采用曲面均匀参数化所出现的问题。

（3）基准面参数化法。

上面两种方法主要适应于拓扑关系明确的数据，对于散乱数据，拓扑关系不明确，给数据点的参数化带来了不便。对于这样的数据，可以将其投影到一个基准面上，从而将基准面上投影点的位置参数用于计算数据点的位置参数。

2. 节点矢量的确定

节点的配置应该反映点参数的分布。假定 n 为控制点的个数，k 为阶数，总共需要 $n+k$ 个节点，有 $n-k$ 个内节点和 $n-k+1$ 个内部节点区间，令 $d=\frac{m+1}{n-k+1}$，然后定义内节点为

$$i=\mathrm{int}(jd) \tag{4.13}$$

$$a=jd-i \tag{4.14}$$

$$U_{k+j}=(i-a)\,u'_{i-1}+a\,u'_{i} \tag{4.15}$$

式中：$j=1,2,\cdots,n-k$；$U_0=U_1=\cdots=U_{k-1}=0$；$U_n=U_{n+1}=\cdots=U_{n+k-1}=1$。式(4.15)保证了每一个节点区间内至少包含一个 u'。

3. 反算控制顶点

满足最小二乘意义下的逼近有

$$\min=\sum_{j=0}^{m}\left|p_j-p(u'_j)\right|^2 \tag{4.16}$$

通过求式(4.16)关于未知数的偏导等于零，得到控制点为未知量的线性方程，再利用点云数据构建线性方程组，进而可求解出控制点。

为避免非线性问题，设定权值为1，并预先计算好数据点的参数值和节点矢量，然后建立并求解线性最小二乘问题来求解未知控制点。图4.11是样条曲线拟合实例。

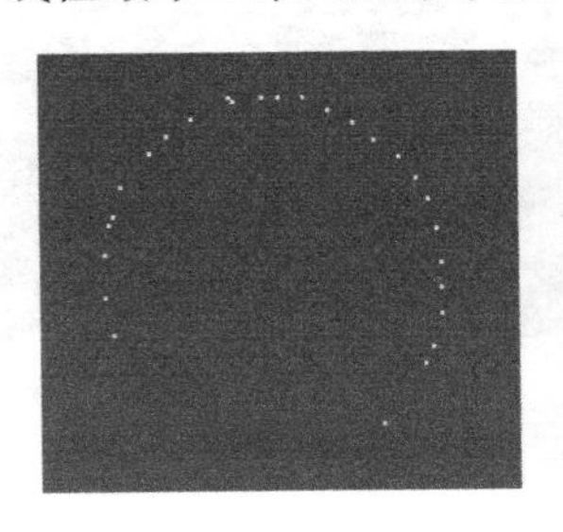

(a)圆的离散点

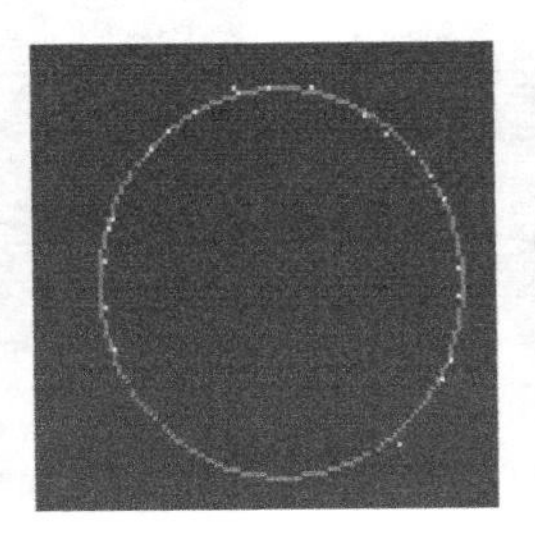

(b)拟合的圆曲线

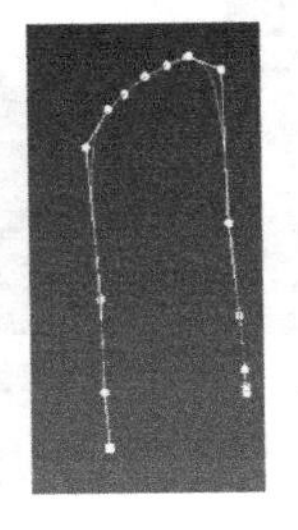

(c)由点云拟合的样条曲线

图4.11　样条曲线拟合实例

4. 基于点云重构曲线、曲面实例

基于点云重构自由曲面时,为求未知控制顶点,可像曲线反算那样构建一个线性方程组,但这个方程组往往过于庞大,给求解及计算带来困难。更一般的解决方法应化解为两阶段的曲线反算问题,即先求一个方向上的自由曲线序列,在此基础上再求另一个方向的自由曲线序列,从而最终计算出拟合的自由曲面。图 4.12(a)为基于点云拟合的控制点实例,图 4.12(b)为点云拟合的自由曲面实例,图 4.13为基于点云拟合圆柱曲面的实例。

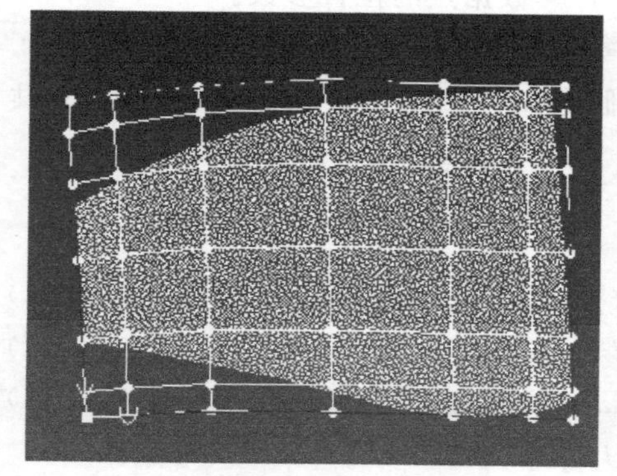

(a) 基于点云拟合的控制点实例

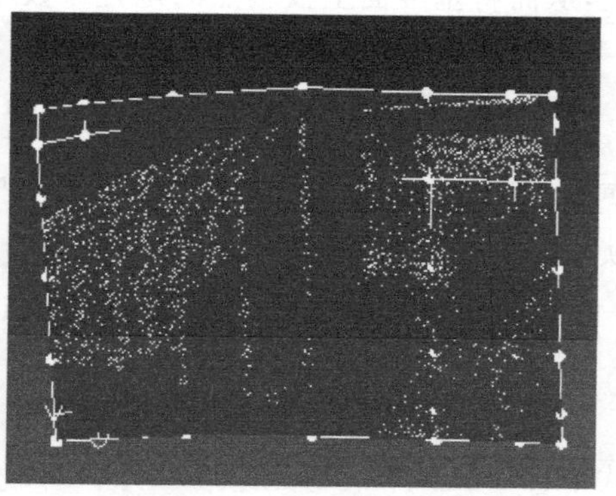

(b) 基于点云拟合的自由曲面实例

图 4.12 基于点云构建自由曲面实例

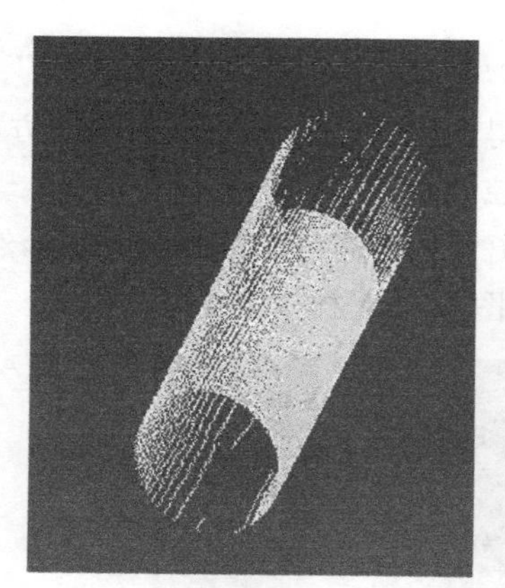

(a) 圆柱点云

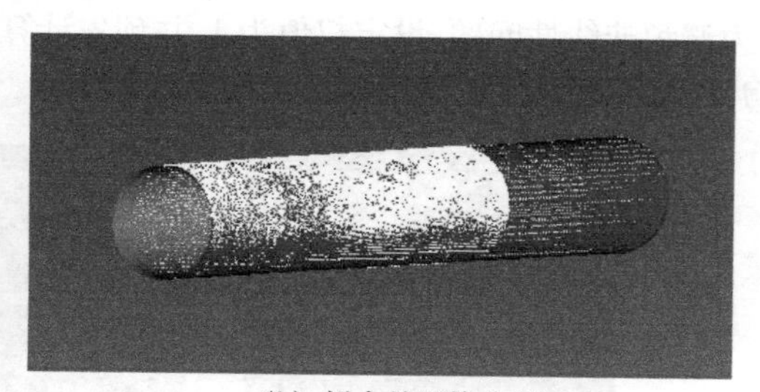

(b) 拟合的圆柱曲面

图 4.13 基于点云拟合圆柱曲面的实例

4.4　基于曲线构建曲面模型

4.4.1　扫掠曲面重建

在工业设计和特殊的建筑实体模型中，常会出现形状比较复杂的曲面，而且对曲面质量的要求越来越高。这些不同特征的曲面需要通过不同的曲线、曲面创建和编辑方法得到。其中，复杂形状的自由曲面可通过扫掠方法来生成。

扫掠面是一条曲线沿着另外一条曲线移动扫出的曲面。已知两条曲线 $C_1(u)$ 和 $C_2(v)$；沿着一条曲线 $C_2(v)$ 移动另外一条曲线 $C_1(u)$，对于曲线 $C_2(v)$ 定义域内的每一个点 t，$C_1(u)$ 都要通过旋转或是放缩移动到 $C_2(t)$ 上；随着 t 的变化，$C_1(u)$ 扫出了一个曲面，通过这种方式所形成的曲面就是扫掠面。其中，$C_1(u)$ 可以称为母线（profile curve），$C_2(v)$ 称为扫掠轨迹线（trajectory curve）。下面根据母线和扫掠轨迹线的复杂程度分几种情况进行讲解。

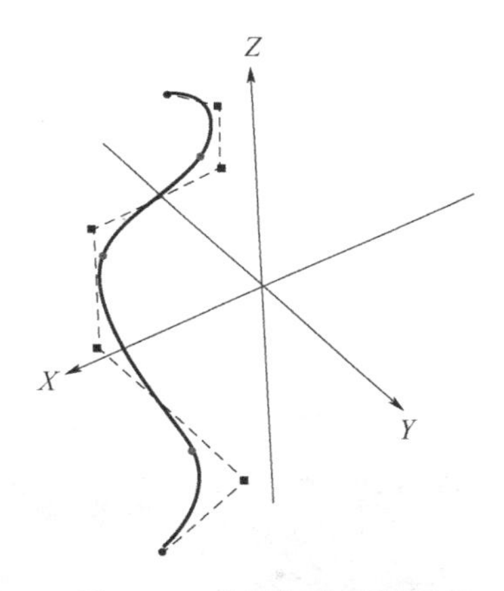

图 4.14　柱面扫掠面原理

1. 柱面扫掠面

最简单的扫掠面就是柱面扫掠面，即扫掠轨迹线为直线的情况，如图 4.14 所示。

以曲线作为母线，X 轴作为扫掠轨迹线，得到的扫掠面，如图 4.15 所示。

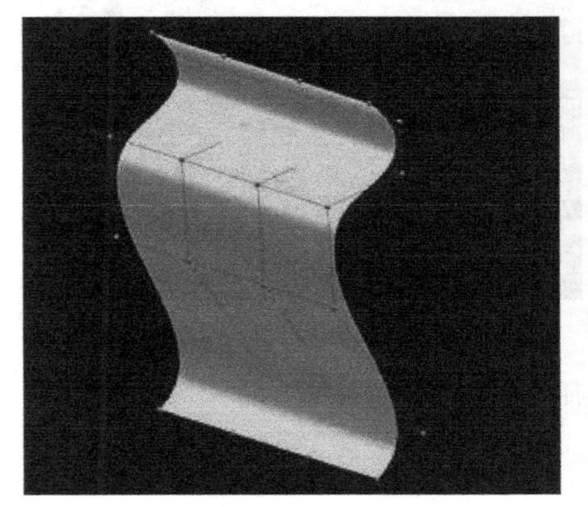
(a)柱面扫掠面显示

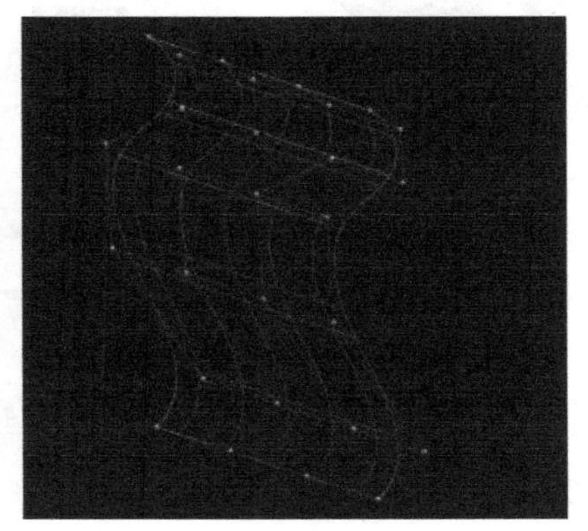
(b)柱面扫掠面线框显示

图 4.15　柱面扫掠面重建实例

2. **具有管线特征的扫掠面**

具有管线特征的扫掠面不像柱面扫掠面那样具有线性特征，也不是将母线沿着圆形轨迹旋转，而是以一个圆作为母线，以另一条 NURBS 曲线作为扫掠轨迹线，如图 4.16 所示。

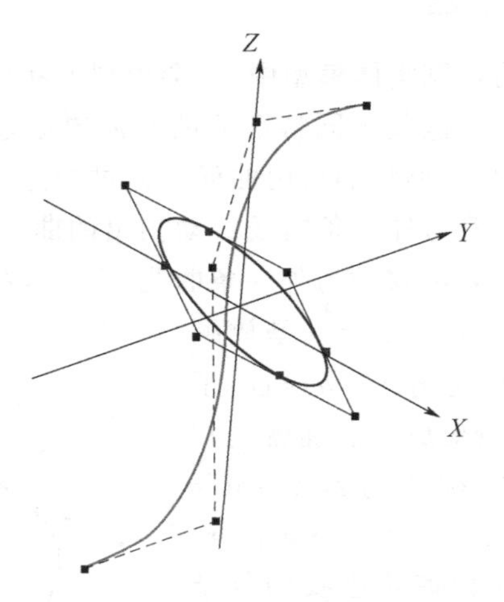

图 4.16　具有管线特征的扫掠面原理

图 4.17 中母线为圆，经过扫掠得到曲面。

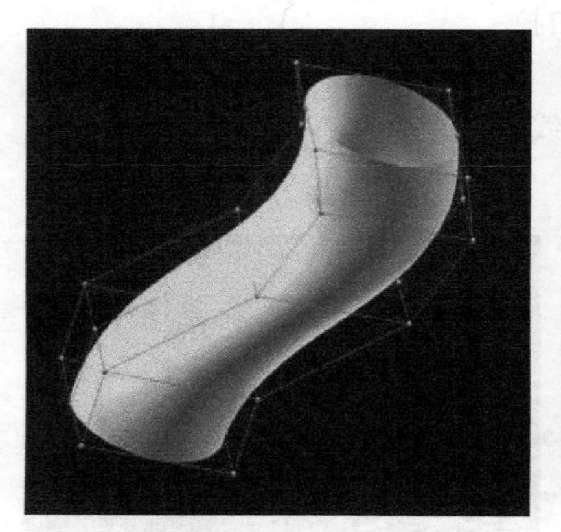

(a)具有管线特征的扫掠面显示

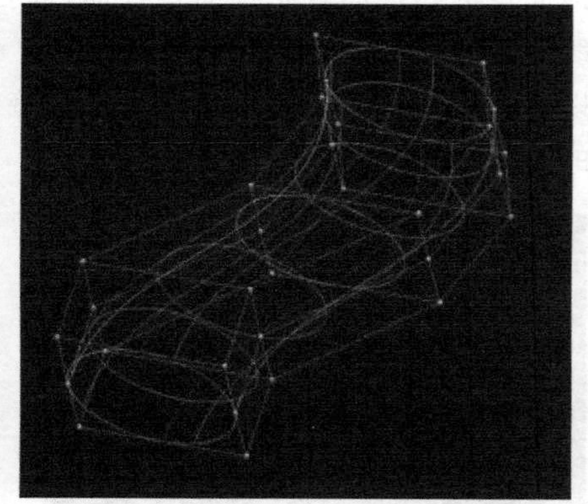

(b)具有管线特征的扫掠面线框显示

图 4.17　具有管线特征的扫掠面重建实例

3. **一般扫掠面**

如果扫掠轨迹线不是一条直线段，而是一条 NURBS 曲线，结果就不一样了。因为母线要随着轨迹线的曲率进行旋转等。例如：母线为自由曲线，扫描轨迹线为一条 NURBS 曲线，如图 4.18 所示。

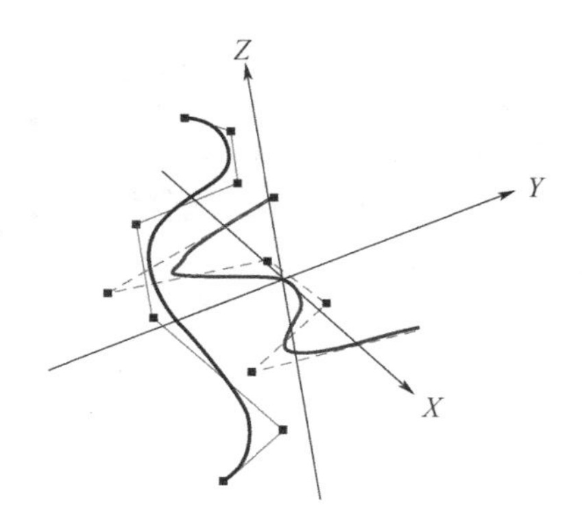

图 4.18　一般扫掠面原理

图 4.19 为母线和扫掠轨迹线均为自由曲线的实例。

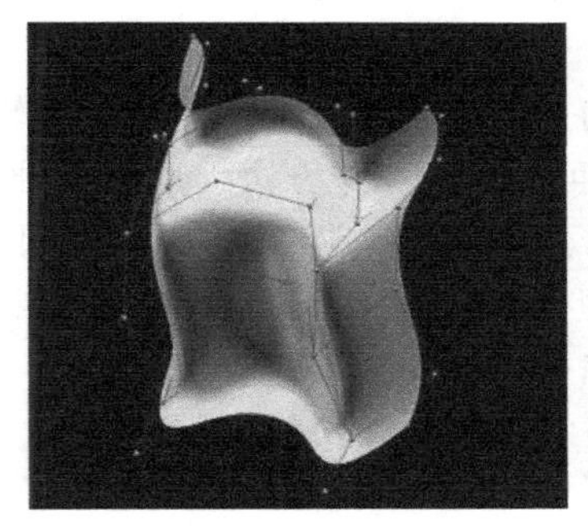

(a)一般扫掠面显示

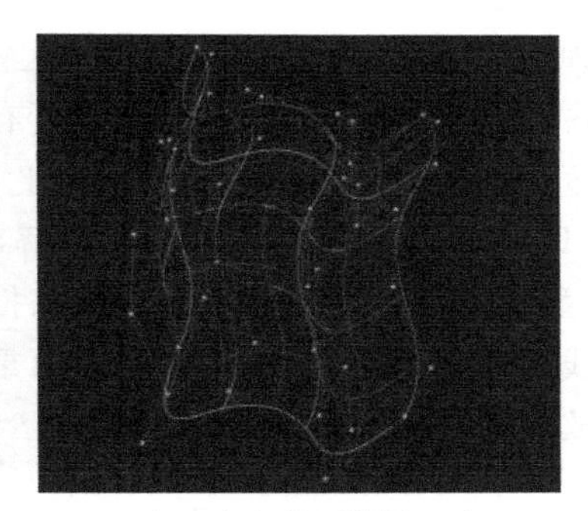

(b)一般扫掠面线框显示

图 4.19　一般扫掠面重建实例

4. 基于扫掠曲面重建方法构建古建筑木构件实例

通过形状分析，这里以扫掠曲面重建方法构建柱础模型。图 4.20(a)为从古建筑点云模型中分割出的柱础点云，然后在沿水平方向和竖直方向作切线，图 4.20(b)为切出的点云，再将切出的点云分别拟合成对应的曲线；其中水平面上的切线拟合成圆，作为扫掠轨迹线，另外一条切线拟合成样条曲线，作为母线，如 4.20(c)所示。图 4.21 为按扫掠面重建的方法构建的柱础模型实例。

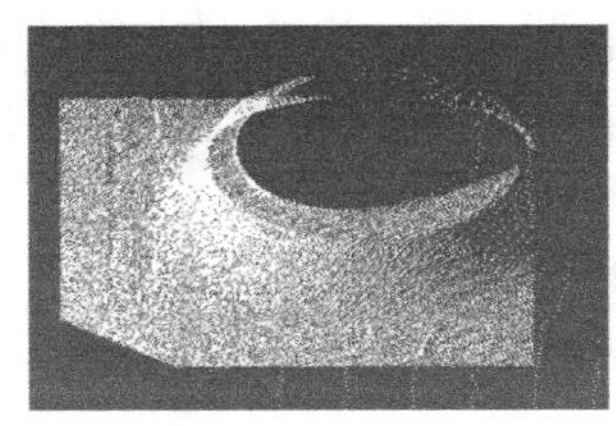

(a) 柱础点云

(b)两个方向的切线点云

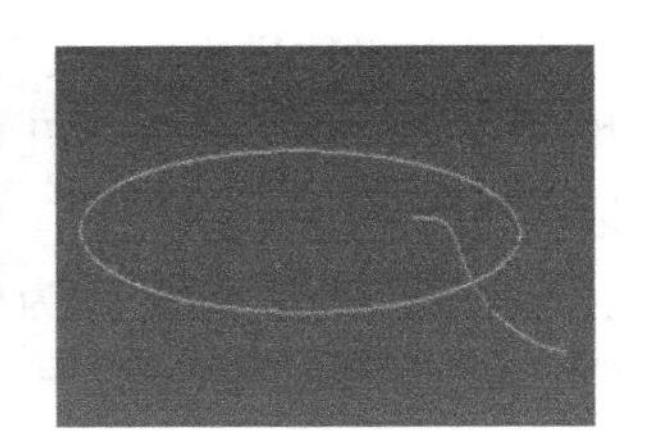

(c)母线和扫掠轨迹线

图 4.20　柱础点云母线和扫掠轨迹线的提取

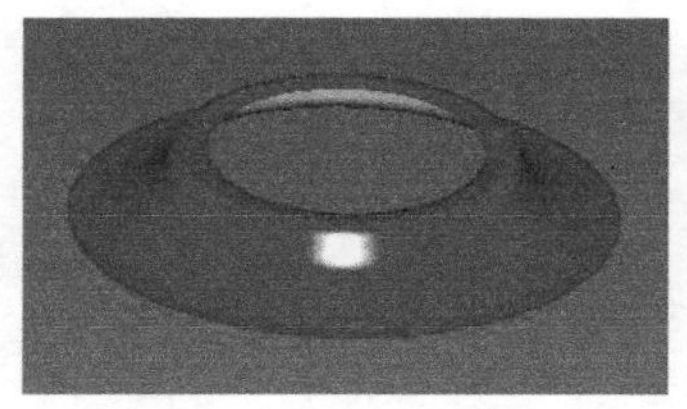

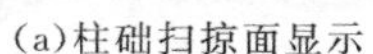

(a)柱础扫掠面显示　　(b)柱础扫掠面线框显示

图 4.21　柱础扫掠曲面重建实例

4.4.2　放样曲面重建

放样曲面重建的方法是沿某个路径作一系列剖面，分别拟合出截面线，以这些截面线构建复杂的三维对象。同一路径上可在不同的段给予不同的形体，利用放样可以实现很多复杂模型的构建。

根据古建筑木构件造型分析，几乎所有类型的木构件都有一条中心轴线，但古建筑历经沧桑，其轴线可能发生变形，因此可以利用相应方法提取大致轴向。这里利用黑塞(Hessian)矩阵的几何特性求解，然后根据构件类型选择不同的轴向轮廓，简单类型构件如柱形构件可采用圆来拟合轴向轮廓，复杂一些的构件可采用 B 样条闭曲线来逼近轮廓，然后用放样曲面重建方法实现三维建模。图 4.22 为古建筑木构件放样重建流程图。

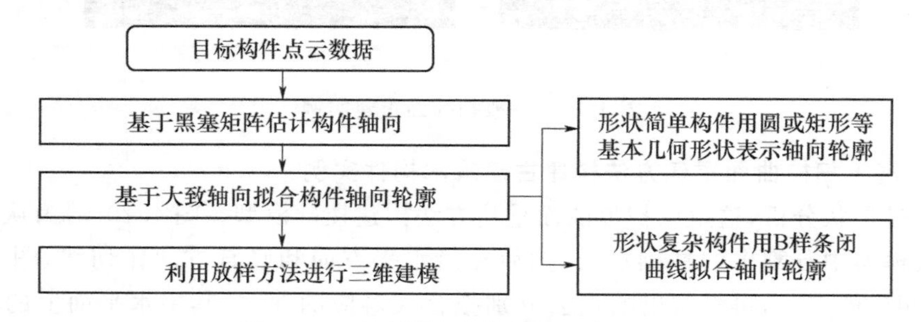

图 4.22　古建筑木构件放样重建流程图

1. 基于黑塞矩阵提取古建筑构件的大致轴向

中国古建筑讲究“天人合一”，一般坐北朝南，按中轴线对称，并且古建筑的每个构件一般也都是按轴呈几何对称结构。基于构件存在中心轴线这个特点，可以提取构件轴向。

这里采用二次曲面作为构件的广义数学模型构建黑塞矩阵，即

$$F(x,y,z)=a_1x^2+a_2y^2+a_3z^2+a_4xy+a_5xz+a_6yz+a_8x+a_9y+a_{10}z+a_{11}=0 \tag{4.17}$$

可根据构件点云数据由最小二乘方法求解系数 $a_1,a_2,a_3,a_4,a_5,a_6,a_7,a_8,a_9$，

a_{10}，a_{11}。由于构件采样点密集、数据量大，如果用构件所有采样点，势必占用很多资源造成计算速度缓慢，这里采用基于坐标轴排序的随机采样方法计算系数。首先，利用目标构件所有点云数据的最小外接立方盒选择排序的基轴，即外接立方盒长、宽、高中的最大值对应坐标的 X 轴、Y 轴或 Z 轴；其次，按点云基轴的值从小到大排序，然后根据点云基轴值的大小将构件点云分为 n 块；最后，从每块点云数据中按一般的随机采样方法提取 m 个点，这样就避免了局部采样情况的出现，采样点能较好地反映全局特性，同时提高了计算速度。n 与 m 的取值视具体情况而定，为保证最后结果的可靠性，n 的取值应大于等于 1，m 的取值应大于等于 11。

黑塞矩阵是由 $F(x,y,z)$ 的二阶导数构成，用 $\boldsymbol{H}$ 表示。对于要处理的三维空间点云数据而言，它是一个 3×3 实对称矩阵，即

$$\boldsymbol{H}=\begin{bmatrix} F_{xx}(x,y,z) & F_{xy}(x,y,z) & F_{xz}(x,y,z) \\ F_{yx}(x,y,z) & F_{yy}(x,y,z) & F_{yz}(x,y,z) \\ F_{zx}(x,y,z) & F_{zy}(x,y,z) & F_{zz}(x,y,z) \end{bmatrix} \tag{4.18}$$

式中，$F_{ab}(x,y,z)=\dfrac{\partial F(x,y,z)}{\partial a \partial b}$，$a\in\{x,y,z\}$，$b\in\{x,y,z\}$。构件的几何特性可通过对黑塞矩阵的特征值和特征向量进行分析。在三维空间内，由黑塞矩阵的几何意义可知，它的三个特征值中，幅值最大的特征值对应的特征向量表示曲率最大的方向，同样，幅值最小的特征值对应的特征向量表示曲率变化最小的方向。因此，构件的轴向应与黑塞矩阵幅值最小的特征值对应的特征向量一致。

这里采用雅可比(Jacobi)方法计算实对称黑塞矩阵的特征值和特征向量。三特征值分别记为 λ_1、λ_2 和 λ_3 且满足不等式关系 $\lambda_1 \geqslant \lambda_2 \geqslant \lambda_3$，它们对应的特征向量分别为 $\boldsymbol{v}_1$、$\boldsymbol{v}_2$ 和 $\boldsymbol{v}_3$，则轴向与特征向量 $\boldsymbol{v}_3$ 一致。构件所有采样点的重心记为 O，则由重心 O 和特征向量 $\boldsymbol{v}_3$ 确定的直线为构件的大致轴线。图 4.23 为利用黑塞矩阵对柱和梁进行轴向估计的结果显示。

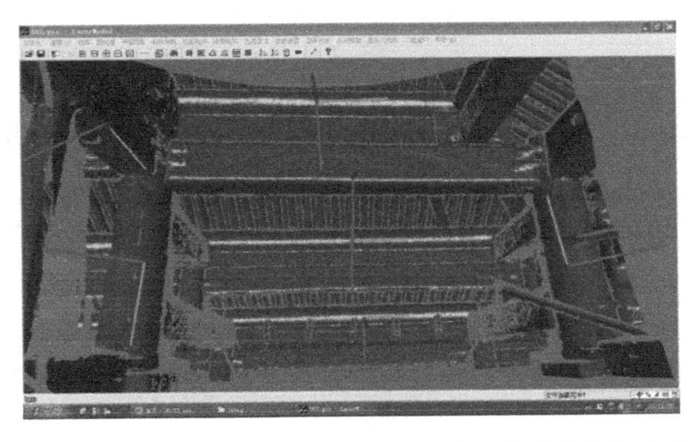

图 4.23 利用黑塞矩阵对柱和梁进行轴向估计的结果显示

2. 构件轴向截面轮廓的拟合

中国古建筑理论博大精深，木构件类型更是类型繁多，它们在形状、作用等方面均不同，因此在拟合轴向截面轮廓的时候，找不到一个统一的方法适用于所有类型的构件，应根据它们各自的形状特点选用合适的方法。这里将构件分为简单类型构件和复杂类型构件。简单类型构件是指其截面轮廓可近似看作基本几何图形，如圆、长方形等；复杂类型构件因其截面轮廓不能用基本几何图形描述，鉴于B样条曲线表示自由性曲面的强大功能，用B样条曲线最小二乘逼近的方法拟合复杂类型的轴向轮廓。下面详细介绍具体的计算方法。

(1)利用黑塞矩阵估计出构件大致轴线以后，为便于轴向轮廓拟合操作，需对点云数据重新排序。这里采用基于轴线排序的方法，先计算点云到轴线的投影点，再建立它们之间的一一对应关系。

(2)按轴向对这些投影点进行排序，进而确定轴线的上、下端点，同时依据对应关系，点云也按轴向依次排列。

(3)用 n 个垂直于轴线的平面切割点云，切片的分布依据前面提取的特征点而定，变化平缓的区域，切割平面之间的间距可以大一些。

(4)对每个截面求拟合轮廓。

对柱形构件，将截面视为圆，采用的数学模型为

$$\begin{aligned}&(x-x_o)^2+(y-y_o)^2+(z-z_o)^2-\\&[a_x(x-x_o)+a_y(y-y_o)+a_z(z-z_o)]^2-R^2=0\end{aligned} \tag{4.19}$$

式中：(x_o,y_o,z_o)为截面圆心坐标；(a_x,a_y,a_z)为垂直于截面的单位法向量，即轴向量；R 为半径。以截面内点云坐标(x,y,z)的重心 O_i 的坐标作为(x_o,y_o,z_o)的初始值，以表示中轴线的单位法向量作为(a_x,a_y,a_z)的初始值，以点云到中轴线垂直距离的平均值 R_i 作为 R 的初始值，利用 Levenberg-Marquardt 方法计算出参数(x_o,y_o,z_o)、(a_x,a_y,a_z)和 R。

对复杂构件，利用B样条曲线最小二乘逼近的方法，其数学表达式为

$$p(u)=\sum_{i=0}^{n}d_iN_{i,k}(u) \tag{4.20}$$

式中：$u\in[0,1]$；d_i 为控制点；$N_{i,k}(u)$为 k 次B样条基函数，它是由节点矢量的非递减参数 u 的序列 U 即 $u_0\leqslant u_1\leqslant\cdots\leqslant u_{n+k+1}$ 所决定的 k 次分段多项式，其常用的递归表达式为

$$\left.\begin{aligned}&N_{i,k}(u)=\begin{cases}1, & \text{若 } u_i\leqslant u_{i+1}\\0, & \text{其他}\end{cases}\\&N_{i,k}(u)=\frac{u-u_i}{u_{i+k}-u_i}N_{i,k-1}(u)+\frac{u_{i+k+1}-u}{u_{i+k+1}-u_{i+1}}N_{i+1,k-1}(u)\end{aligned}\right\} \tag{4.21}$$

并规定$\frac{0}{0}=0$。进行最小二乘拟合时，假设 $q_i(i=0,1,\cdots,m)$为截面轮廓的点云，根

据规范积累弦长参数化法计算每点对应的参数 u_i，即目标函数为

$$f = \sum_{i=0}^{m} [q_i - p(\mu_i)]^2 \tag{4.22}$$

对于 $n+1$ 个控制顶点 $d_i(i=0,1,\cdots,n)$ 的一个最小值，在满足最小二乘约束 $\frac{\partial f}{\partial d_i}=0$ 的条件下，列出以 d_i 为未知量的线性方程，从而求出控制点。由于在使用过程中，一般均为闭合曲线，根据施法中(2001)提出的样条闭曲线和开曲线的统一表示，将问题进行简化。该方法通过增加重顶点，将具有 $m+1$ 个控制顶点、首尾相连顶点处要求 C^{k-r} 参数连续性的 k 次 B 样条闭曲线表示成 $m+k-r+1$ 个顶点表示的开曲线，方便了计算和使用。

3. 基于截面轮廓重建放样曲面

基于轴向轮廓重建放样曲面的时候，根据构件形状的复杂度，可以基于构件轴向轮廓构建曲面模型，也可以构建不规则三角网(TIN)模型。构建曲面模型的时候，需要将每个轴向轮廓曲线调成控制点个数一致的曲线，然后在轴向方向上拟合自由曲线，最终构建出构件曲面模型。如果构建 TIN 模型，则将每个轮廓截面线离散化为点云表示，相邻轮廓线可利用最小对角线的方法连接构网，该方法原理如图 4.24 所示。在截面轮廓离散化时，根据三维激光扫描仪的扫描点密度设定临近点的距离。图 4.25(a)为某柱体构件提取轮廓示意图，图 4.25(b)为其基于轮廓建立的 TIN 模型。

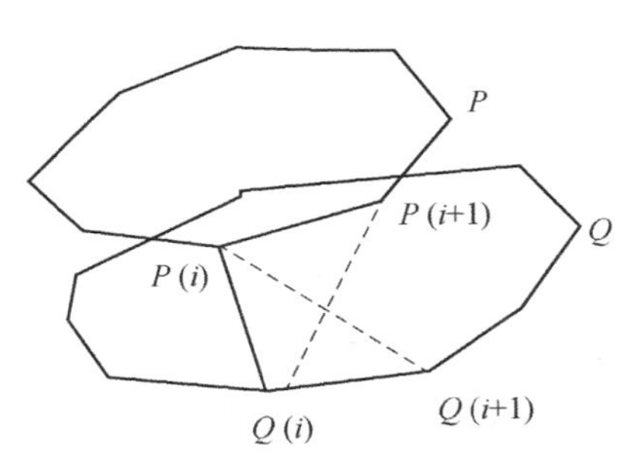

图 4.24　相邻轮廓截面线构网方法

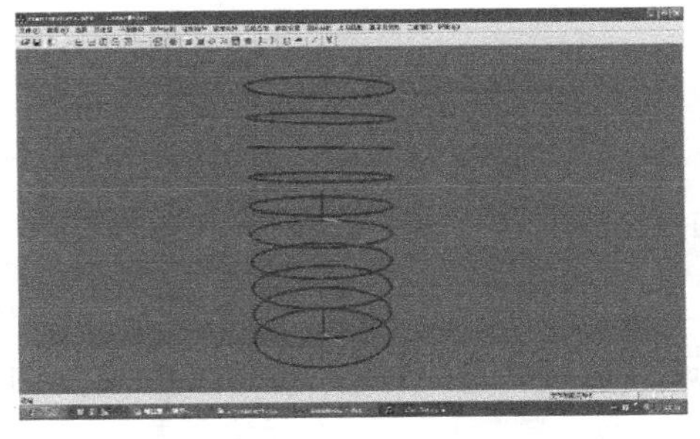

(a)柱形构件提取的截面轮廓线

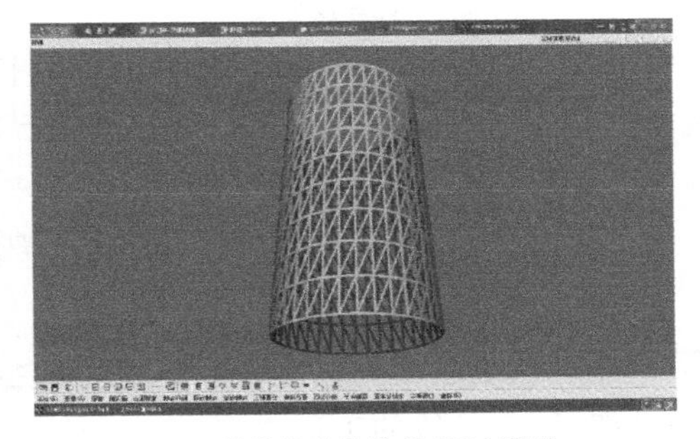

(b)放样构建的构件 TIN 模型

图 4.25　放样方法三维建模实例

4.4.3 旋转曲面重建

旋转曲面是一条平面曲线绕着它所在的平面上一条固定直线旋转一周所生成的曲面。该固定直线称为旋转轴，该旋转曲线称为母线。本节给出一种自动、统一的旋转曲面特征提取算法。首先，对采集的点云数据进行精简处理，采用 4.4.2 小节讲解的基于黑塞矩阵方法提取旋转曲面的旋转轴；其次，根据提取的旋转轴，采用 3.4 节讲解的罗德里格斯矩阵方法将点云进行坐标转换，使轴向转换为坐标轴的 Z 轴，从而使实体点云正立在面前；再次，将原始数据向平面投影，该平面是一个过旋转轴的平面，从而可以得到旋转曲面的投影轮廓，然后采用扫描线方式提取旋转曲面的初始母线拟合点集，利用二次曲线拟合母线；最后，根据轴向及母线进行实体模型重建，并进行误差分析。算法流程如图 4.26 所示。

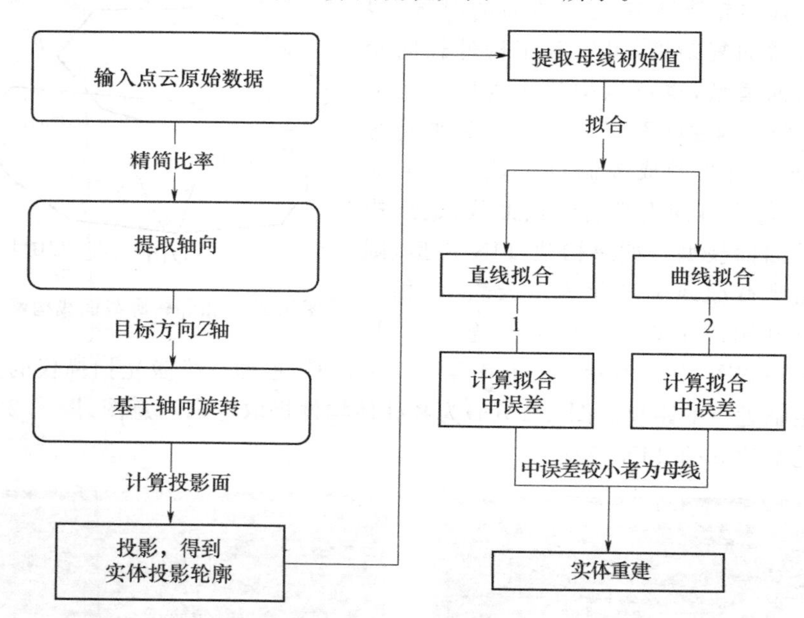

图 4.26 旋转曲面重建算法流程

1. 轴向提取及旋转

先对三维激光扫描仪采集的原始数据进行精简处理，根据三维激光扫描仪的分辨率，结合具体的工程需求，人工设定采样个数及精简比率。之后需要提取实体轴向，可以根据 4.4.2 小节基于黑塞矩阵方法提取，然后对计算出的轴向进行可靠性判断。方法是：利用提取的轴向和提取的母线重构旋转体，生成一套模型数据，并将原始数据旋转到 Z 轴正向与模拟数据进行比对，计算出原始数据每个点到模型数据的最近距离，然后计算距离中误差作为评价标准。接着需要对点云数据进行坐标转换，使转换之后的 Z 轴与提取的轴向重合，从而使旋转体沿着旋转轴方向正立于三维空间中，可利用3.4节介绍的罗德里格斯矩阵方法实现。

2. 旋转曲面的投影轮廓获取

(1)投影面的确定。

这里选择的是与坐标轴 XOZ 面平行的一个平面，这样在下面的计算中明显可以简化问题的复杂性，减少计算量。为了确定投影面的方程，还必须知道平面上的一个点，这里选择的是实体的顶面圆心。为了后续处理的需要，同样获取底面的圆心。先遍历出点云数据中 Z 坐标的最大值和最小值，然后通过搜索该最大值和最小值一定阈值范围内的点集，接下来就要根据这些点集去拟合圆。在确定顶面圆和底面圆的圆心时，由于各种误差的影响，搜索到的圆数据会包含圆内部点甚至会出现环点，这时如果直接拟合圆，会导致鲁棒性下降，甚至错误的情况，因此本文先对这些数据构建三角网，然后查找圆的边界数据，最后用边界数据通过随机采样一致性(random sample consensus，RANSAC)算法拟合圆，以获取圆心，如图4.27所示。

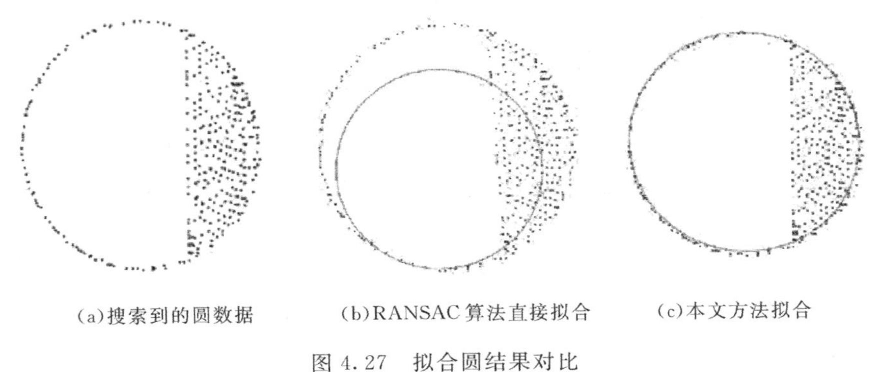

(a)搜索到的圆数据　(b)RANSAC算法直接拟合　(c)本文方法拟合

图4.27 拟合圆结果对比

(2)投影轮廓获取。

将点云数据向过旋转轴的一个平面投影(图4.28)，该平面基于步骤(1)的方法而确定。平面方程设为

$$Ax+By+Cz+D=0 \tag{4.23}$$

式中：(A,B,C) 为平面的法向；D 为原点到平面的距离。设由步骤(1)确定的两个圆心的坐标向量分别为 $\boldsymbol{P}_1=(a,b,c)$ 和 $\boldsymbol{P}_2=(a_1,b_1,c_1)$，为了使投影面与 XOZ 面平行，则平面上的所有点的 Y 坐标值要相等，因此不妨另取一点 $\boldsymbol{P}_3=(a_1+1,b_1,c_1+1)$，由这三点确定投影面。$(A,B,C)$ 和 D 的公式为

$$(A,B,C)=(\boldsymbol{P}_3-\boldsymbol{P}_2)\times(\boldsymbol{P}_1-\boldsymbol{P}_2) \tag{4.24}$$

$$D=-(A,B,C)\cdot\boldsymbol{P}_1 \tag{4.25}$$

先计算每一点到平面的距离，其公式为

$$d=(A,B,C,D)\cdot(x,y,z,1) \tag{4.26}$$

式中：(x,y,z)为任一点的坐标向量；(A,B,C)已经过单位化处理，对应的投影点为

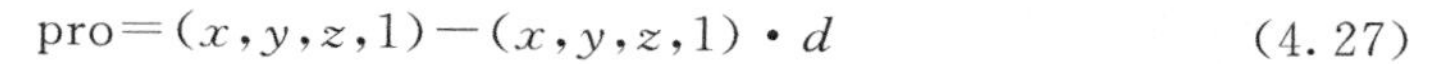

$$\text{pro}=(x,y,z,1)-(x,y,z,1)\cdot d \tag{4.27}$$

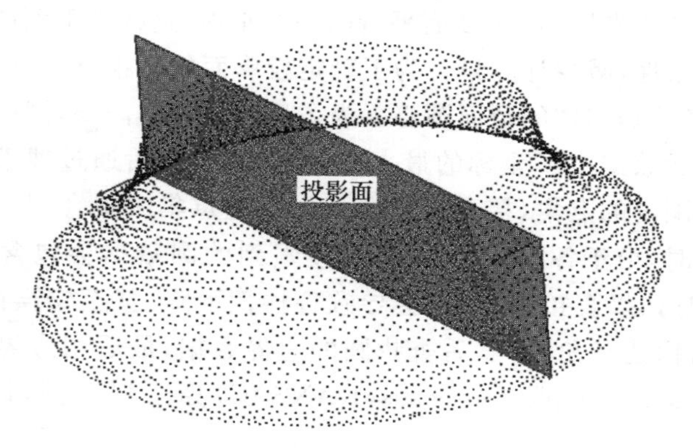

图 4.28　原始点云及其投影

3. 旋转曲面母线初值提取

(1)投影轮廓 X 的边界提取。

确定 X 的边界，按 Z 坐标值搜索，也称为行搜索。通过遍历的方式得到 X、Z 坐标的极值，然后通过经验公式确定移动步长，也就是离散点的平均距离，即

$$d=\frac{\sqrt{A}}{\sqrt{n-1}} \tag{4.28}$$

式中，A 为投影后平面的面积，n 为原始数据的个数。由于 A 无法精确求得，这里简单的用一个 $AABB$ 包围盒的面积代替 A 的大小。

具体做法：先遍历平面点集，然后求出平面离散点云中 Z 值最小的点 $p_{Z_{\min}}(x,z_{\min})$，Z 值最大的点 $p_{Z_{\max}}(x,z_{\max})$；以 $p_{Z_{\min}}(x,z_{\min})$为初始点，进行行搜索操作，搜索范围起于 $z_{\min}-\frac{d}{2}$，终止于 $z_{\max}+\frac{d}{2}$。其中 Z 值每增加一个移动步长 d，就要从范围 $z_i-\frac{d}{2}\leqslant z\leqslant z_i+\frac{d}{2}$ 中筛选出 X 值最小的点 $P_{X_{\min}}(x_i,z_i)$和 X 值最大的点 $P_{X_{\max}}(x_i,z_i)$；分别记录下 $P_{X_{\min}}(x_i,z_i)$和 $P_{X_{\max}}(x_i,z_i)$，然后按照一定的顺序连接点 $P_{X_{\min}}(x_i,z_i)$和 $P_{X_{\max}}(x_i,z_i)$，结果即为行搜索的边界。如图 4.29 所示，黑色点表示原始点集对应的投影点集，红色点表示按扫描线方式获取的 X 的边界点。

(2)投影轮廓 Z 的边界提取。

确定 Z 的边界，按 X 坐标值搜索，也称为列搜索。按行搜索方式，同理可得到

列搜索的边界。如图 4.30 所示，黑色点表示原始点集对应的投影点集，红色点表示按扫描线方式获取的 Z 的边界点。

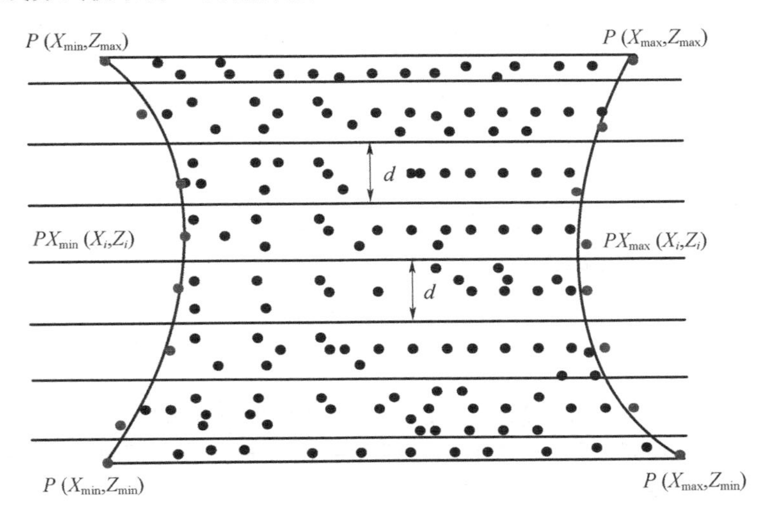

图 4.29 扫面线取 X 边界点示意图(彩图附后)

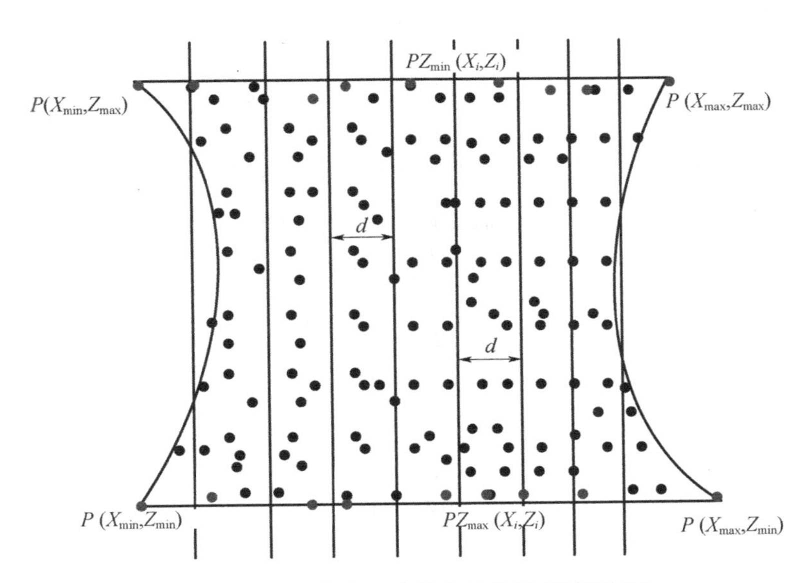

图 4.30 扫面线取 Z 边界点示意图(彩图附后)

(3)溢出点处理。

由于平面离散点的不规则性及各种误差的影响，难免造成所得到的边界点重复，甚至出错的情况，因此有必要进行溢出点的处理。由于后文将利用的是左右边界，因此这里只需要对左右两侧的数据进行处理。通过曲率筛选的方式，删除溢出点。由于扫描线获取的边界点集是按顺序存储的，因此只需要计算前后两点对应的曲率值，当曲率大于一定阈值时，则将相应点剔除，效果如图 4.31 所示。此时，只需要选取左右边界的一支，作为旋转体的母线初值即可。

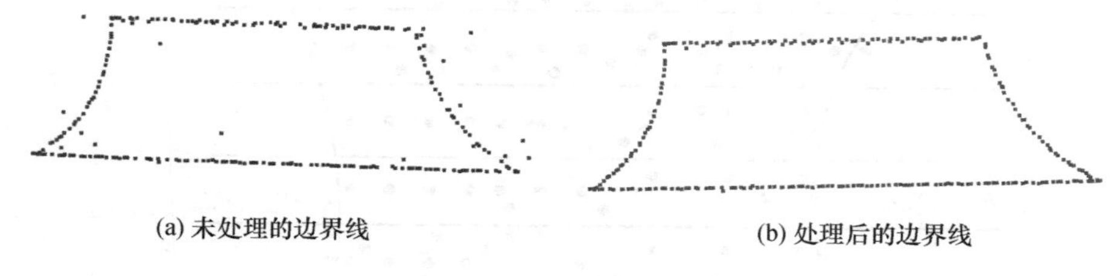

(a) 未处理的边界线
(b) 处理后的边界线

图 4.31　边界线处理

4. **母线拟合**

圆锥、圆柱等实体的母线是一条直线，而旋转体的母线则是一条曲线。因此还需要进行母线类型的判断。不妨采用直线和曲线分别拟合母线初始值，然后分别计算拟合中误差，选择其中小的一个作为最终结果。

(1)二次曲线拟合母线初值。

如果母线为曲线，则用二次曲线拟合母线初值。不妨把二次曲线的隐式方程表示为

$$Q(x,y)=Ax^2+Bxy+Cy^2+Dx+Ey+F=0 \tag{4.29}$$

选择目标函数 $I=\sum_{i=1}^{n}(Q(x,y))^2$，对于平面内的所有离散点$(x_i,y_i)(i=1,2,3,\cdots,n)$，要使 I 达到最小，则必然满足以下方程组，即

$$\left.\begin{array}{l}\dfrac{\partial I}{\partial A}=0\\ \dfrac{\partial I}{\partial B}=0\\ \dfrac{\partial I}{\partial C}=0\\ \dfrac{\partial I}{\partial D}=0\\ \dfrac{\partial I}{\partial E}=0\\ \dfrac{\partial I}{\partial F}=0\end{array}\right\} \tag{4.30}$$

可以得到

$$\left.\begin{aligned}
2\sum_{i=1}^{n}Q(x,y)x^2 &= 0\\
2\sum_{i=1}^{n}Q(x,y)xy &= 0\\
2\sum_{i=1}^{n}Q(x,y)y^2 &= 0\\
2\sum_{i=1}^{n}Q(x,y)x &= 0\\
2\sum_{i=1}^{n}Q(x,y)y &= 0\\
2\sum_{i=1}^{n}Q(x,y) &= 0
\end{aligned}\right\} \tag{4.31}$$

该齐次方程组仅有零解，也就是 $A=B=C=D=E=F=0$。为了得到有效的解，还必须增加附加条件。取 $A=1.0$，将其代入目标函数 I 中，得到一组解为 $x_1=[A_1\ B_1\ C_1\ D_1\ E_1\ F_1]$，其中 $A_1=1.0$。同理，分别令 B、C、D、E、F 为 1.0，可以得到另外五组解：$x_2=[A_2 B_2\ C_2\ D_2\ E_2\ F_2]$，其中 $B_2=1.0$；$x_3=[A_3\ B_3\ C_3\ D_3\ E_3\ F_3]$，其中 $C_3=1.0$；$x_4=[A_4\ B_4\ C_4\ D_4\ E_4\ F_4]$，其中 $D_4=1.0$；$x_5=[A_5\ B_5\ C_5\ D_5\ E_5\ F_5]$，其中 $E_5=1.0$；$x_6=[A_6\ B_6\ C_6\ D_6\ E_6\ F_6]$，其中 $F_6=1.0$。

第一种解算方法，令 $A_1=1.0$，当 $A_1\neq 0$ 是合理的，只需要 A_1、B_1、C_1、D_1、E_1、F_1 同时除以 A_1 即可实现。但是实际情况下对于某一特定曲线，$A_1=0$ 是完全可能存在的，这时误差会很大。同理，其他方法对于特定的曲线也是不合理的。因此为了避免单一解造成较大误差情况的出现，对这六组解做线性组合处理。令

$$I_i=\sum_{j=1}^{n}(A_i x_j^2+B_i x_j y_j+C_i y_j^2+D_i x_j+E_i y_j+F_i)^2 \tag{4.32}$$

式中，$i=1,2,3,4,5,6$。组合系数 $\alpha_i(i=1,2,3,4,5)$ 由目标函数确定，即

$$S=\left[\sum_{i=1}^{5}\alpha_i I_i+(1-\alpha_1-\alpha_2-\alpha_3-\alpha_4-\alpha_5)I_6\right]^2 \tag{4.33}$$

为了使 S 取最小值，解方程组，即

$$\left.\begin{aligned}
\frac{\partial S}{\partial \alpha_1}&=0\\
\frac{\partial S}{\partial \alpha_2}&=0\\
\frac{\partial S}{\partial \alpha_3}&=0\\
\frac{\partial S}{\partial \alpha_4}&=0\\
\frac{\partial S}{\partial \alpha_5}&=0
\end{aligned}\right\} \tag{4.34}$$

进一步展开,可以得到一个非齐次线性方程组,即

$$(I_1-I_6)[(I_1-I_6)\alpha_1+(I_2-I_6)\alpha_2+(I_3-I_6)\alpha_3+(I_4-I_6)\alpha_4+(I_5-I_6)\alpha_5]=I_6(I_6-I_1)$$
$$(I_2-I_6)[(I_1-I_6)\alpha_1+(I_2-I_6)\alpha_2+(I_3-I_6)\alpha_3+(I_4-I_6)\alpha_4+(I_5-I_6)\alpha_5]=I_6(I_6-I_2)$$
$$(I_3-I_6)[(I_1-I_6)\alpha_1+(I_2-I_6)\alpha_2+(I_3-I_6)\alpha_3+(I_4-I_6)\alpha_4+(I_5-I_6)\alpha_5]=I_6(I_6-I_3)$$
$$(I_4-I_6)[(I_1-I_6)\alpha_1+(I_2-I_6)\alpha_2+(I_3-I_6)\alpha_3+(I_4-I_6)\alpha_4+(I_5-I_6)\alpha_5]=I_6(I_6-I_4)$$
$$(I_5-I_6)[(I_1-I_6)\alpha_1+(I_2-I_6)\alpha_2+(I_3-I_6)\alpha_3+(I_4-I_6)\alpha_4+(I_5-I_6)\alpha_5]=I_6(I_6-I_5)$$

解方程组可以得到 $\alpha_i(i=1,2,3,4,5)$ 的值,令 $\alpha_6=1-\sum_{i=1}^{5}\alpha_i$,从而得到二次曲线的最终组合系数 A'、B'、C'、D'、E'、F' 为

$$\left.\begin{aligned} A' &= \sum_{i=1}^{6}\alpha_i A_i \\ B' &= \sum_{i=1}^{6}\alpha_i B_i \\ C' &= \sum_{i=1}^{6}\alpha_i C_i \\ D' &= \sum_{i=1}^{6}\alpha_i D_i \\ E' &= \sum_{i=1}^{6}\alpha_i E_i \\ F' &= \sum_{i=1}^{6}\alpha_i F_i \end{aligned}\right\} \tag{4.35}$$

因此,二次曲线的隐式方程为

$$Q(x,y)=A'x^2+B'xy+C'y^2+D'x+E'y+F'=0 \tag{4.36}$$

(2)整体最小二乘直线拟合算法拟合母线。

由于不知道母线的类型,分别采用二次曲线和直线拟合母线,并计算拟合中误差。二次曲线拟合母线见步骤(1),直线拟合母线采用整体最小二乘拟合算法。

通过上述步骤(1)和步骤(2),对提取的母线初值数据分别拟合了直线和曲线,求解了拟合中误差,并且从中选取较小者作为判断结果。如果母线拟合二次曲线的误差较小,则判断出母线类型是一条曲线。对母线分别采用二次曲线和B样条曲线拟合,效果如图4.32和图4.33所示。由图4.33可知,B样条曲线拟合会出现不光滑,甚至失真的情况,如会出现大的“拐角”,因此这里选择了二次曲线拟合旋转体的母线初始值。

图 4.32　二次曲线拟合母线

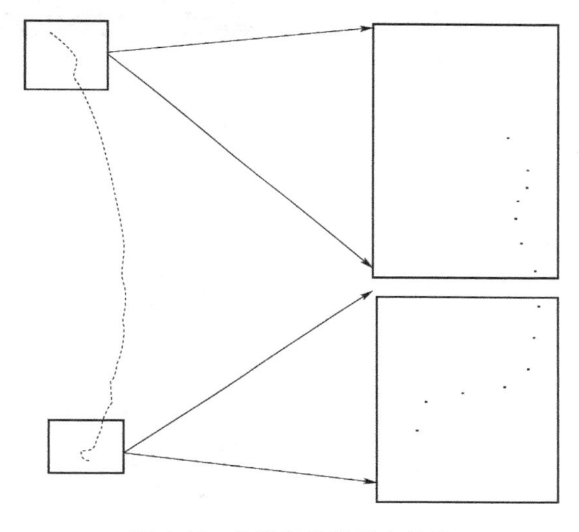

图 4.33　B 样条曲线拟合母线

5. 实验分析

为了实际分析和验证本文提出的方法，用 Rigel VZ-1000 扫描仪分别采集圆柱、圆锥、圆台、旋转体的点云数据，运用上述算法提取这些几何体的轴向及母线，同时与商业软件 Geomagic 拟合结果进行对比。

对于圆柱实验数据，应用前文所提到的方法拟合圆柱的结果与商业软件 Geomagic 拟合圆柱的结果如图 4.34 所示。对两个结果的参数进行对比分析，两种方法拟合结果基本一致，所得到的轴向仅相差 0.07°，顶点坐标基本一致，半径相差 0.002 m，并且结合图 4.34 可以看出，两种方法拟合结果都非常好，所得的模型与实体基本上完全贴合，但是本书方法拟合中误差较小，贴合度更好，并且时间效率上也具有明显的优势。

对于圆锥实验数据，应用前文所提到的方法拟合圆锥的结果与商业软件

Geomagic 拟合圆锥的结果如图 4.35 所示。对两个结果的参数进行对比分析，两种方法拟合结果相差不大，所得到的轴向相差 4.79°，顶点坐标偏差(0.03，0.02，0.01)，半径相差不大。但是通过图 4.35 可以看出，Geomagic 软件拟合圆锥的半径，无论是上半径还是下半径都与原始数据不太贴合，并且与原始点云相比轴向有一定的偏差，明显没有本书的方法拟合效果好。通过中误差定量地查看拟合效果，也可以看出本书方法在精度上具有显著优势，并且效率较高。

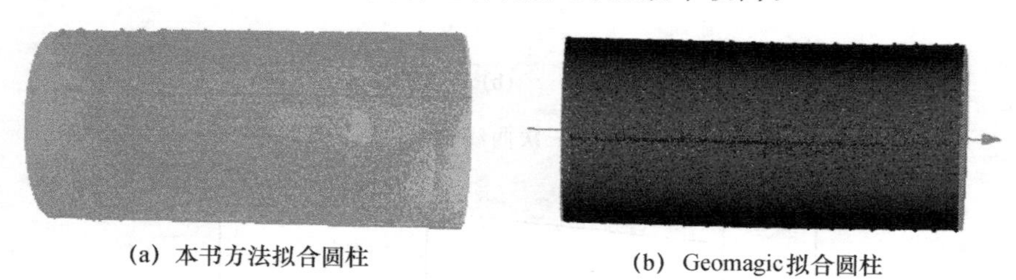

(a) 本书方法拟合圆柱　(b) Geomagic拟合圆柱

图 4.34　两种方法拟合圆柱结果对比

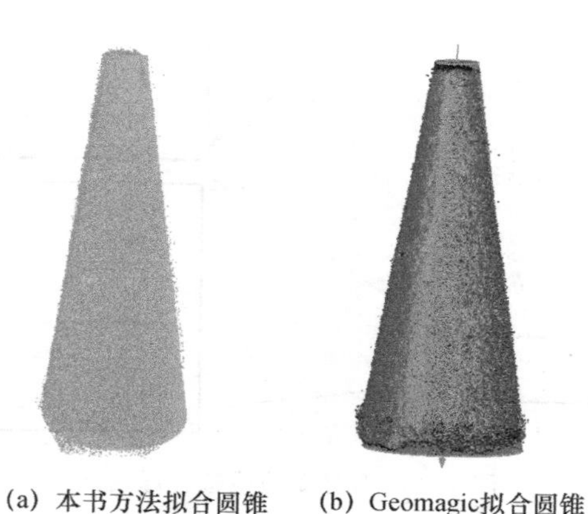

(a) 本书方法拟合圆锥　(b) Geomagic拟合圆锥

图 4.35　两种方法拟合圆锥结果对比

对于圆台实验数据，应用前文所提到的方法拟合圆台的结果与商业软件 Geomagic 拟合圆台的结果如图 4.36 所示。对两个结果的参数进行对比分析，两者有很大的差别，所得到的轴向相差高达 14.74°，顶点坐标偏差(0.01，0.03，0.01)，上半径相差 0.019 m，虽然数值不大，但是相对误差高达 46%。通过图 4.36 可以看出，Geomagic 软件拟合圆台的半径，无论是上半径还是下半径都与原始数据差别很大，下半径明显大了很多，并且轴向也有很大偏差，没有本书方法拟合效果好，可见本书方法在拟合精度上具有很大优势。

通过实验发现，运用本书方法拟合圆柱、圆锥、圆台所需时间明显小于商业软件 Geomagic，本书所介绍的算法效率高、适用性强，提高了实体的识别速度。

(a) 本书方法拟合圆台

(b) Geomagic拟合圆台

图 4.36 两种方法拟合圆台结果对比

4.5 基于点云构建不规则三角网模型

4.5.1 不规则三角网模型

不规则三角网(triangulated irregular network,TIN)模型用一系列互不交叉、互不重叠并连接在一起的三角形来表示三维实体。TIN 模型既是矢量结构,又有栅格的空间铺盖特征,能很好地描述和维护空间关系。T 表示三角化(triangulated),是离散数据的三角剖分过程,也是 TIN 模型的建立过程;I 表示不规则性(irregular),指用来构建 TIN 模型采样点的分布形式,TIN 模型具有可变分辨率,平缓的区域用较大的三角面片表示,曲率大的区域用较小的三角面片表示;N 表示网(network),表达整个区域的三角形分布形态,即三角形之间不能交叉和重叠,三角形之间的拓扑关系隐含其中。

任何空间实体在几何上均可用三维的面片予以表达,基于点云构建实体的 TIN 模型(图 4.37)有以下优点。

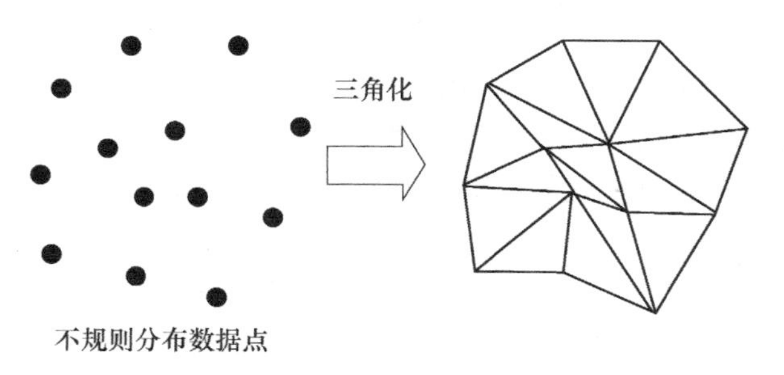

图 4.37 离散点云三角化

(1)三角形是所有几何元素中最简单的面片模型,使用三角形作为基本单元,可以保证整个系统仅针对一种几何元素进行管理。

(2)三角形可以用来构造任意复杂的面对象或体对象。

(3)模型的编辑相对比较容易,而且可以花费很小的代价去修改现有的几何对象,如在TIN模型中增加一个点或删除一条边,抑或增加附加的限制条件等操作都十分方便。

(4)能够方便开发一些算法,对复杂的几何对象予以不同精度的几何描述,如层次细节(level of detail,LOD)模型的构建。

(5)能够很方便地对基于三角形结构的模型进行不同形式的显示方式,如二维显示、三维显示等。

(6)目前所有的图像渲染工具包都直接支持三角形的绘制,包括虚拟现实系统,因此可以不需要转换直接被图形渲染的应用程序编程接口(application programming interface,API)函数使用。

(7)最主要的是用三角形作为基本单元,其在可变形模型过程中比较容易实施,算法变得相对简单、快速。

基于点云构建TIN模型有两种类型:一种是无约束TIN模型,即数据点间不存在任何关系;另一种是约束TIN模型,即部分数据点间存在联系,一般要求通过特征线,如边界、内部特征线等,该类型可先按无约束TIN模型构建,然后插入特征线,优化局部TIN模型,如图4.38所示。

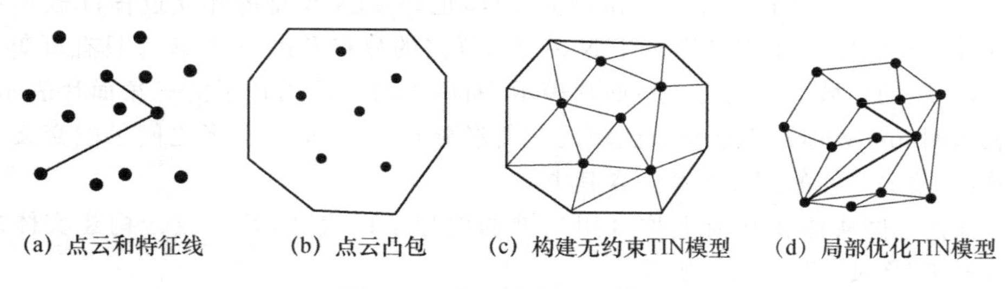

图4.38　构建约束TIN模型

将点云数据三角网格化后,可采用由顶点、边和三角面片之间的连接信息来描述点云数据的拓扑特征,由拓扑基元点、线、三角面片来表达其几何特征。这些信息如何在计算机中存储和使用,达到既节省计算机的空间资源和时间资源,又能有效的进行各种操作运算及良好的三维可视化效果,一般是通过研究图形的数据结构来解决,数据结构的选择和设计与算法的运行效率紧密相关。

下面详细讲解"顶点+相邻三角形"类型的数据结构。采用面向对象的方法,将模型对应的点要素和三角形要素封装在对象内部,模型只显示和记录结点与结点、结点与三角形、三角形与三角形之间的邻接关系,诸如邻近关系查询等空间操作均比较方便、快捷，可以实现对数据有效的存储、组织和管理，还能有效减少因数据量大而消耗大量的查询、访问时间，易于算法编制与实现。在此数据结构基础上可添加属性特征或增加新对象，如增加纹理信息等，从而实现逼真再现、完备描述和准确表达三维空间实体。将空间目标抽象为三类，即点对象（特征点）、线对象（特征线）、面对象（特征面或木构件三维模型），组成空间目标的基本几何元素为节点（node）和三角面（triangle）。该面向对象的概念模型如图4.39所示。

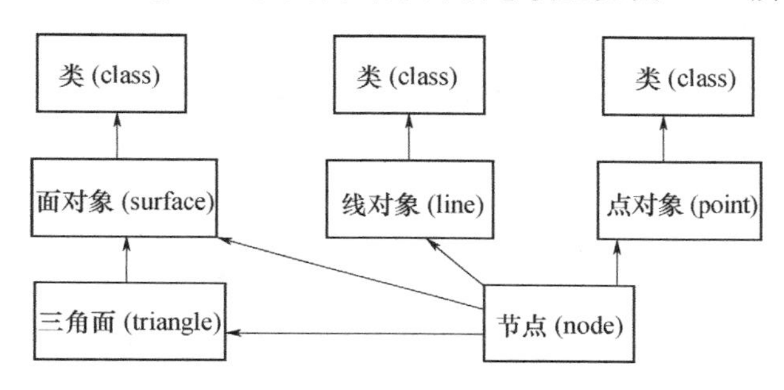

图4.39 面向对象的概念模型

任何一个复杂的并占有一定体积的空间对象均可用由节点拓扑连接形成的三角网组成的面表示。线对象可由一系列依次连接的节点序列表示。三角形基元由三个节点构成，每个节点对应了点云中的一点，对应一个三维坐标(x,y,z)。根据以上分析，基于面向对象的思想，相应的数据结构可用C++描述如下。

```
class CPoint3D:public CGeometry3D
{
      private:
      double m_dCoord[3]; //存放节点三维空间坐标(x,y,z)
      CVector3D m_Normal;//存放节点法向量数据
     CArray3D<CPoint3D> m_PtNeighborArray; //存放节点邻近点的数组
     CArray3D<CTriangle3D> m_TriNeighborArray;//存放节点邻近三角形的
                                                //数组
         ……
    public:
         ……
};
classCTriangle3D:public CGeometry3D
{
    public:
    ……
};
```

```
classCObject3D:public CGeometry3D
{
    private:
    CArray3D<CPoint3D> m_PtArray; //存放对象模型的节点数组
    CArray3D<CTriangle3D>m_TriArray; //存放对象模型的三角网数组
    ……
    public:
    ……
};
classCLine3D:public CGeometry3D
{
    private:
    CArray3D<CPoint3D> m_PtArray; //依次存放构成线对象的节点序列数组
    ……
};
```

上述数据结构只用节点和三角形两种几何元素描述三维对象，并将它们封装在对象内，而且显示了存储节点、三角形和对象之间的拓扑信息，不但提高了效率，而且节省了存储空间。

基于点云构建 TIN 模型的方法有很多种，现有研究大致可分为两大类。第一类是三角剖分，即直接利用点云构建 TIN 模型。三角剖分有两种处理策略：一种是将三维点云按一定的规则投影到二维平面上，再基于平面三角剖分准则构建点之间的拓扑关系，然后将点之间的拓扑关系投影到三维点云上构建出 TIN 模型；另一种是基于三维点云按照一定的准则直接进行空间三角剖分，如三维德洛奈方法。第二类是三角网格逼近，构建的 TIN 模型的点不一定就是原始点云，而是对原始点云的最佳逼近。图 4.40 是基于点云构建 TIN 算法的分类。下面重点对基于采样数据投影域的三角剖分和步进立方体两种典型方法进行详细讲解。

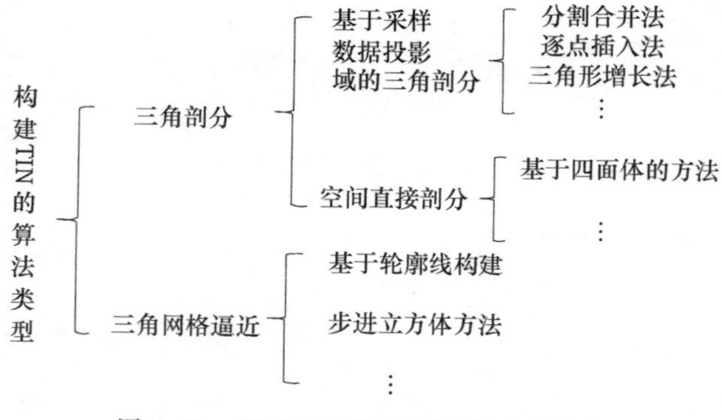

图 4.40　基于点云构建 TIN 算法的分类

4.5.2　基于采样数据投影域的三角剖分构建TIN模型

基于采样数据投影域的三角剖分构建TIN模型的方法采用降维的思路，先基于点云反求出一个可展曲面，如平面、球面、圆柱面等，计算出点云到可展曲面的投影点坐标，在可展曲面上利用平面三角剖分的方法构建点云之间的拓扑关系，然后再将拓扑关系映射到三维点云上，从而构建三维TIN模型。基于采样数据投影域的三角剖分有三种典型方法，分别是分割合并法、逐点插入法、三角形增长法。下面详细介绍这三种方法及约束TIN建模方法。

1. 分割合并法

基本思路：采用分而治之策略，将复杂问题简单化。如图4.41所示，先将数据点分割成易于三角化的点子集(如每子集三四个点)，然后对每个子集分别三角化，并由局部优化(local optimization，LOP)算法优化成德洛奈三角网；最后对每个子集的三角网进行合并，形成最终的德洛奈三角网。

基本步骤：数据点集采用递归分割快速排序法；子集凸壳的生成可采用格雷厄姆算法(图4.42)；子集三角化可采用任意方法，如子集最小到三或四个点则可直接进行三角剖分；子网合并则需先找出左右子集凸壳的底线和顶线(图4.43)，然后逐步合并三角剖分得到最终德洛奈三角网。具体步骤如下。

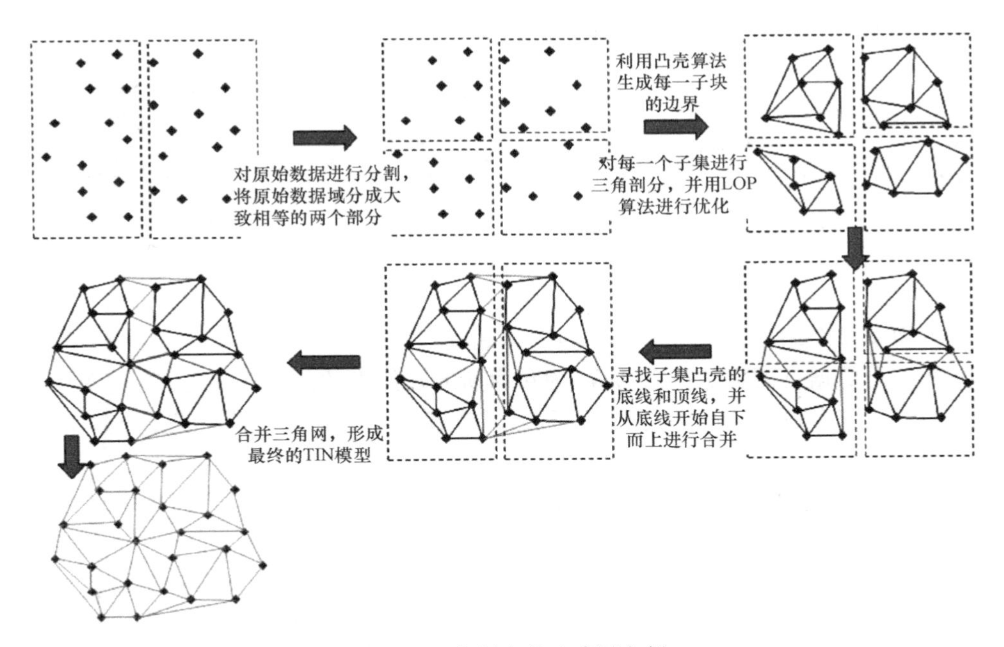

图4.41　分割合并法建网实例

(1)将数据集以横坐标为主、纵坐标为辅按升序排序。

(2)如数据集中点数大于阈值,则继续将数据集化为点个数近似相等的两个子集,并对每个子集做如下工作:

——获取每个子集的凸壳。

——以凸壳为数据边界进行三角化,并用LOP算法优化成德洛奈三角网。

——找出连接左右子集两个凸壳的底线和顶线。

——由底线到顶线合并两个三角网。

(3)如数据集中点数不大于阈值,则直接输出三角剖分结果。

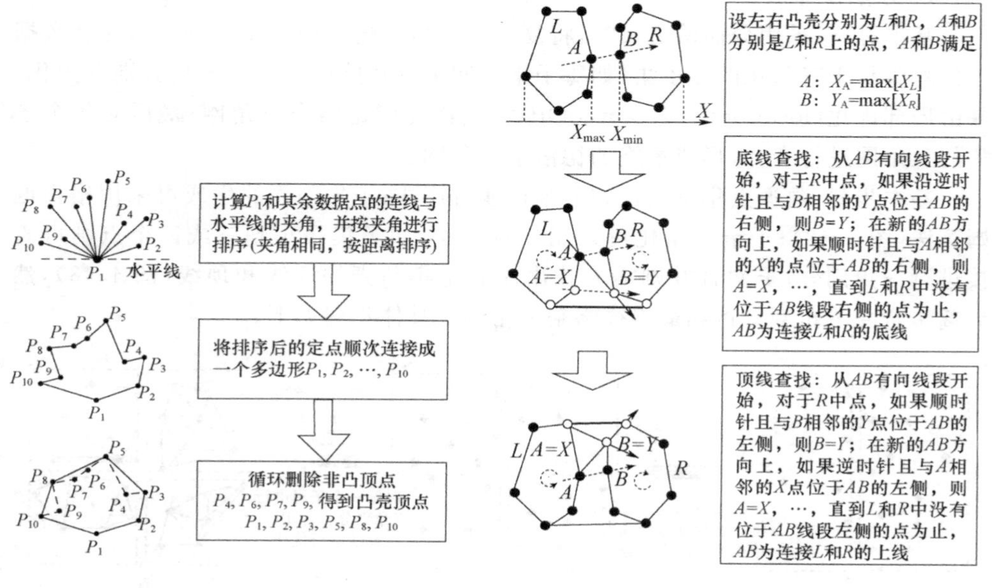

图4.42　凸壳生成法　　　　图4.43　顶线、底线查找方法

下面着重介绍格雷厄姆算法和两子网底线、顶线的查找算法。

凸壳是数据点的自然极限边界,为包含所有数据点的最小凸多边形,连接任意两点的线段完全位于该凸多边形中,同时其区域面积达到最小值。凸壳生成的格雷厄姆算法如下。

(1)找到点集中纵坐标最小的点 P_1。

(2)将 P_1 与其他点用线段连接,并计算这些线段的水平夹角。

(3)按夹角大小对数据点排序;如夹角相同,则按距离排序,得到 P_1, P_2, …, P_n。

(4)依次连接点,得到一多边形。循环删除多边形的非凸顶点得到点集的凸壳。

2. 逐点插入法

基本思路：动态的构网过程，先在包含所有数据点的一个多边形中建立初始三角网，然后将余下的点逐一插入，用LOP算法确保其成为德洛奈三角网，如图4.44所示。

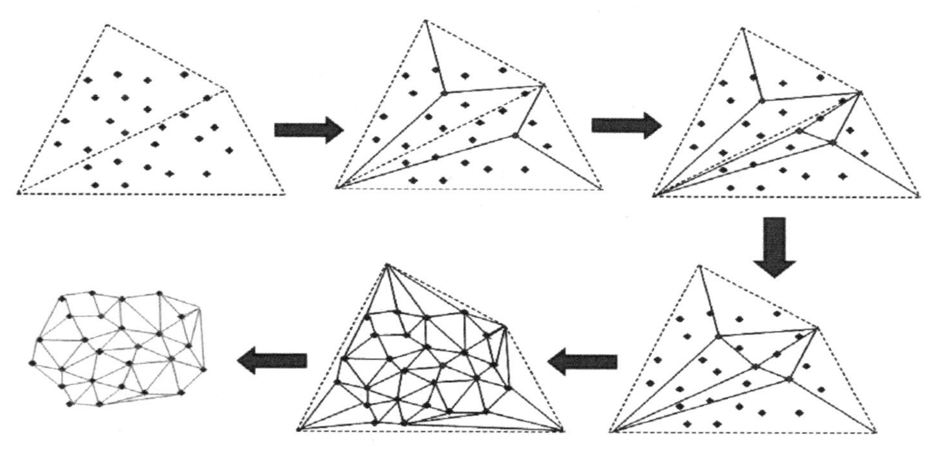

图4.44　逐点插入法建网实例

基本步骤：

(1)定义一个包含所有数据点的初始多边形(扩展三角形或外凸壳)。

(2)在初始多边形中建立初始三角网，然后迭代以下步骤，直至所有数据点都被处理。

——插入一个数据点P，在三角网中找出包含P的三角形t，把P与t的三个顶点相连，生成三个新的三角形(存在P在三角形顶点或边上等情况)。

——用LOP算法优化三角网。

——可能的外围三角形处理。

3. 三角形增长法

基本思路：先找出点集中相距最短的两点连接成为一条德洛奈边，然后按德洛奈三角网的判别法则找出包含此边的德洛奈三角形的另一端点，依次处理所有新生成的边，直至最终完成，如图4.45所示。

基本步骤：

(1)以任一点为起始点(一般位于数据点几何中心附近)。

(2)找出与起始点最近的数据点相互连接形成德洛奈三角形的一条边并作为基线，按德洛奈三角网的判别法则(即它的两个基本性质)，找出与基线构成德洛奈三角形的第三点。

(3)基线的两个端点与第三点相连，成为新的基线。

(4)迭代以上两步骤直至所有基线都被处理。

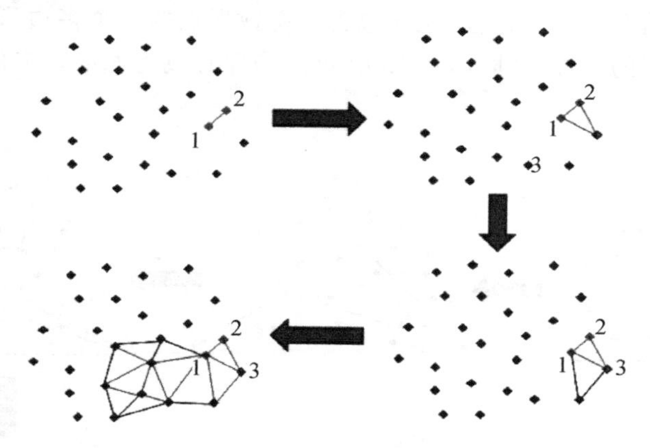

图 4.45　三角形增长法建网实例

4. 约束 TIN 建模方法

在构建 TIN 模型时可能会遇到一些问题，如有一些网格必须经过山脊线、断裂线、湖泊边缘线等特征线，欲三角化的点集范围是非凸区域甚至存在内环。全局优化构网后，可能会有跨越内外边界、特征约束线等的非法三角形，必须对这些三角形进行约束处理。经处理后，数据点的内外边界和特征约束线中的每一个边(段)都应成为最终三角化结果中三角形的一条边。

构建约束 TIN 模型，可先构建无约束 TIN 模型，后引入约束线段。图 4.46为插入约束线段 ab 和 bc 后带约束条件的劳森 LOP 交换完成后结果。约束 TIN 建模实例如图 4.47 所示。

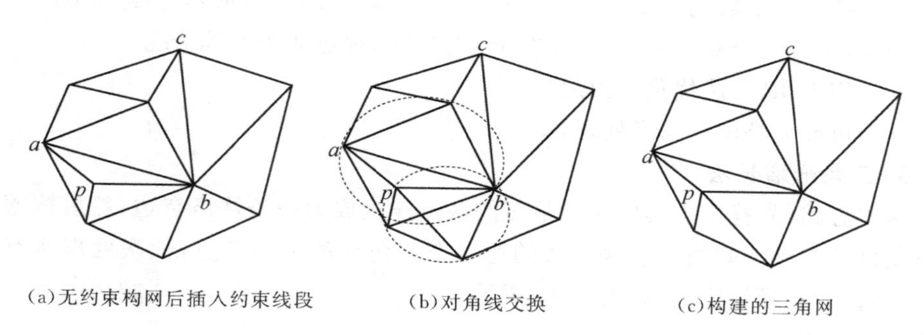

图 4.46　插入约束线段 ab 和 bc 的过程

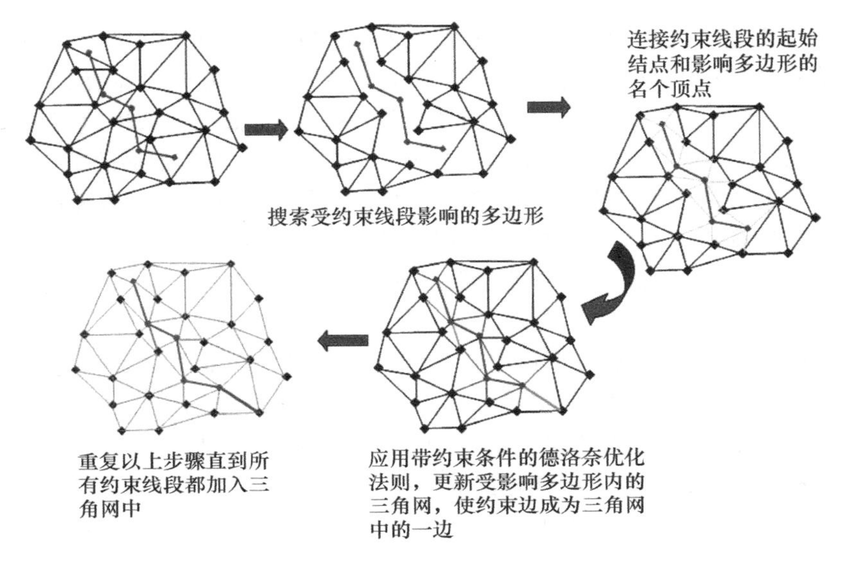
连接约束线段的起始
结点和影响多边形的
名个顶点
搜索受约束线段影响的多边形
重复以上步骤直到所
有约束线段都加入三
角网中
应用带约束条件的德洛奈优化
法则，更新受影响多边形内的
三角网，使约束边成为三角网
中的一边

图4.47　约束TIN建模实例

4.5.3　基于步进立方体构建TIN模型

1. 算法思想

步进立方体(marching cubes, MC)算法是一种等值面(isosurface)提取的方法。所谓等值面，是空间中所有具有某个相同值的点的集合，它可以表示为

$$\{(x,y,z)\mid f(x,y,z)=I_{\text{iso}}\} \tag{4.37}$$

式中：I_{iso}为常数。该算法将实体外表面看成是一个等值面，其核心是从激光雷达点云中提取出等值面，从而构建出对象表面模型。由于显示的连续函数$f(x,y,z)$很难准确确定，一种有效的方法是将三维激光点云数据看做三维空间规则数据场，每一立方体单元称为一个体素(voxel)，如图4.48所示，逐个处理数据场中的每一个体素，先分出与等值面相交的体素，再从这些体素中提取出等值面信息，最终生成对象的TIN模型。

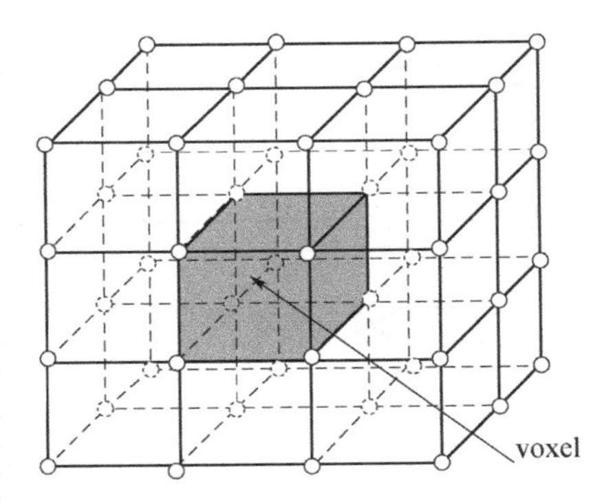
voxel

图4.48　三维空间规则数据场体素

选择合适的场函数是提取等值面的关键，比较好的方法是用距离函数代替场函数，计算点到等值面的有向距离；如果有向距离值等于0，则表示点在等值面上；如果有向距离大于0，则表示点位于等值面外；如果有向距离小于0，则表示点位于等值面内。将体素顶点的状态分为两类：

位于等值面上或者之内记为1,位于等值面之外记为0。三维空间规则数据场的数据值分布在体素的8个顶点上,对于每一体素,计算8个顶点到等值面的有向距离,进而确定其8个顶点的状态。对于体素的每一条边,如果一条边的两个顶点状态不同,分别为1和0,则该边上必有也仅有一点是这条边与等值面的交点,可以通过线性插值的方法求得该交点。在求出了当前体素的所有边与等值面的交点后,依据一定的准则将这些交点连接成三角形,作为等值面位于该体素内部分的近似表示,并进行真实感绘制,从而将整个数据场等值面的抽取分解到每一个体素中去完成。

每个体素有8个顶点,每个顶点有2个状态,因此等值面与体素相交的情况有$2^8=256$种组合状态。根据翻转对称性,即体素各顶点的状态值0和1互换,所含等值面的拓扑结构(即交点连接关系)不变,可将256种构型简化为128种。再根据旋转对称性,体素旋转后,所含等值面的拓扑结构不变,可进一步将这128种构型简化为15种。图4.49给出了这15种等值面连接模式;其中黑点表示标记为1的角点,空心点表示标记为0的角点,数字表示构型序号。对于8个角点的标记都为1或者都为0的体素,它属于0号构型,没有等值面穿过该体素。当只有一个角点标记为1时,即1号构型,用一个三角片代表体素内的等值面片,可将该角点与其他7个角点分成两部分。对于其余几种构型,将产生多个三角面片。

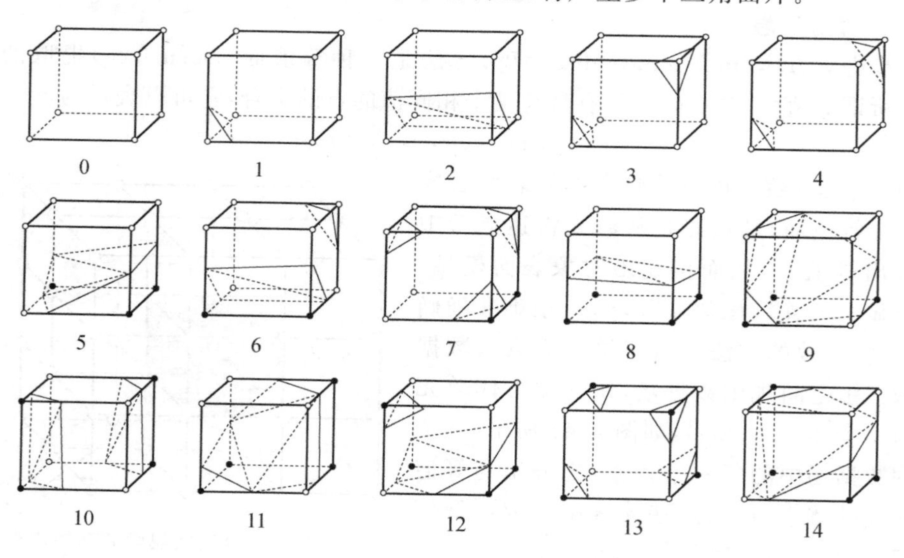

图4.49　体素15种等值面连接模式

2. 算法实现

(1)空间栅格数据结构。

古建筑点云数据具有数据量大(海量性)、数据表达精细(高空间分辨率)、空间三维点之间无拓扑关系(散乱性)等特征，在后续数据处理中需要频繁地进行邻域查找，因此必须对数据进行有效的组织和索引，以提高后续邻域检索和查询等操作的速度。鉴于空间栅格数据结构不仅可以有效组织管理海量点云数据，快速实现邻域点的搜索，而且将三维空间分为一系列规则栅格单元，即体素，便于应用步进立方体算法提取等值面。这里采用此数据结构进行点云数据的组织和管理。

首先，基于点云的三维坐标确定点云的最小外包围盒，然后按给定的一个值λ在平行于X、Y和Z坐标轴上对最小外包围盒进行分割，三个平行轴上分别分割出L_X、M_Y和N_Z个体素，则将最小外包围盒总共分为$L_X \times M_Y \times N_Z$个体素。体素的空间栅格单元坐标即为该体素在$X$、$Y$和$Z$坐标轴上对应的序号。$\lambda$的取值一般根据点云密度来定。点云密度可以根据点云及搜索出的点的邻近点计算出来。

其次，根据点云三维坐标将其划分到相应的体素中。所有点处理完之后，会发现有些体素有点云，即为非空体素；有些则没有点云，即为空体素。为了节省存储空间、加快处理速度，用哈希表管理点云数据，只记录非空体素数据。哈希表的关键码值与体素索引对应。如果某个体素的空间栅格单元坐标为(t,m,n)，则该体素索引为

$$\text{Index}=t+mL_X+nL_XM_Y \tag{4.38}$$

每个体素有26个邻近体素，空间栅格数据结构可以根据体素之间的位置关系快速搜索拓扑信息。如果要搜索一个点的邻近点，先确定这个点属于哪个体素，再确定其26个邻近体素，然后利用哈希表确定体素对应的点云数据，从而筛选出点的K-近邻点。

(2)步进立方体算法提取等值面。

等值面并不穿过所有的体素，为加快提取等值面的效率，只处理与等值面相交的体素。提取等值面的过程分为两个阶段：先对含有点云的体素提取等值面，然后再对非空体素的邻近空体素提取等值面。下面详细描述这两个阶段提取等值面的过程。

要提取体素包含的等值面，就需要先计算出体素8个顶点对应的状态值。为计算顶点到等值面的有向距离值，需要先计算体素内点云的法向量。因为体素尺寸大小根据点云密度设定，一般可以假定体素内等值面为单一平面。非空体素内点云的最佳拟合平面用点法式方程表示，即用平面上一个点和平面的单位法向量表示。体素内的点云中距离该体素中心点最近的点为平面上一点，对体素内点云利用3.1.2小节介绍的方法计算平面的单位法向量。因为法向量有两个方向，相邻体素内的单位法向量方向可能不一致，还需要进行方向统一化处理，这里采用最小生成树的方法。因此，顶点到等值面有向距离的计算就转换为更易实现的点到平面有向距离的计算，从而根据有向距离值确定出每个顶点的状态。

综上所述，每个体素有8个顶点，每个顶点有2个状态，总共有256种情况。执行步进立方体方法时，事先将这256种情形的三角剖分情况记录下来，对每种情形建立一个索引值。索引值的记录方法：首先每个顶点的状态用内存的1位表示，8个点用8个位表示，按顺序依次存放8个顶点的状态，然后将二进制转换为十进制，即为对应的索引值。图4.50(a)显示了体素各顶点(v_i，$i=1,\cdots,8$)、边标号(E_i，$i=1,\cdots,12$)及索引值的表示方法，图4.50(b)为一索引值计算实例。体素的每条边，如果边的两个端点状态值不一样，则用线性内插的方法求解出等值面与边的交点。设顶点v_1、v_2的三维坐标分别为(x_1, y_1, z_1)、(x_2, y_2, z_2)，连接v_1和v_2两顶点的边与等值面有交点，两点的有向距离值分别为S_{v_1}和S_{v_2}，则交点计算式为

$$\left.\begin{aligned} x&=x_0+\frac{-S_{v_1}}{S_{v_2}-S_{v_1}}(x_2-x_1)\\ y&=y_0+\frac{-S_{v_1}}{S_{v_2}-S_{v_1}}(y_2-y_1)\\ z&=z_0+\frac{-S_{v_1}}{S_{v_2}-S_{v_1}}(z_2-z_1)\end{aligned}\right\}\tag{4.39}$$

体素的每条边最多有4个邻近体素，为提高算法效率，计算边与等值面的交点时只需计算一次即可。再然后通过索引值查找体素对应的三角剖分，从而提取出体素对应的等值面。

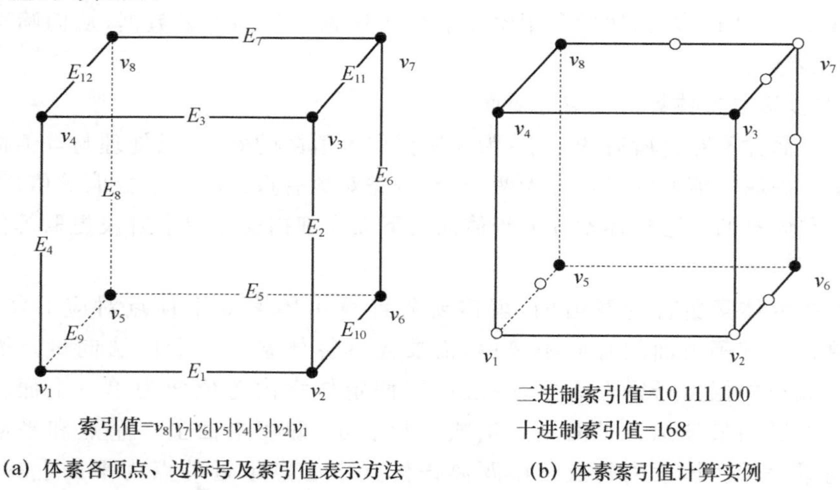

(a) 体素各顶点、边标号及索引值表示方法　　(b) 体素索引值计算实例

图4.50　体素顶点、边标号及索引值的表示和计算实例

最后再基于非空体素与其邻近空体素的拓扑关系，搜索出所有与等值面相交的空体素。按上述方法计算每个空体素8个顶点对应的状态值及索引值，再计算出体素边与等值面相交的交点，进而根据索引值查找体素对应的三角剖分，从而提

取出体素对应的等值面。当所有与等值面相交的体素处理完毕，就构建出了最逼近点云的TIN模型。

3. **算法分析**

基于实验数据进行算法验证，图4.51(a)为构建出的点云最小外包围盒，图4.51(b)为基于点云密度三倍值对最小外包围盒划分得到的非空三维空间栅格，基于这种数据结构可以快速确定体素的邻近栅格及点的邻近点等，提高后续算法处理的效率。之后基于协方差分析的方法计算体素内等值面单位法向量，如图4.52(a)所示；法向量方向统一化结果如图4.52(b)所示。然后先对非空体素提取等值面，如图4.53(a)所示，圆圈标注的地方显示有空洞，这是因为有非空体素与等值面相交，但当前只是提取与等值面相交的体素。图4.53(b)是所有与等值面相交的体素处理完成后的结果。

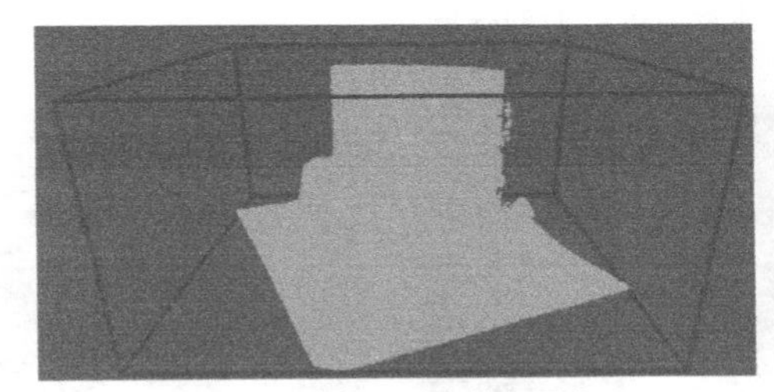

(a)构建点云最小外包围盒

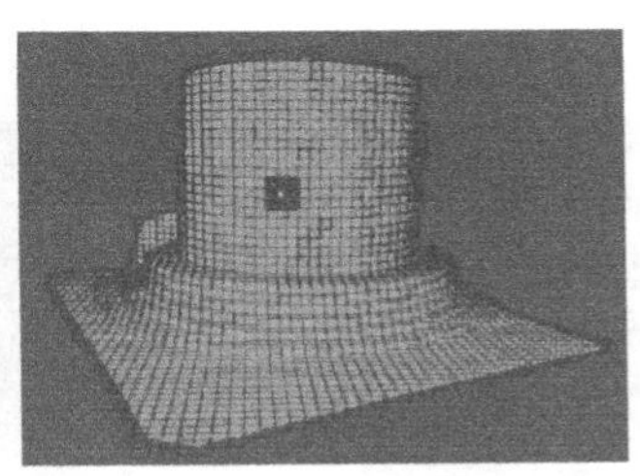

(b)非空体素

图4.51　构建点云三维空间栅格

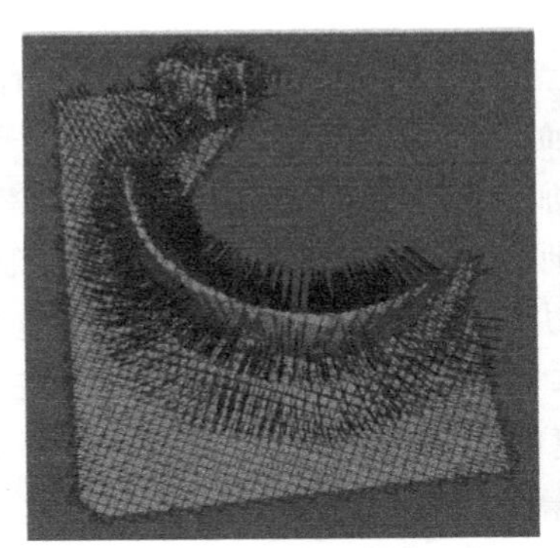

(a)计算体素内等值面的法线

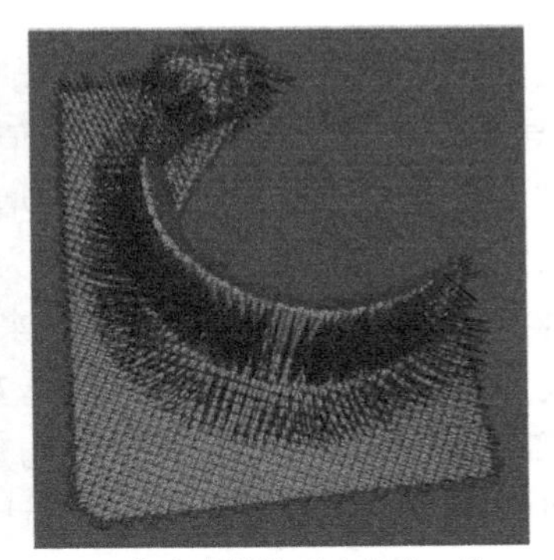

(b)体素内等值面法线统一化

图4.52　体素内等值面参数求解

为了更充分地验证算法的有效性，又用柱梁相交处结构复杂些的点云作为实验数据，图4.54(a)为点云利用三维空间栅格数据结构进行组织和管理，为节省内存只记录非空体素对应的信息；图4.54(b)为计算体素内的等值面信息并对法向信息统一化；图4.54(c)为基于步进立方体算法提取的等值面；图4.54(d)为基于点云数据最终构建的 TIN 模型,很好地展现了细节部分。

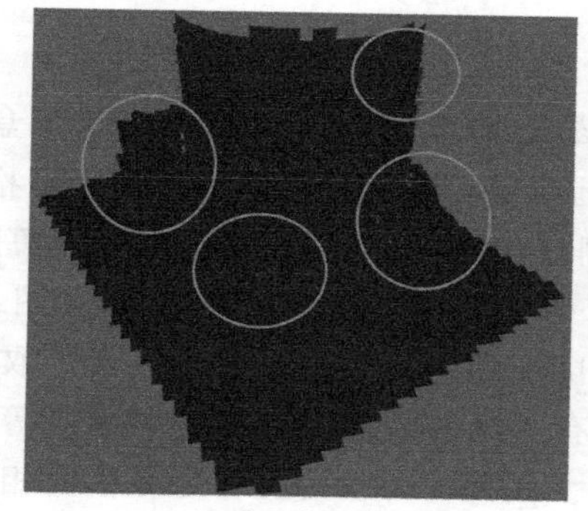
(a)非空体素内等值面提取

(b)空体素内等值面提取后

图 4.53　体素内等值面的提取

(a) 体素与点云

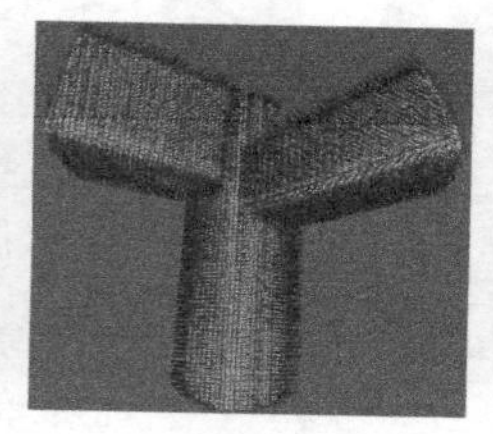
(b) 等值面法线统一化

(c) 等值面提取

(d) 最终重建的模型

图 4.54　柱梁交接处点云实验结果

步进立方体算法简单易行,但也有缺点。例如:15 种连接情形中,有些存在二义性,可能导致所生成的相邻体素的等值面之间不连续,从而使最终生成的等值面存在"空洞"。目前有一些改进方法,如增加连接模式,使其能与相邻体素的状态相匹配以消除"空洞";将六面体体素分解为四面体单元,并将等值面抽取限制在四面体单元中进行;采用双曲线渐近线交点来决定具有二义性的面交点的连接方式等。针对古建筑形状特征,绝大多数情况下,基于点云密度的三至五倍进行三维空间栅格划分,局部形状可以近似看做平面,构建的 TIN 模型可以满足精度要求,但划分的三维空间栅格单元数量越大,相应的计算时间耗时越长。为了解决这个问题,利用多线程并行处理加快处理的速度可取得满意的效果。

4.6　基于点云构建实体模型

4.6.1　实体建模

前面几节构建的模型有线框模型、表面模型,但线框建模和表面建模在完整、准确地表达实体形状方面各有其局限性，要想唯一地构造实体的模型，需采用实体建模方法。

实体建模是定义一些基本体素，通过基本体素的集合运算或变形操作生成复杂形体的一种建模技术，其特点在于三维立体的表面与其实体同时生成。基本体素是现实生活中真实的三维实体。根据体素的定义方式，可分为两大类：一类是基本体素，有长方体、球、圆柱、圆锥、圆环、锥台等；另一类是扫描体素，即用曲线、曲面或形体沿某一路径运动后生成二维或三维的物体。扫描变换需要两个分量：一是给出一个运动形体，称为基体；另一个是指定形体运动的路径。扫描体素法又可分为平面轮廓扫描体素和三维实体扫描体素；前者的基本思想是由任一平面轮廓在空间平移一个距离或绕一固定的轴旋转扫描出的一个实体；后者的基本思想是先定义一个三维实体作为扫描基体，让此基体在空间运动，运动可以是沿某一方向移动，也可以是绕某一轴线转动，或绕某一点摆动。扫描体素法能唯一、准确、完整地表达物体的形状，并且容易理解和实现，因而被广泛应用于设计和制造中。几何建模中的集合运算理论依据的是集合论中的交(intersection)、并(union)、差(difference)等布尔运算，是用来把简单形体(体素)组合成复杂形体的工具。

三维实体建模与表面建模不同，在计算机内部存储的信息不是简单的边线或顶点的信息，而是准确、完整、统一地记录了生成物体各个方面的数据。常见的实体建模表示方法有边界表示法、构造立体几何法和空间单元表示法。

边界表示法(boundary representation)简称B-Rep法，它的基本思想是一个实体通过它的面集合来表示，而每一个面又用边来描述，边通过点，点通过三个坐标值来定义。边界表示法强调实体外表的细节，详细记录了构成物体的所有几何信息和拓扑信息，将面、边、顶点的信息分层记录，建立层与层之间的联系，在计算机内部按网状的数据结构进行存储，如图4.55所示。边界表示法有较多的关于面、边、点及其相互关系的信息，可以通过人机交互方式对实体模型进行修改，有利于生成和绘制线框图、投影图，有利于计算几何特性，易于同二维绘图软件衔接和同曲面建模软件相关联；但由于它的核心信息是面，因而对几何物体的整体描述能力相对较差，无法提供关于实体生成过程的信息，也无法记录组成几何体的基本体素元素的原始数据，同时描述物体所需信息量较多，边界表达法的表达形式不唯一。

构造立体几何法(constructive solid geometry，CSG)是一种通过布尔运算将简单的基本体素拼合成复杂实体的描述方法。它的数据结构为树状结构，树叶为基本体素或变换矩阵，结点为运算，最上面的结点对应着被建模的物体。CSG法对物体模型的描述与该物体的生成顺序密切相关，即存储的主要是物体的生成过程。同一个物体完全可以通过定义不同的基本体素，经过不同的集合运算加以构造。CSG结构生成的数据模型比较简单，每个基本体素无须分解，而是将体素直接存储在数据结构中。采用 CSG 法可以方便地实现对实体的局部修改，如在物体上倒角、倒圆等。CSG 法方法简洁，生成速度快，处理方便，无冗余信息，而且能够详细地记录构成实体的原始特征参数，甚至在必要时可修改体素参数或附加体素进行重新拼合，但由于信息简单，这种数据结构无法存储物体最终的详细信息，如边界、顶点的信息等。

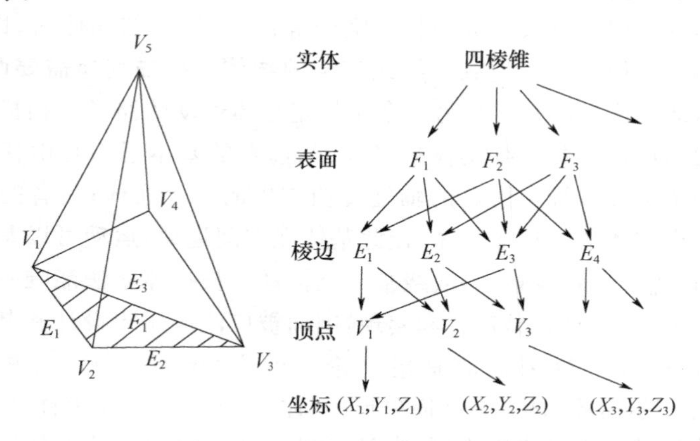

图 4.55　边界表示法数据结构

空间单元表示法将三维实体有规律地分割为有限个单元(具有一定大小的立方体)，在计算机内部通过定义各个单元位置是否填充建立整个实体数据结构，而称为四叉树或八叉树。其算法简单，可作为物理特性计算和有限元计算的基础，缺点是空间上近似，不能表达一个物体任意两部分之间的关系，也没有关于点、线、面的概念。

在实体建模的实际应用中应综合考虑多种因素选择合适的方法，也可综合采用边界表示法和构造立体几何法的混合模式。B-Rep 法为内部模型，存储物体的信息更详细；CSG 法为外部模型，定义体素及确定运算类型，可在 CSG 树结构结点上扩充边界表示法的数据结构。该混合模式起主导作用的是 CSG 结构，并结合 B-Rep 法优点，完整表达物体几何、拓扑信息，便于构造产品模型。

由于实体建模能够定义三维物体的内部结构形状，能完整地描述物体的所有几何信息和拓扑信息，包括物体的体、面、边和顶点的信息，因此，实体建模具有提供实体完整的信息、实现对可见边的判断及消隐、顺利实现剖切和有限元网格划分等功能，在很多领域得到广泛的应用。

4.6.2　基于点云构建古建筑实体模型

实体建模主要包括两部分，即体素的定义及描述、体素的运算(并、交、差)。在几何造型系统中常用的体素如图 4.56 所示，每个体素都用简单参数变量表示，这里的参数包含体素的大小、形状、位置和方向。基于点云数据构建实体模型时，需先基于点云数据反求出基本几何体素的三维模型，一般需要建立相应的数学模型，如平面模型、柱面模型、球面模型、圆锥面模型等，因前面章节内容已经介绍了平面数据模型和柱面数学模型，本节只介绍圆柱面数学模型和球面数学模型及其拟合求解方法。

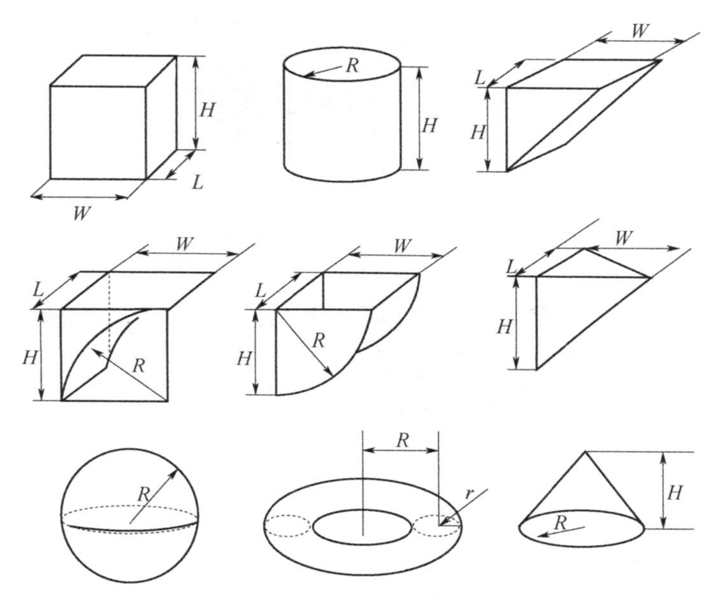

图 4.56　基本几何体素及参数

L—长；W—宽；H—高；R,r—半径。

圆锥体素模型的数学模型为

$$f(p)=[(x-x_0)^2+(y-y_0)^2+(z-z_0)^2]\cos^2\alpha-[a_x(x-x_0)+a_y(y-y_0)+a_z(z-z_0)]^2 \tag{4.40}$$

式中：x_0、y_0、z_0表示圆锥的顶点坐标；(a_x,a_y,a_z)表示圆锥轴单位矢量；α为圆锥顶角的一半。利用圆锥上一系列点云三维坐标数据和圆锥的几何特性估算这些参数的初始值，然后用最优数值求解参数最优值。

球体素模型的数学模型为

$$f(p)=(x-x_0)^2+(y-y_0)^2+(z-z_0)^2-R^2 \tag{4.41}$$

式中：x_0、y_0、z_0表示球心坐标；R为球半径。利用球上一系列点云三维坐标数据和球的几何特性估算这些参数的初始值，然后用最优数值求解参数最优值。

古建筑是由很多古建筑木构件通过榫卯按照一定的拼接顺序而组装成的高大宏伟建筑物，因此其体素为基本的木构件三维模型，用B-Rep法表示，基本体素之间的运算主要是并运算，结点之间的运算及模型用CSG法描述，如图4.57所示。

CSG法建模的过程是一个森林数据结构，将多个体素通过变换及运算形成一个建筑物实体，又由于森林数据结构与二叉树有一一对应关系，因而构成几何体的原始特征和定义参数可以通过二叉树表示，也就是CSG树。古建筑三维模型利用CSG树状结构组织和管理数据，树根为建筑实体，叶结点表示木构件体素，非叶结点可

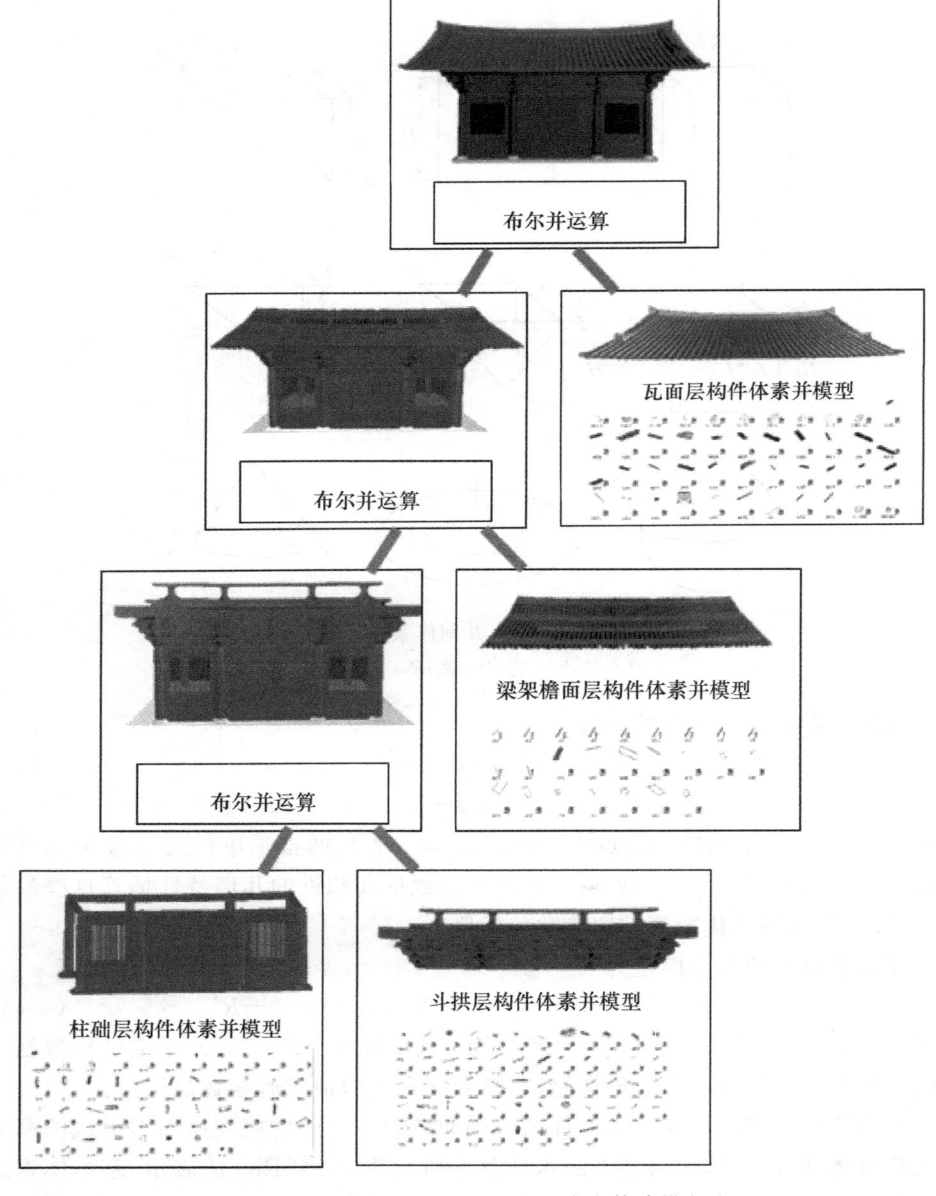

图4.57　古建筑CSG和B-Rep混合实体建模方法

以是正则集合运算操作，也可以是形体的几何变换（平移、旋转或缩放）操作，所有操作只对其子树（子形体）起作用。对一棵 CSG 树按深度优先遍历，依次执行指定的操作，结果便得到所表示的形体。木构件体素可以是基于点云逆向构建的三维模型，也可以是第 5 章涉及的参数化三维模型。

4.7　故宫古建筑三维重建实例

采集的点云数据经过多级去噪后剔除环境噪声和目标噪声，经过点云平滑滤除小的随机噪声，再经过点云配准后获取古建筑完整的点云模型，为后续数据处理和三维重建提供了精选的可靠点云数据。在此基础上，根据需要处理、生成所需的成果类型。故宫古建筑数字化三维重建的成果有各种线画图（平面图、立面图、剖面图等）、TIN 模型、大木结构曲面模型和正射影像图等。

1. 线画图

一般制作线画图的步骤：首先，对点云模型、TIN 模型或曲面模型等进行剖切；其次，对剖切出来的数据进行线模型的编辑与修改，一般剖切后得到的主要是线画图框架，缺失的部分数据需通过直接量测或拟合的方法补充完整；最后，通过标注、定比例及整饰等工序生成最终成果图。

1）平面图

根据 4.2.2 小节介绍的平面图知识进行绘制，需要综合利用室内外采集的激光雷达点云数据进行处理，按设定高程水平剖切，由点云数据生成 TIN 模型和曲面实体模型，然后得到剖切面与模型相交的线性特征，最后经过在 CAD 中修饰和标注后生成各殿、门、宫的平面图。图 4.58 为太和门平面图。

2）立面图

根据 4.2.2 小节介绍的立面图知识进行绘制，对采集到的立面激光雷达点云数据进行处理后，按正射投影的方式正视显示，再基于剖切的数据绘制相应的线元素；由于是古建筑表面密集采样点云，具有三维坐标，因此据此绘制的线画图也具有真实尺寸，可直接进行标注；最后加上边框和相应的制作信息就得到了完整的立面图；按此方法可生成各殿南、北、东、西的立面图。图 4.59 为太和门北面、西面的立面图。

3）剖面图

根据 4.2.2 小节介绍的剖面图知识进行绘制。基于激光雷达点云数据制作剖面图，各部分测量数据有比例关系，制作出的剖面图除了能够保留古建筑物几乎全部细节外，还能够对每个构件进行精确的标注，为古建筑后期修缮及存档留下珍贵的数据资料，比传统的剖面图更精确。剖面图一般都是沿着柱子轴线或梁的中心线进行剖切，根据一定命名规则将剖面分布绘于图上。图 4.60 为太和殿南北向剖面图。

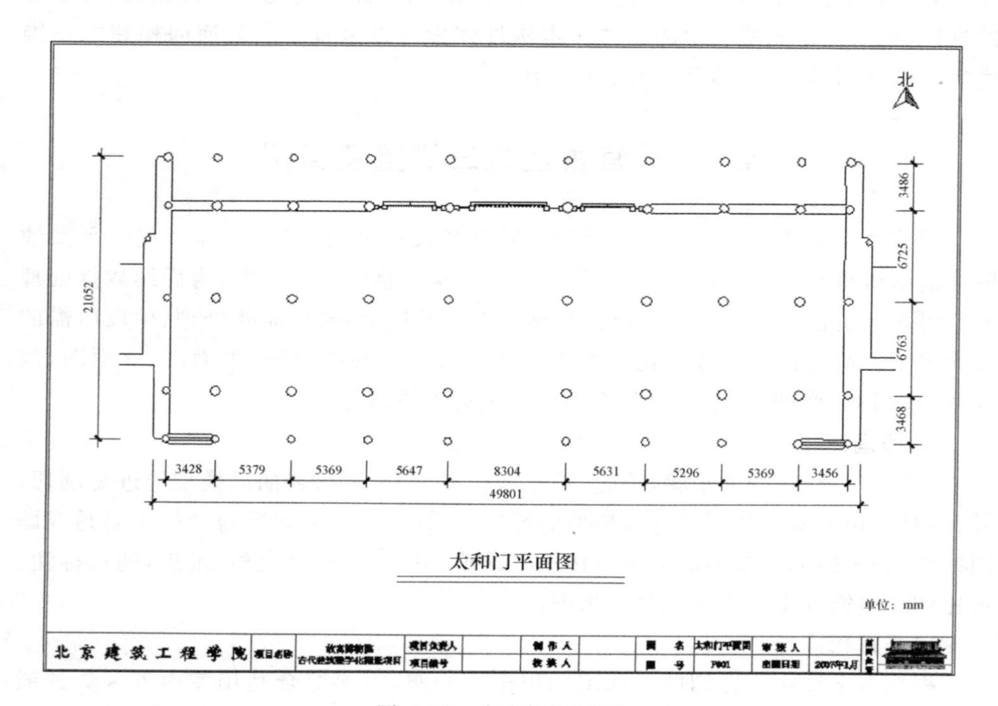

图 4.58　太和门平面图

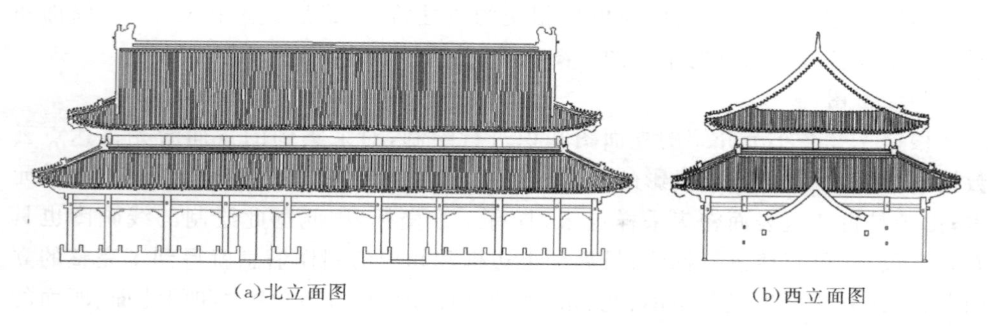

(a)北立面图　　(b)西立面图

图 4.59　太和门不同方向的立面图

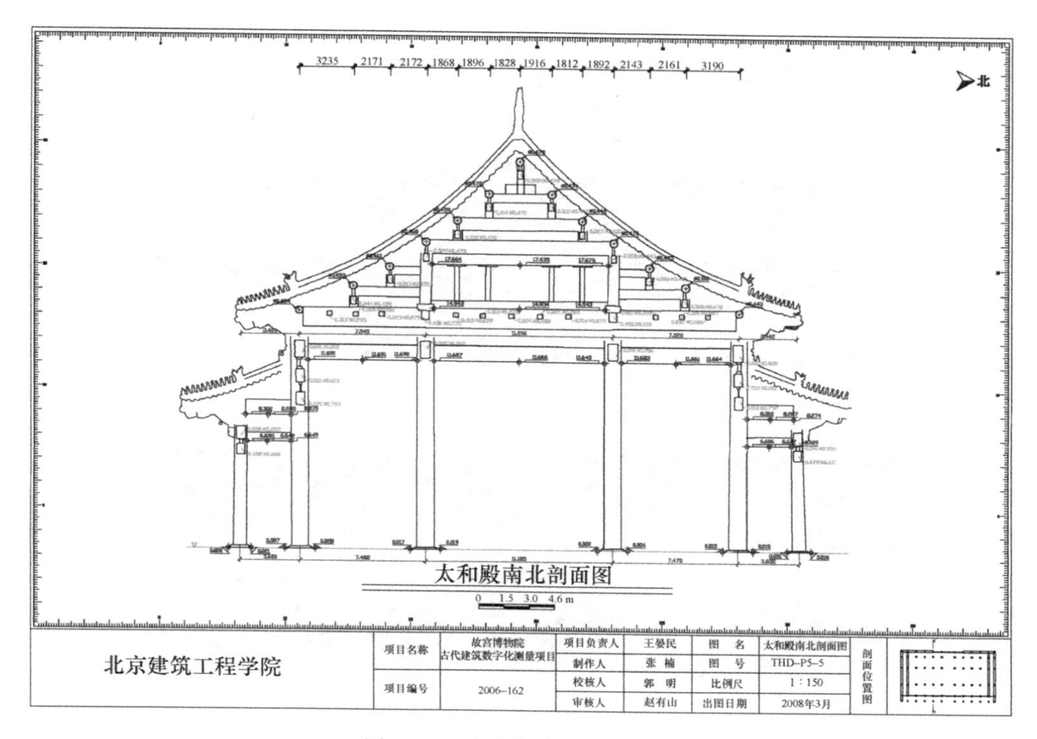

图 4.60　太和殿南北向剖面图

2. TIN 模型

由于原始采集点云数据量很大，构建模型耗时长，生成的三角网模型数据量也很大，影响了绘制轮廓的速度，增大了对计算机硬件的要求。因此，一般是将原始点云分割为数据量较小的块，然后分块处理再合并。TIN 模型建好之后再进行抽稀处理，对建筑物简单的构筑部分（如平面）抽稀得较多，对于构筑复杂、特征较多的地方则抽稀得较少，这样既保留了建筑物复杂的特征，又简化了模型，为后期应用提供方便。生成的简化模型以“＊.pol”的格式保存。图 4.61 为太和门多块三角网模型拼合成的整体模型。

3. 大木结构曲面模型

大木结构曲面模型是基于激光雷达点云数据和 NURBS 曲面建模方法，对主要木构件（梁柱、檩子、支撑结构等）进行建模得到的三维模型。图 4.62 为太和殿大木结构曲面模型，它由天花以上与天花以下两部分构成；天花以下的地面部分包含房屋 11 间，主要为支撑柱及底部梁架；天花以上共 9 间，中部包含藻井，结构比较复杂。

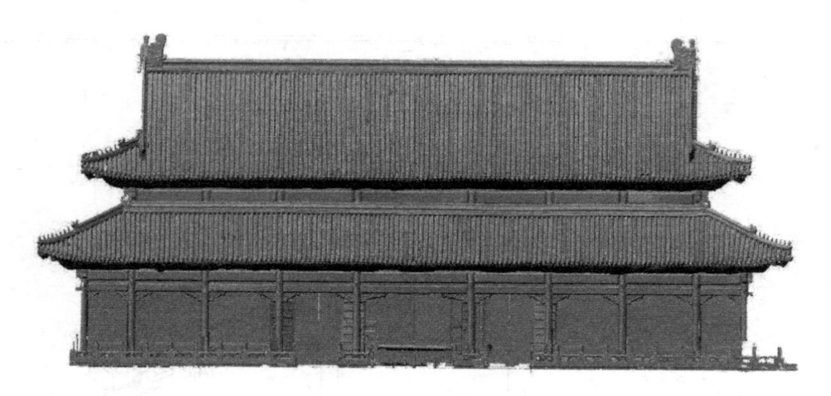

图 4.61　太和门整体 TIN 模型

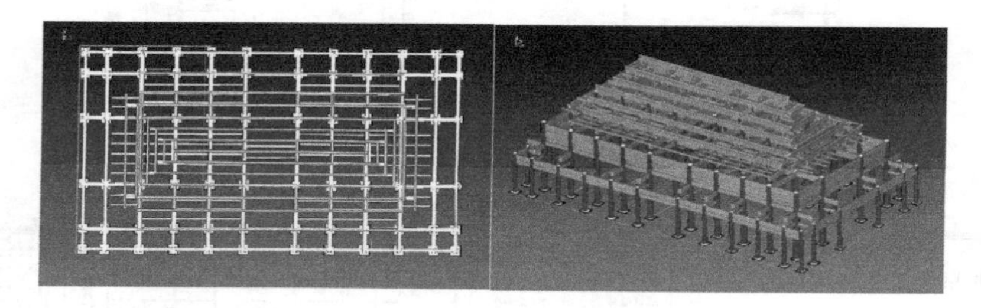

图 4.62　太和殿大木结构曲面模型

4. 正射影像图

正射影像图既可以表示丰富的细节信息，又具有真实尺寸，也是古建筑数字化保护应用的重要成果之一。基于点云构建完精确的三维几何模型之后，再结合采集的高分辨率影像数据进行纹理映射生成三维仿真模型，然后进行正射投影显示，并制作、输出正射影像图；对于"摄影死角"造成的正射影像空白，一般根据点云数据及缺失部分周围的材质状态来填补。图 4.63 为太和门南面单张影像获取分布图，图 4.64 为太和门南立面正射影像图。

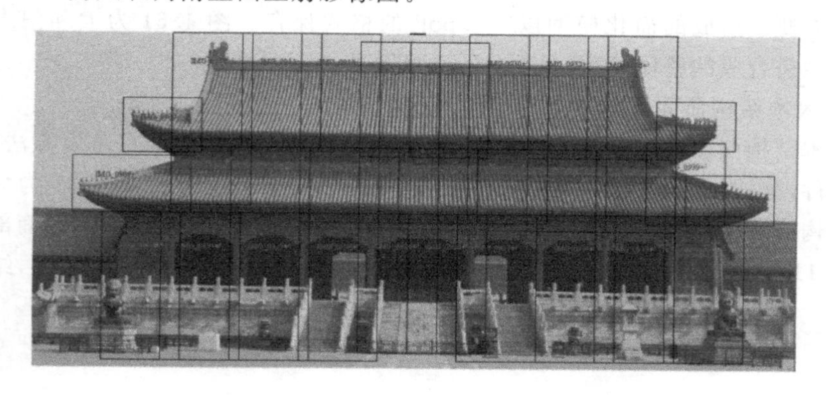

图 4.63　太和门南面单张影像获取分布图

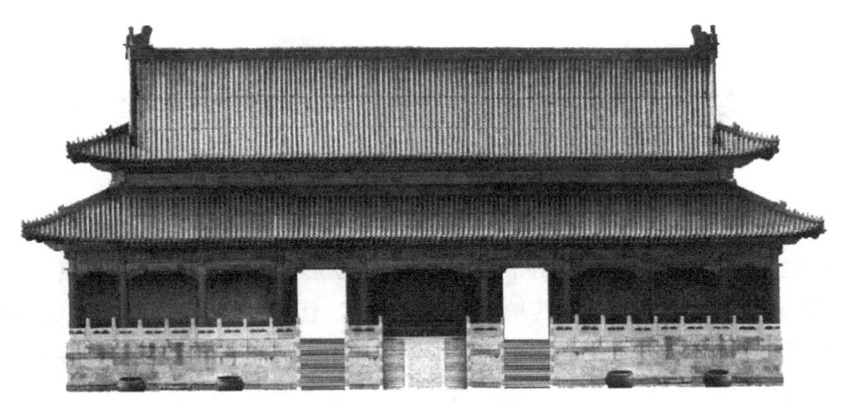

图4.64　太和门南立面正射影像图

第5章　正向古建筑三维模型重建

正向重建指已知古建筑木构件几何尺寸、几何形状及结构等信息构建出古建筑三维模型。中国古代建筑经历了漫长的历史发展阶段,逐渐形成了以木结构为主体、风格统一的建筑体系,以其精湛的工艺技术、优美的造型和深厚的文化内涵,在世界建筑史上独树一帜,谱写了光辉灿烂的不朽篇章。高大宏伟的古建筑是由成千上万的柱、础、斗、拱、梁、瓦等木构件按照一定的拼接顺序组装而成,建筑过程不用一钉一铆,全靠斗拱和柱梁镶嵌穿插相连。它虽然结构复杂,但是具有模数制和形制化的特点。古建筑木构件作为最基本的古建筑元素,数量巨大,但从各构件的尺寸到建筑整体的尺寸都与模数有着比例和计算关系。这个尺寸关系是古建筑设计与施工共同遵循的法则,也是使各种不同形式的建筑保持统一风格的重要原则。本章基于点云或其他实测方式获取木构件尺寸信息,利用木构件模数制的特点,重点研究木构件三维参数化模型正向重建的方法,以及基于木构件三维模型和过程建模技术的建筑物正向三维模型重建的相关理论、方法等。

5.1　中国古建筑结构形状分析

5.1.1　中国古建筑结构特征

在古代,我国气候适宜,包括黄河流域,也曾是气候温润的地区,辽阔的土地上有着极为丰富的森林资源。另外,木料比砖石材料更易取材加工,以较少的人力可迅速解决材料供应与加工问题。因此,木构架建筑成为我国古代建筑的主流。中国古代建筑以木构架为主要的结构形式,木质构件间的连接不需要其他材料制成辅助连接构件,主要通过榫卯结构实现构件之间的连接,创造了与这种结构相适应的各种平面和外观,随着历史的前进而演化,形成了一种独特的风格。

根据中国社会历史的进程,中国古建筑经历初级萌芽阶段、新兴发展阶段、繁荣鼎盛阶段和高度成熟阶段(田永复,2003)。在新旧石器时代,我们的祖先居住在“巢居”和“穴居”的原始建筑中。从夏、商、周时代开始,先辈们逐渐发明了夯土筑台技术和木架干阑式结构,形成了“茅茨土阶”(即茅草屋顶、夯土筑台)的台榭体系结构,正式形成了土木建筑的雏形,开始了中国古建筑文化的初级萌芽阶段。秦灭六国统一天下以后,经历两汉、三国、两晋、南北朝等时期,开始废弃台榭体系,大兴木构架技术,抬梁式和穿斗式木构架的整体结构大量涌现;在这一时期,中国古建筑具有了民族风格的初步形制，形成了皇家建筑、宗教建筑、民居建筑等不同类型建筑，是中国古建筑文化的新兴发展阶段。东汉时斗拱等结构方式已经被较多使用，南北朝时期在形式加工上也有显著的变化，隋唐时期开始有木构架建筑的实物文物。我国现存最早的木构架建筑，建于唐代的五台山南禅寺和佛光寺。这一时期中国古建筑技术得到飞跃发展，木构架技术和建筑形制也更趋完善。木构架建筑使用斗拱的结构方法，在初唐、盛唐时取得飞跃的发展。由于斗拱的大范围使用，一种全新的总体构架形式产生了。宋代相对于唐代，手工业和商业更加发达，将作监李诫的《营造法式》规范了北宋官方建筑的设计、结构、用料，使宋代的建筑构件在标准化和模数化上比唐代有较大的发展。由于南宋都城南迁至杭州，南宋建筑的木构架造型更加秀丽、精细，并在《营造法式》的基础上创造了新的“减柱”“移柱”做法，出现了“叉手”“斜撑”的应用。在后五代、辽、宋、金、元等时期，整个建筑文化艺术在隋唐建筑的强大基础上得到发展。因此，隋、唐、五代、辽、宋、金、元等时期，无论从建筑规模、建筑种类和豪华装饰等程度上，中国古建筑都有了飞跃的提高，是中国古建筑的繁荣昌盛阶段。从元朝到清末，传统文化发展较为缓慢，建筑技术的发展也受到限制。但在明清两朝的兴盛时期，由于大兴土木，木构架技术还是经历了一次大的飞跃，如北京故宫、昌平的长陵等。清雍正十二年公布编定的《工程做法》记录了这一时期的建筑成就及其规范。这时中国古建筑经过唐宋年代的飞跃发展后，开始转型进入稳固、提高和标准化时期，清朝工部颁布的《工程做法则例》，将中国古建筑文化提到了一个新的高度。因此，明清时期是中国古建筑的高度成熟阶段。然而，16世纪以后木构架建筑无论是在建筑形式上还是结构技术上，基本保持着原来的状况，很少有新的变化，即停滞状态。

中国古建筑体系，从前期的土木相结合，到后期的砖木相结合，一直延承着以木构架为主体结构，以木作技术为主要工种的构筑传统。中国古建筑木构架的结构体系主要有抬梁式构架、穿斗式构架和井干式构架等几种（季文媚，2017）。抬梁式构架在春秋时代已经初步完善，经过历代不断提高，产生了一套完整的比例和做法，其特点是在台基上立柱，柱上沿房屋进深方向架梁，梁上立短小的矮柱，矮柱上再架短一些的梁，如此叠置若干层，自下而上，逐层缩短，逐层加高，至最上层梁上立脊瓜柱，构成一组木构架，并形成坡屋顶的斜面。当柱上采用斗拱时，则梁头插接于斗拱上。在平行的两组木构架之间，用横向的枋联系柱的上端，并在各层梁头和脊瓜柱上安置若干与梁构成直角的檩。两组木构架所形成的空间就叫“间”。这样，由于檩上排列椽子承载屋顶重量，整个屋顶连接成为整体之后，屋顶重量就由椽子到檩再到脊瓜柱和梁，最后由柱传递到基座上。木构架可以建造三角形、正方形、五角形、六角形、八角形、圆形、扇面形、万字形、田字形及其他特殊平面的建筑，可以建造多层的楼阁与塔等。抬梁式构架在中国古建筑上使用非常普遍，尤其是在中国北方。这是因为抬梁式构架可使室内柱子较少甚至是无柱。但抬梁式构架用料较大，耗费木材较多，广泛用于华北、东北等北方地区的民居，以及国内大部分地区的古代宫殿、庙宇等规模较大的建筑中。穿斗式构架是用穿枋把柱子纵向串联起来，形成一榀榀的屋架，檩条直接插接在每一根柱头上；沿檩条方向，再用斗枋把柱子串联起来，由此形成一个整体框架。这种构架因使用较细小的木料，所以节省木材；因柱距较密，所以作为山墙，抗风性能好；但柱距较密，使室内空间促狭。因此，许多建筑采用抬梁式与穿斗式相结合的混合式结构，在建筑中部使用抬梁式构架，以扩大室内空间，在两端山墙使用穿斗式构架，以提高抗风性能。穿斗式构架主要用于我国南方地区，多用于古建筑中的传统民居和规模较小的建筑物，但其历史是悠久的，至少在汉代就已经相当成熟。井干式构架使用原木或者方形、矩形、六角形断面的木料进行层叠，在转角处木料端部交叉咬合，构成壁架，再于两端壁架上立短柱以承脊檩。我国早在商代就于墓椁中使用了井干式结构。这种结构耗费木材量大，目前仅在林区还有使用。

中国古建筑采用木柱和纵横梁枋组合成各种形式的框架，承受屋面、楼面的竖向载荷，以及风力、地震力等水平载荷；屋顶与房檐的重量通过梁架传递到立柱上，墙壁只起隔断的作用，而不承担房屋重量，因此木构架承重与围护结构分工明确。构架的节点用榫卯连接有一定程度的可活动性，抗震性能较高，“墙倒屋不塌”这句古老的谚语，概括地指出了中国古建筑这种框架结构最重要的特点。这种结构可使房屋在不同气候条件下，满足生活和生产中千变万化的功能要求，如根据地区寒暖不同，随意处理房屋的高度、墙壁的厚薄等；同时，由于房屋的墙壁不负荷重量，门窗设置有极大的灵活性。此外，中国古建筑创造了过去宫殿、寺庙及其他高级建筑才有的一种独特构件，即屋檐下一束束的斗拱。它是由斗形木块和弓形的横木组成，纵横交错，逐层向外挑出，形成上大下小的托座。这种构件既有支承荷载梁架的作用，又有装饰作用。自唐代以后，斗拱的尺寸日渐减小，但它的构件组合方式和比例基本没有改变。到了明清以后，由于结构简化，将梁直接放在柱上，致使斗拱的结构作用几乎完全消失，变成了纯粹的装饰品。因此，建筑学界常用斗拱作为判断建筑物年代的一项标志。单体建筑有着周密的模数制，如宋代的“材”、清代的“斗口”，各种木构件的式样已定型。根据建筑类型先定等级，然后构件的大小、长短和屋顶的举折都以选定的模数为标准来决定。这种模数制既简化了建筑设计程序，又便于工料估算和在场地对各种木构件同时进行加工，制成后再组合拼装，因此木构架建筑施工速度快。

单体古建筑大致可以分为屋基、屋身、屋顶三个部分。凡是重要建筑物都建在基座台基之上，一般台基为一层，大的殿堂建在高大的三重台基之上，如北京明清故宫太和殿。屋身分为由柱、梁、枋、檩、斗拱等构成木构架的承重部分和非承重木构件部分，如走廊的栏杆、檐下的挂落和对外的门窗、各种隔断、天花、藻井等都属于非承重木构件部分，门窗柱墙往往依据用材与部位的不同而加以处置与装饰，极大地丰富了屋身的形象。单体建筑的平面形式多为长方形、正方形、六角形、八角形、圆形。这些不同的平面形式,对构成建筑物单体的立面形象起着重要作用。从建筑物的体型来看,建筑物的平面、立面布置满足的基本原则是对称、规则、质量与刚度变化均匀。平面布局在整体上大都采用均衡对称的方式,简明扼要地组织空间,重要建筑以庭院作为基本单元,沿其横纵轴线设计。单体木构架古建筑的基本单元为"间",即两榀相邻梁架之间由四根柱子围合的面积。每座建筑物都是由一间或许多间组合而成,一般建筑由奇数间构成,如三、五、七、九间。建筑物的规模大小和形式,就由间的大小和多寡及间的组合方式而定。开间越多,等级越高,如紫禁城太和殿为十一开间,是现存最高等级的木构架古建筑。中国古代建筑的屋顶形式丰富多彩,按等级分为单坡、平顶、硬山、悬山、庑殿、歇山、卷棚、攒尖、重檐、盝顶等多种制式,又以重檐庑殿为最高等级。为了保护木构架,屋顶往往采用较大的出檐。但出檐有碍采光,并且屋顶雨水下泄易冲毁台基,因此后来采用反曲屋面或屋面举折、屋角起翘的形式,于是屋顶和屋角显得更为轻盈活泼。

单体古建筑有大式与小式之分。大式建筑主要指宫殿、府邸、衙署、皇家园林等,为皇族、官僚阶层及其封建统治服务。小式建筑则是以民居为主,为广大市民阶层和劳动群众服务。大式与小式的划分,从根本上说是封建社会等级制度的产物。大式建筑与小式建筑的区别表现在建筑规模、群体组合方式、单体建筑体量、平面繁简、建筑形式的难易,以及用材大小、做工粗细、用砖、用瓦、用石、脊饰、彩画、油漆等各方面,并非仅以有无斗拱作为区分的标准。尽管古建筑形式纷繁复杂,但各个部位都有较为固定的比例关系,这些比例关系是古建筑设计与施工共同遵循的法则。千百年来,古代的建筑大师们遵循这些法则进行建筑实践,建造了无数形式多样、风格统一的建筑,使中国古建筑在世界建筑中独树一帜,形成了极其鲜明的民族风格和艺术特色。

中国古建筑在建筑思想上体现了明确的礼制思想,形制、色彩、规模、结构、部件等都有严格规定,注重等级,这在一定程度上完善了建筑形态,但同时也限制了建筑的发展。"天人合一"思想同样体现在中国古建筑的发展过程中,促进了建筑与自然的互相协调与融合。古建筑建造时因地制宜,依山就势,强调风水,园林体现尤其明显。

5.1.2　中国古建筑通则及模数制

古建筑通则(又称通例),是确定建筑物各部位尺度、比例的法则。这些法则规定了古建筑各部位之间大的比例关系和尺度关系,是使各种不同形式的建筑保持统一风格的关键原则(马炳坚,2003)。通则主要涉及以下各方面:面宽与进深、柱高与柱径、面宽与柱高、收分与侧脚、上出与下出、步架与举架、台明高度、歇山收山、庑殿推山、建筑物各部构件的权衡比例关系等。

为了便于控制建筑规模和体量，古代建筑大师们提出以模数制来确定建筑各部位的建筑用材等级，使建筑的等级规模从一开始就能得到控制。模数是古建筑中为调节建筑物各部分间的尺寸和比例关系而制定的一种尺寸单位，是建筑物、建筑构件、配件或者建筑制品及有关设备等相互协调尺寸的基础。中国古代建筑的设计一般是从建筑细部开始，然后逐渐扩展至建筑构架，再到建筑物本体，在这个过程中综合考虑建筑群体的总体布局要求。当一座古建筑的建筑等级、规模确定以后，设计者只要选择好适当等级的大小，根据古建筑通则，其一切相关的尺寸如各部分构件尺寸、柱网轴线、建筑高度、建筑开间数、建筑进深等都确定了，建筑的体量设计也就完成了。模数制的使用是古建筑在长期发展中的巨大进步，使建筑的设计效率大大提高，只要确定所要建筑的规模大小，就可以方便地确定使用材料的尺寸规格，使得古建筑在建造过程中能够提前预制建筑构件，不仅有利于建筑的标准化、定型化，而且有利于构件加工的分工协作，以及建筑用材的合理使用，从而使复杂的工程可以在较短时间内完成，取得巨大的经济效益。

模数制的提出最早见于宋代将作监李诫所著的《营造法式》，它将“材”分成 8 个等级并给出了各等级用材的断面尺寸，所有房屋建造，均以材为基础，根据房屋等级、规模、大小、体量分别采用。每个等级的材分 15 份，以其 15 份定“广”（即断面的高），以其 10 份定“厚”（即断面的宽）；“梨”以 6 份定广，以 4 份定厚；房屋建筑的高度进深、各个构件长短、曲直坡度、方圆垂直等均按所用材而定。《营造法式》在描述各种构件时，对其尺寸长度等都做出了具体规定。

明清两代官方都颁发了相应的建筑法规，如清代工部颁发的《工程做法则例》、明代的《永乐大典》等。它们都对建筑的最主要方面——权衡制度进行了明确规定，即以“斗口”作为基本权衡单位，从而使明清古建筑遵循着模数化极强的营造法则，这对加快古建筑的建造速度具有非常大的意义。斗口又称为口份或口数，是指平身科斗拱中大斗上安装翘昂的槽口宽度尺寸。清代工部颁发的《工程做法则例》中规定带斗拱的大式建筑木构件及权衡部位尺寸以斗口为基本模数。清制斗口和宋制材梨一样，是建筑模数的标准单位，由宋制八等材制度模型图改进而成。斗口制分为 11 个等级，以头等材正面安装翘昂的槽口宽为 6 营造寸作为一等材的模数，以后每减 0.5 营造寸，作为下一个材等级，直到十一等材正面安装翘昂的槽口宽为 1 营造寸。清制斗口较宋制八等材制度更为细密，其中斗口宽相对于宋制材厚，并对宋制四、五等材进行了合理调整。斗口的使用进一步简化了宋制材、架、份的换算，使其计算更为直接和便利。《工程做法则例》对 23 种大式建筑、4 种小式建筑的尺度都进行了具体规定。例如，《工程做法则例》卷二中规定九檩歇山的横向宽度和纵向深度，按斗拱组数来定，每一组斗拱间宽度按 11 斗口计算，包括平板枋和斗拱在内的檐柱高规定为 70 斗口，檐柱直径规定为 6 斗口；另一种情况是事先确定一栋建筑的面阔、开间数等，反过来求斗口的大小，再根据古建筑通则推算其他尺寸;对于没有斗拱的小式建筑,《工程做法则例》规定以檐柱的柱径作为模数标准,推算古建筑的面阔、进深、开间、柱高、门窗等装饰及其他一切构件的尺寸。

斗口尺寸在我国现存的古建筑实物中并非全是生搬硬套,可以依据建筑的规模、主次等级等关系进行适当的调整,但无论什么形式的古建筑都有其基本模数。以北京故宫太和殿一组建筑为例,太和殿斗口为3营造寸,是七等材;太和殿南庑和周围廊用的是2.5营造寸的斗口,为八等材;而太和门斗口的2.8营造寸和贞度门、昭德门斗口的2.6营造寸,既不是七等材的尺寸也不是八等材的尺寸。

5.1.3　中国古建筑组群布局

中国古建筑在平面布局方面有一种简明的组织规律,即每一处住宅、宫殿、官衙、寺庙等建筑,都是由若干单体建筑和一些围廊、围墙之类环绕成一个个庭院而组成的(季文媚,2017)。每个建筑组群少则有一个庭院,多则有几个或几十个庭院,层次丰富多样,以弥补单体建筑定型化的不足。多数庭院都是前后串连起来,通过前院到达后院。庭院式的组群与布局,一般都是采用均衡对称的方式,沿着纵轴线(也称前后轴线)与横轴线进行设计。比较重要的建筑都安置在纵轴线上,次要房屋安置在它左右两侧的横轴线上。北京故宫的组群布局和北方的四合院是最能体现这一组群布局原则的典型实例。这种布局与中国封建社会的宗法和礼教制度密切相关,最便于根据封建的宗法和等级观念,使尊卑、长幼、男女、主仆之间在住房上也体现出明显的差别。

在体型上,单体古建筑的平面、立面大都采用对称、规则的方式组织空间。在平面布局上以"间"为单位构成单体建筑。一座建筑的间数,大多采用奇数。单体建筑的平面布置,在很大程度上取决于使用者的政治地位、经济状况和功能方面的要求,因而殿阁、殿堂、厅堂、亭榭与一般房屋的柱网有很大的区别。若干单体建筑三向或四向围合形成庭院或天井,通过在院落中种花植树、置山石盆景,使空间环境清新活泼、宁静宜人。庭院是由屋宇、围墙、走廊围合而成的内向性封闭空间,由于气候和地形条件的不同,其大小、形式也有所区别。北方住宅常形成开阔的前院,使得冬天能获得足够的日照;南方建筑为减少夏天烈日暴晒并为内部空间获得一定的采光,庭院通常做得较小,称之为天井。庭院的布局形式有严格的方向性,常为南北向,只有少数建筑群因受地形地势限制采取变通形式,也有由于宗教信仰或风水思想的影响而变异方向的。方正严整的布局思想,主要是源于中国古代黄河中游的地理位置与儒学中正思想的影响。庭院布局大体可分为三种。第一种布局在纵轴线上先安置主要建筑,然后在院子的左右两侧,依着横轴线以两座体形较小的次要建筑相对峙,构成三合院;或在主要建筑的对面,再建一座次要建筑(在北京四合院中称为倒座),构成四合院。这种建筑布局与中国传统儒家文化与礼法制度相适应,主次尊卑有序,同时庭院的引入改善了建筑的内环境,使得室内室外有机交融。因此,在漫长的奴隶社会和封建社会时期,在地理条件相差悬殊的区域间,这种布局方式都有良好的普遍适应性。第二种庭院布局在纵轴线上建主要建筑及其对面的次要建筑,然后在院子左右两侧用回廊连接前后两座建筑,故得名"廊院"。这种布局处理手法的特点是虚实相结合、明暗相对比。第三种布局是主房与院门之间用墙围合,这种布局方式广泛运用于民居住宅中。当一个庭院建筑不能满足需要时,往往采取纵向扩展、横向扩展或纵横双向都扩展的方式,构成建筑组群。其中多数扩展以纵轴线为主,横轴线为辅,但也有纵横二轴线都是主要的及只有一部分有轴线或完全没有轴线的例子。第一种纵向扩展的组群,可追溯至商朝的宫室遗址中,它的特点是沿着纵轴线,在主要庭院的前后,布置若干不同平面的庭院,构成深度很大而又富于变化的空间。第二种横向扩展的组群,在中央主要庭院的左右,再建纵向庭院各一组或两组。第三种纵横双向扩展的组群,以北京明清故宫为典型,从大清门经天安门、端门、午门至外朝三殿和内廷三殿,采取院落重叠的纵向拓展,与内庭左右的横向扩展部分相配合,形成规模巨大的组群。汉代以来还有很多在纵横二轴线上都采取对称方式的组群。它们和四合院建筑相反,以体形巨大的建筑为中心,周围以庭院环绕,再外用矮小的附属建筑、走廊或围墙构成方形或圆形外廓,如汉礼制建筑、历代坛庙及宋金明池水殿等。但也有在其前部再加纵深组群,如汉宋间陵墓和清承德普乐寺等。此外,对于不位于同一轴线上的群组,往往以弯曲的道路、走廊、桥梁作为联系。因中国古典园林追求"道法于自然而高于自然"的造园宗旨,平面布局多为不对称,但帝王的苑囿,为凸显皇家建筑的气派与尊严,仍建造一部分具有轴线的组群。

5.2 古建筑木构件三维参数化建模

5.2.1 三维参数化建模的参数分析

中国古建筑保持一致风格的关键和重要原则是古建筑各部位尺寸、比例都有较为固定的关系。模数是古建筑中为调节建筑物各部分间的尺寸和比例关系而制定的一种尺寸单位,当单体古建筑的模数选定以后,根据古建筑通则,其一切相关的尺寸,如各部分构件尺寸、柱网轴线、建筑高度、建筑开间数、建筑进深等都随之确定了。将常用的各种构件做成标准化三维参数模型,同类型、不同体量的构件模型设置不同参数就可以构建相应的三维模型,同时针对重复木构件只需调整定位信息即可使用,极大地提高了建筑构件的通用性,以及设计信息的重复利用率。

参数化建模是一种基于特征、通过建立图形与几何尺寸之间对应的关系,并调用参数值来控制模型几何形状的建模方法。通过对古建筑几何结构形状的分析,中国古建筑具有明显的模数制和形制化特征,使得古建筑木构件三维参数化建模变得可能，通过简单改变参数就可实现三维模型的再次利用，因此参数化建模的参变能力极大地提高了建模的效率。

设置合理的参数是参数化建模的关键步骤之一，通过设置关键尺寸参数，利用参数约束关系驱动其他参数的调整，实现以尺寸驱动的方式对模型形制特征进行修改。考虑到现场古建筑实物中，明、清建筑占着相当大的数量，是我国文物古建筑的重要保护、维修对象，并且近年来新建的一些仿古建筑大多也是仿明、清式的建筑风格，因此本章重点针对清代建筑的通则和权衡，研究古建筑木构件三维参数化建模方法。根据古建筑木构件的造型特点，其尺寸参数信息与基本的模数（斗口或柱径）相关联，又因木构件之间通过榫卯连接装配，所以除表示木构件长、宽、高等尺寸信息外，还要表示榫卯位置、尺寸大小的开口参数。

下面以檐柱为实例进行说明。檐柱是位于建筑物屋檐下的外围柱子，其尺寸与古建筑的规模和体量有关。对于大式建筑，檐柱的柱高按斗口份数定，一般定为60斗口，包括平板枋、斗拱在内从柱根到挑檐桁的高度为70斗口，檐柱径为6斗口，约为柱高的1/10；对于小式建筑，檐柱径以模数确定尺寸，根据面阔求檐柱高，对于七檩或六檩小式建筑，明间面宽与柱高的比例为10∶8，对于五檩、四檩小式建筑，面阔与柱高的比例为10∶7，柱高与柱径的比例为11∶1。中国古建筑柱子上下两端直径是不相等的，除去瓜柱一类短柱外，任何柱子都不是上下等径的圆柱体，而是根部（柱脚、柱根）略粗、顶部（柱头）略细，这种做法称为收分。小式建筑收分的大小一般为柱高的1/100，大式建筑收分规定为7/1 000。为了增强整体稳定性，古建筑最外围柱子即檐柱的下脚要向外侧移出一定尺寸，使外檐柱子的上端略向内倾斜，这种做法称为侧脚。柱子的侧脚尺寸与收分尺寸基本相同。檐柱的榫卯结构主要有柱脚的管脚榫、柱头的馒头榫、柱身的穿插枋卯眼和燕尾榫卯眼。管脚榫和馒头榫的尺寸为柱径的3/10，榫长同边长；燕尾榫在柱身上相应的卯眼高按枋子高取值，宽为柱径的3/10，长为檐柱径的1/4；穿插枋卯眼是大进小出眼，大眼在建筑物内侧，眼高按枋高取值，宽为檐柱径的1/3，上端半眼深入檐柱1/2柱径，下端半眼穿透。对于大式建筑，由于檐柱顶上为平板枋，故不做馒头榫。

经过上面对檐柱构件特征的分析，可将参数分为两类，即可以直接改变尺寸数值的驱动参数和不能直接改变尺寸数值的联动参数。例如：像斗口、柱径等参数为驱动参数，可以直接改变参数值，联动参数依赖与它关联的参数的变化而变化；柱高、收分等参数为联动参数。联动参数也可以关联其他联动参数，实现多级联动。例如：大式建筑的檐柱顶径参数为檐柱径减去1/100的檐柱高，修改斗口参数，檐柱径和檐柱高参数随之更改，檐柱顶径参数也进一步随之更改。图5.1为檐柱参数及三维模型实例。

其他木构件可以类似地构建参数化三维模型，古建筑木构件的长、宽、高、径及榫卯位置、尺寸大小的参数可以根据古建筑通则及权衡进行设置。对于风格一致、各部位尺度、比例都有固定关系的中国古建筑，按上述方法对古建筑参数等级进行设置，可以有效简化古建筑木构件的建模。因为参数化设计强调的是彼此元素之间的关联性，它通过定义构件内部各尺寸参数及各元素间的约束关系来确定实体对象，采用尺寸驱动的方式对模型形制特征进行修改，并以主驱动参数为主体参数依次求解各细部驱动参数。用户只要按需要设置驱动参数，即可完成古建筑木构件三维模型的重建，有效节省人力。

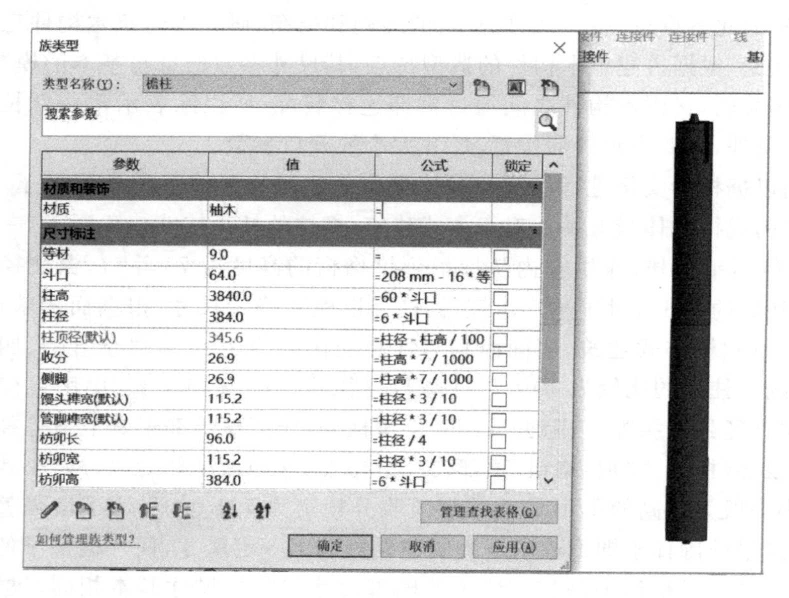

图 5.1　檐柱参数及三维模型实例

5.2.2　三维参数化建模平台的选择

根据前文所述，古建筑具有参数化的构造特征，而建筑信息模型(building information model，BIM)是实现参数化建模的有效技术支撑，因此选择基于 BIM 的参数化建模平台构建古建筑木构件三维参数化模型。通过各方面综合分析，本书选择 Autodesk 公司的 Revit 软件构建古建筑木构件三维参数化模型。Revit 是为 BIM 构建的一套系列软件的总称，主要包括建筑、结构、机电三大类，支持项目的可持续设计、碰撞检测、施工模拟，能够完成各参与方的沟通协调；尤其是 Revit 的建筑设计软件以族来划分构件，对于常规模型提供族样板文件，大大提高了建模效率，同时支持自由形状的建模和参数化(刘昊，2014)。Revit 是建筑业 BIM 体系中使用最广泛的软件之一，其应用特点体现在以下几个方面。

(1)信息关联和关系特征。建立的三维模型可以直接自动生成二维图形，还能关联非图形形式的建筑属性数据。模型、图纸与明细表之间实时关联，对模型中任一内容做改动，与之相关的内容都会实时随之改动，即一处修改，处处修改。一些构件之间存在关系，如墙和门的依附关系，墙附着于屋顶楼板构件，栏杆能指定坡道楼梯为主体的尺寸、注释和对象之间存在的关联关系。

(2)参数化设计。通过对各类型参数(实例属性参数、共享参数、类型属性参数)的修改，可以实现构件尺寸、材质等属性的修改，还可以通过设定约束条件进行标准化设计模型。

(3)搭建式建模。软件的基本图元不再是点、线等简单的几何图元，而是墙、门、窗、楼梯这些基本的建筑构件对象，又称为"族"模型，建模过程实际上就是不断将建筑构件对象添加到模型中的过程。可以对族进行编辑和修改，也可以建立新的族模型。族模型可以重复使用，提高了建模效率。

(4)构件层面的管理。Revit 软件建立的建筑三维模型是以构件组合形式搭建起来的，每一个建筑构件都携带相应的建筑信息，实现了对于建筑物构件层面的管理。

基于 Revit 软件建模时，按构件的复杂程度可分为常规构件和非常规构件。Revit 软件对常规构件提供构件样板，建模人员可在项目中利用其直接绘制。非常规构件则是先构建族，然后导入 Revit 项目中进行组装。古建筑与现代建筑风格不同，具有复杂的外形特征和内部构造，针对每个古建筑木构件，不能在项目中利用 Revit 软件提供的构件样板直接建模，只能以族的形式建立参数化族模型。为更好地利用 Revit 软件构建古建筑木构件参数化族模型，需要熟悉以下几个常用的术语。

(1)项目。项目是包含了建筑所有设计信息的数据库模型，这些信息包括模型的构件、项目视图和设计图纸等。通过使用项目文件，用户可以轻松修改设计，并将这些修改反映到所有与之相关联的内容中，方便管理和使用。

(2)图元。图元是所有建筑信息的载体，是 Revit 软件建立参数化模型的核心，其他元素都是在图元基础上衍生出来的。根据功能和性质的不同，Revit 软件的图元分为模型图元、基准图元和视图专有图元三种类型。

(3)类别。类别是建筑模型进行归类的一组图元，如柱类、墙类等。

(4)族。族是一个包含通用属性(参数)集和相关图形表示的图元组，所有添加到 Revit 项目中的图元(从用于构成建筑模型的结构构件、墙、屋顶、窗和门到该模型的详述索引、标注等)都是使用族来创建的。族是建立模型的基础，是组成项目的构件，也是参数信息的载体。族是 Revit 软件中极其重要的概念，有助于轻松管理数据和修改搭建的模型数据，其包括三种类型，即系统族、可载入族和内建族。每个族含有很多的参数和信息，如尺寸、形状、类型和其他的参数变量，可将参数分为固定参数、类型参数和实例参数。使用 Revit 族的其中的一个优势就是不需要学习较复杂的编程语言，使用族编辑器工具创建模型，还可以为族参数添加公式和条件语句,使参数的设置更加灵活。每一个族模型都以文件的形式独立保存,其格式为“*.rfa”。族模型库的建立,可满足某一类建筑工程的普遍使用,节省了建模阶段的人工耗费。

(5)类型。类型是用来表示同一个组的不同参数值的一组图元,一个族具有多个类型。例如:柱类根据截面形状分别构建圆柱族和矩形柱族;根据半径不同,圆柱族又可分为多个类型。

在充分了解 Revit 软件机制及操作方法的基础上,对古建筑木构件进行分门别类,构建相应的参数化族模型,进而可以建立单体古建筑参数化模型。

5.2.3　三维参数化建模的实现

Revit 族创建过程如图 5.2 所示。

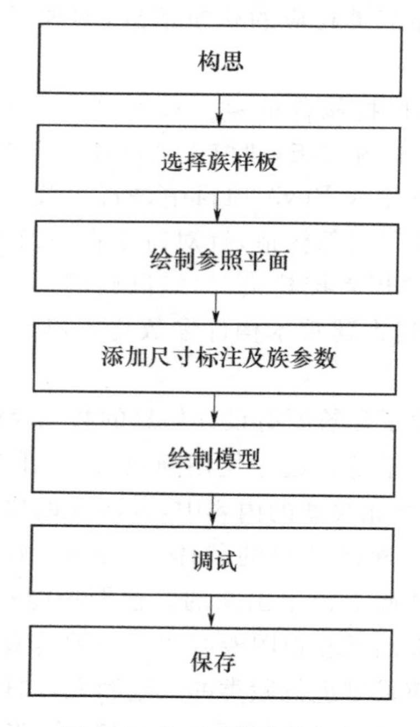

图 5.2　Revit 族创建过程

Revit 软件根据族的用途和类型,提供了很多种类的族样板,在自建族时首先需要选择合适的族样板。族样板预定义了新建族所属的族类别和一些默认参数,不同的族样板文件拥有不同的预设参照平面、参照标高等信息,故选择合适的族样板文件格外重要。针对古建筑木构件,柱选择公制柱,梁和檩选择结构框架,枋、垫板、椽、斗拱等构件选择结构加强板,门选择公制门,窗选择公制窗,望板、瓦等选择体量,其他构件选择公制常规模型。然后根据需要定义族和族类型,如柱类定义檐柱、金柱、中柱、童柱、雷公柱等不同的族，每个族又定义不同的类型，如檐柱族又定义檐柱、角檐柱等不同的类型。

之后就需要创建族的实体形状并设置参数。实心形状和空心形状是创建模型最重要的命令，二者都包括拉伸、融合、旋转、放样、拉伸融合五项功能，可以利用上述五项功能基于二维的线创建任意复杂的三维实体模型。拉伸命令基于绘制的截面轮廓及指定的拉伸高度实现建模；融合是基于绘制的截面底部和顶部的轮廓，以及指定的实体高度实现建模；旋转是基于绘制的封闭轮廓、旋转轴及旋转的角度实现建模；放样是设定路径后，在垂直于路径的面上绘制封闭轮廓或者载入轮廓族，封闭轮廓沿路径从头到尾生成模型；融合放样集合了放样和融合的特点，通过设定放样路径，并分别给路径起点和终点绘制不同的截面轮廓形状，然后两截面沿路径自动融合生成模型。

实心形状用来创建实体模型，空心形状用来剪切洞口。针对古建筑构件，可先根据长、宽、高等尺寸绘制实体模型，然后再用空心形状创建木构件穿插相连部分的榫卯形状。如图 5.3 所示的馒头榫是利用空心放样从柱实体模型中创建出来的，其中空心放样的轮廓如图 5.4 所示，空心放样的路径如图 5.5 所示。对于一些轮廓形状复杂或轮廓相似的实体，也可以选择公制轮廓模板将轮廓创建成族，在用放样或放样融合命令的时候，轮廓选择加载到项目的公制模板族即可。

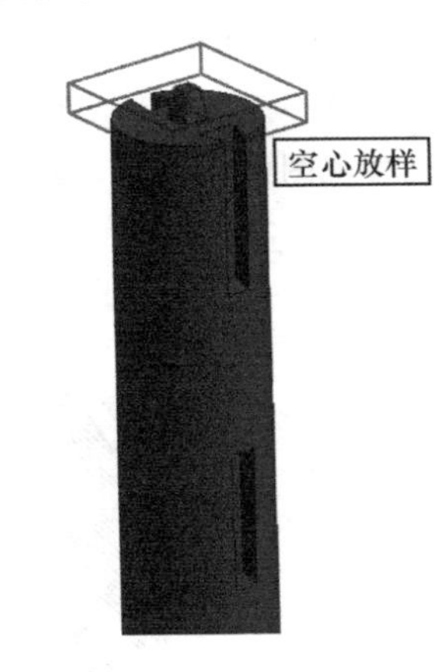

图 5.3　利用空心放样从柱实体模型中创建的馒头榫

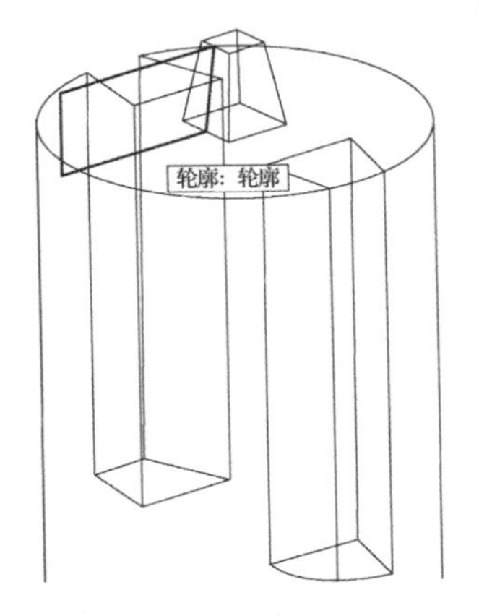

图 5.4　实例馒头榫中空心放样的轮廓

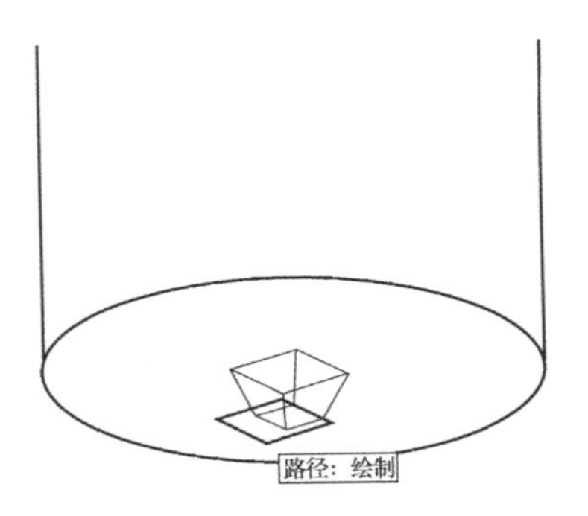

图 5.5　实例馒头榫中空心放样的路径

古建筑木构件结构复杂主要体现在细部构造部分。要实现细部构造的准确定位，完成细部构造精细化建模的关键是绘制、选择合理的参照平面，其决定着绘制几何模型的工作平面，在模型制作过程中通过在各参照平面间切换，定位细部构造的准备位置。因此，创建古建筑木构件参数化模型时，参照平面的绘制是关键一步，而布局对于绘制构件几何图形的参照平面极其重要。另外，参照平面是图形与尺寸及参数的纽带，它是实现参数化模型构件的前提，灵活的运用参照平面可以达到很多复杂的效果，诸如添加 EQ 均分、模型与参照平面对齐等。Revit 软件的基准模块有“参照线”和“参照平面”两个工具。参照平面的范围无穷大，它是一个平面，在垂直于该参考平面的二维视图上可见，线型以虚线表示，在三维视图中不可见，图 5.6 为参照平面的应用实例。参照线有起点和终点两个端点，线型为实线，在三维视图和二维视图中均可见，参照线定义了四个互相垂直的面，如图 5.7 所示。

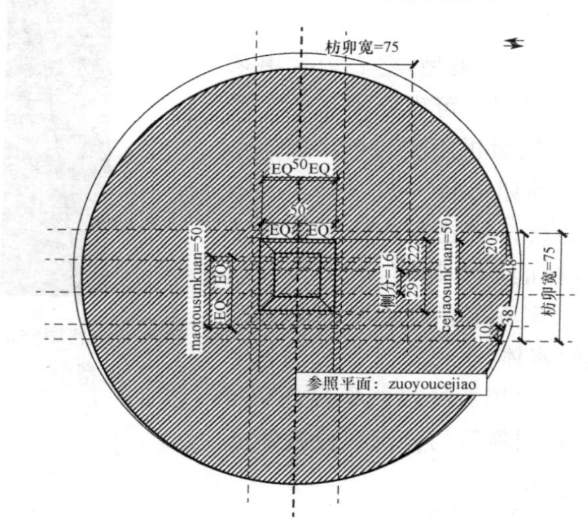

图 5.6　参照平面应用实例

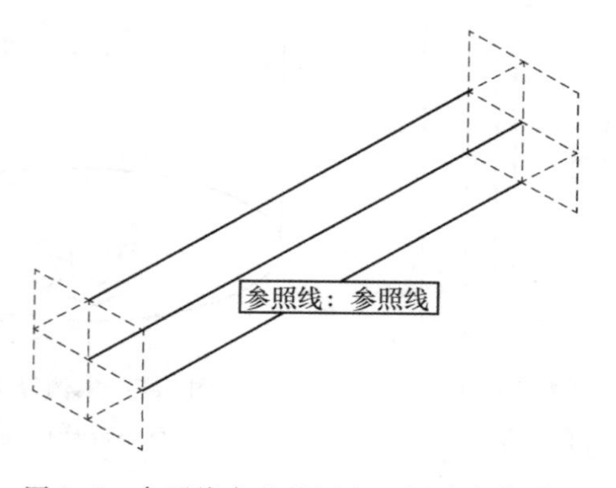

图 5.7　参照线定义的四个互相垂直的平面

对创建好的参照平面进行标注并添加相应的族参数。在进行参数标记的时候，将实体对象“对齐”在参照平面上并且锁定，就能实现由该参照平面驱动实体的目的。参照平面一般用于线性等标注对象的驱动，参照线用于控制角度参变。设置古建筑木构件参数时，根据构件的类型、名称、相连构件的结构等确定所需参数，同时依据各参数值对模型的影响程度确定主动参数及联动参数，根据古建筑木构件模型形制建立参数之间的约束关系等，实现联动参数随主动参数的修改而变化，形成一处改动处处更新的参变驱动模型，确保模型的驱动、复用、扩充。图 5.8 为一脑椽参数化族右面视图。

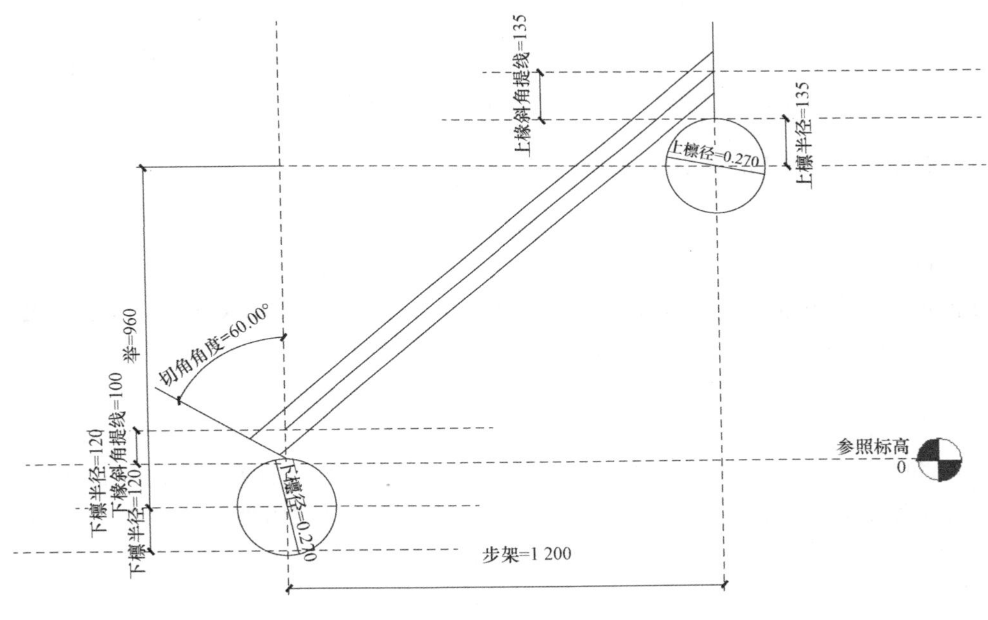

图 5.8　脑椽参数化族右面视图

参数化族模型创建结束后，进行模型检查和调试。先检查模型实体外观准确性，主要检验榫卯连接处与相连构件是否能够紧密吻合、细部构造外形特征是否符合要求等；再检查属性信息的准确性，各参数间是否建立正确的约束关系、参数设置是否满足要求等；最后检查是否可以进行参数化控制，更改主动参数，检验其他参数是否随之变动、模型能否参变驱动等。调试结束后可得到符合需求的族模型，保存新定义的族，然后载入到项目上进行后续应用。

5.3　基于过程建模技术的正向古建筑三维模型重建

过程建模技术是通过定义参数和相应的规则来生成模型，是建筑建模领域广泛使用的方法之一。基于前述对中国古建筑几何结构形状的分析可找出隐藏在内的组构特征：古建筑是由成千上万的柱、础、斗、拱、梁、瓦等木构件按照一定的拼接顺序组装而成的高大宏伟的建筑物，它虽然结构复杂，但具有模数制和形制化的特点，并且从古建筑的体型来看，其平面、立面大都采用对称、规则的方式组织空间。对古建筑木构件构建参数化模型，同类型、不同体量的木构件通过设置不同参数就可以构建相应的三维模型，重复木构件只需调整定位信息即可使用，极大地提高了建筑构件的通用性及设计信息的重复利用率。基于提取的古建筑造型规则，利用过程建模技术驱动建模，将复杂古建筑的建模问题变成计算机可以理解的模式，就可以基于古建筑木构件模型快速构建出单体古建筑三维模型，加快古建筑三维重建的效率。基于过程建模技术快速重建中国古建筑三维模型在理论上是可行的，但技术上还需要再深入研究，这也正是本节的研究重点。

5.3.1　古建筑木构件编码

每栋建筑一般都由很多构件组成，如何有效地管理、使用这些构件，并且能隐含构件的位置等信息也是需要解决的问题之一。此时需要基于建筑物形状、结构分析及相应参考准则，确定建筑物基本几何体即构件，并定义语义编码。根据古建筑结构，大致根据高度从下到上依次将古建筑细分为阶基层、柱础层、斗拱梁架层、檐面层和瓦面层五类组件，然后每个组件再细分到基本形体即构件，如图 5.9 所示。给每座古建筑一个代码，可用一大写字母表示，如图 5.9 中实例井亭的建筑编码为 M；每个组件代码又以“建筑代码＋小写字母代码”形式给定，如实例井亭的五类组件代码分别为 Ma、Mb、Mc、Md、Me；构件代码以“建筑代码＋所属组件代码＋表示构件数序的整数”形式给定，其中整数的位数根据所属组件包含的构件数而定，如 Mb001 表示实例井亭柱础层檐柱。构件的语义和层次结构都蕴含在语义编码中。相同构件只制作一个。

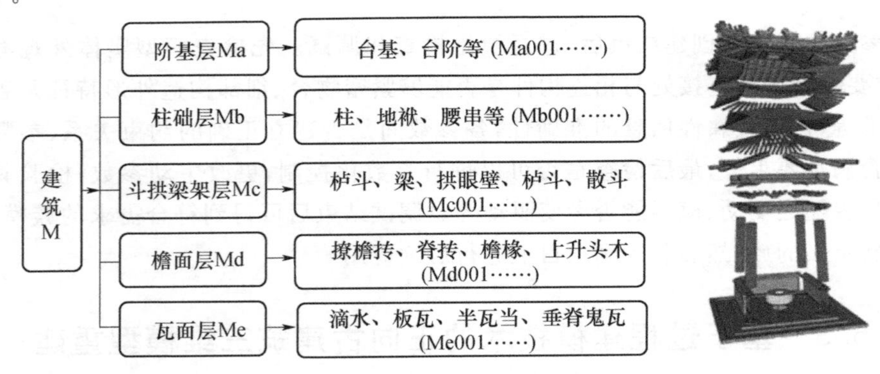

图 5.9　古建筑层次划分、语义编码及井亭构件图

同一建筑的相同构件虽然形状一样，但位置不一样，针对此问题，对每个构件定义一位置信息。根据建筑物轴列在语义编码中定义的每个层所在平面，建立建筑物该层相应的轴列轴网，并对其进行编号，每个建筑构件对应的位置信息以“所在层标高＋所在层纵轴和横轴的编号”表示。图 5.10 为某古建筑柱础层轴列网，图 5.11 为该建筑物设置的不同层标高。

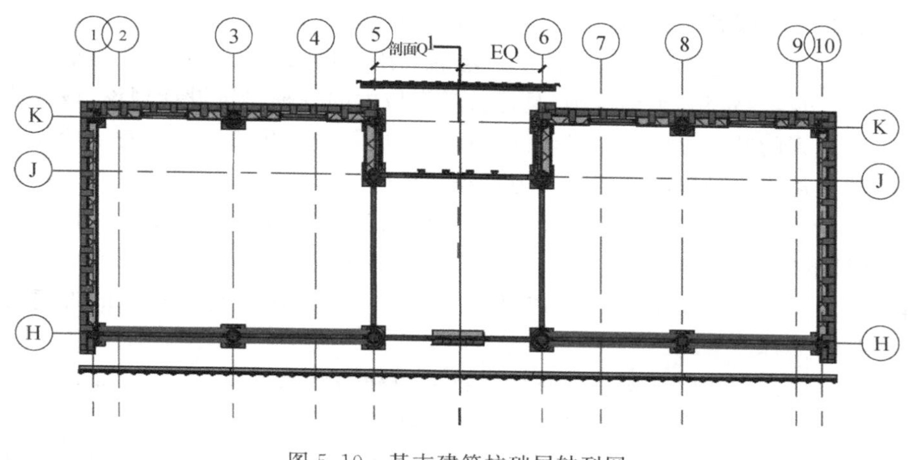

图 5.10　某古建筑柱础层轴列网

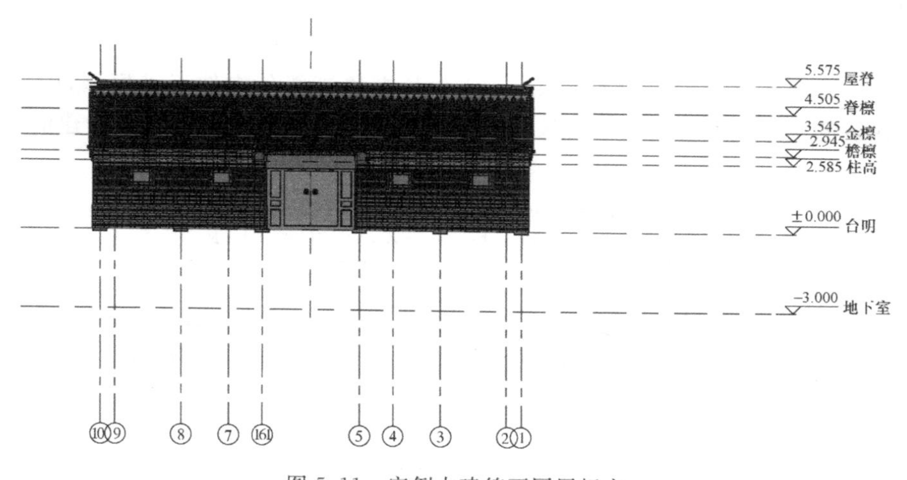

图 5.11　实例古建筑不同层标高

5.3.2　基于构件族和过程建模技术的建筑物正向三维模型重建

本书在基于过程建模技术构建动态、模拟的古建筑三维重建模型的实践探索时，重点试用了以过程建模技术著称的软件 Esri CityEngine，由于古建筑结构复杂，该软件在构建古建筑模型方面有局限性，但其工作机制及思路具有非常重要的参加价值。毕业于麻省理工学院的李以康博士基于形状语法描述古建筑，并开发了基于形状语法进行设计的工具，但李博士重点研究的是基于形状语法描述古建筑平面图模型，如剖面图等，其成果不适用基于形状语法构建古建筑三维模型的问题研究，但也具有很好的参考价值。形状语法(shape grammar)作为建筑学领域中的建筑构造规则描述语法，自 1972 年被提出后就成为一个功能强大的建筑形状分析和设计工具，在建筑学领域得到了一定的应用。形状语法的研究就是要找出隐藏的形状(包括建筑物)组构规则，是建筑学领域内的一种建筑设计理论，该理论通过定义一系列的基本形体和对形体的操作来生成复杂的几何体。这对复杂建筑物快速重建提供了一种思路。通过学习过程建模中的形状语法建模技术并阅读梁启超先生的著作，本书采用 AutoLISP 语言作为形状语法的描述语言，在 Visual LISP 环境下进行语法解释，将基本古建筑构件模型作为起始模型，构建基于构件三维模型的建筑三维模型。图 5.12 为基于构件模型和过程建模技术的古建筑三维重建技术流程。

先根据建筑物几何结构及形状特征提取出建筑物基本构件，然后提取出过程建模的语法规则，如平移、旋转、复制、阵列、镜像等，再根据建筑物体量、量测尺寸、点云数据或设计图纸等决定建筑构件的尺寸，最后基于 Revi 族设置相应的参数以重建每个构件的三维模型。将构件的三维模型在 Autodesk Revit 软件导出为 DWG 格式文件，然后在 AutoCAD 环境下利用 AutoLISP 语言基于过程建模的语法描述重建建筑物的三维模型。图 5.13 为某古建筑部分构件三维模型，图 5.14 为该建筑的三维模型，图 5.15 为该建筑基于构件模型和过程建模技术构建的另一三维模型。

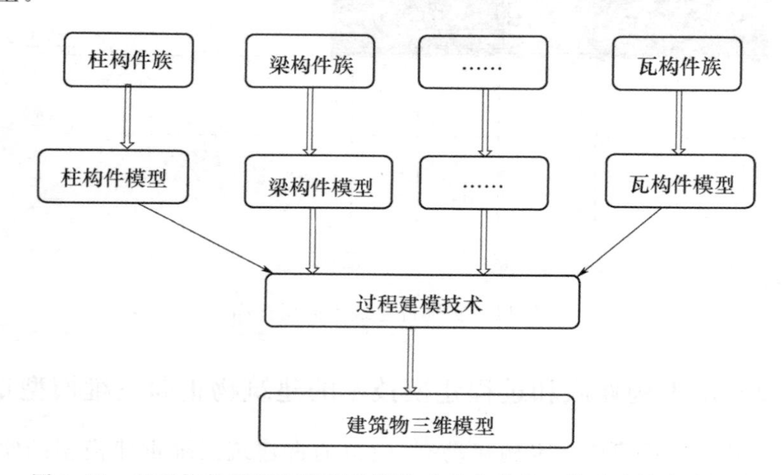

图 5.12　基于构件模型和过程建模技术的古建筑三维重建技术流程图

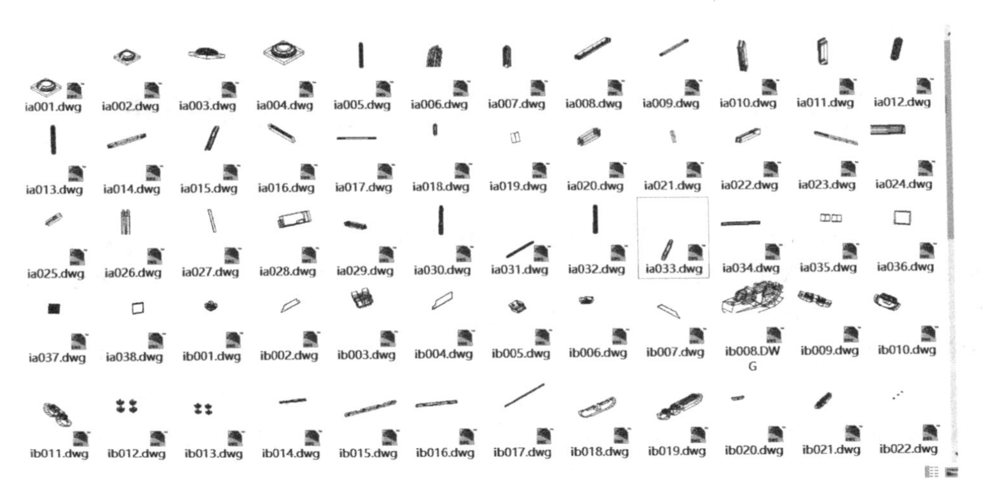

图 5.13　某古建筑部分构件三维模型

图 5.14　实例古建筑三维模型例 1

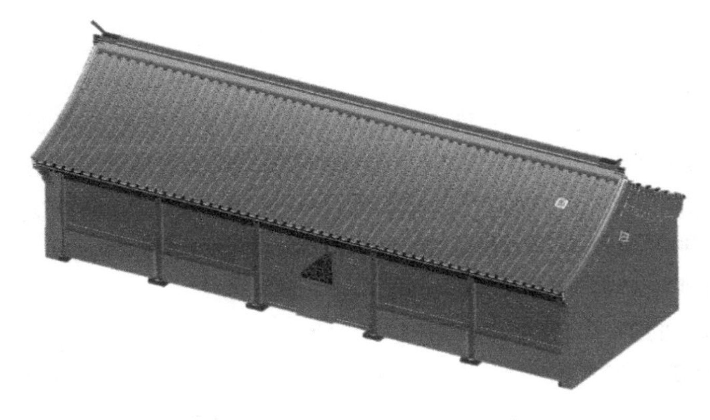

图 5.15　实例古建筑三维模型例 2

第6章　现势性三维模型重建及变形分析

基于地面三维激光扫描仪采集数据时存在诸多因素导致数据漏洞，如建筑结构复杂、扫描仪视角限制、其他地物遮挡（道路花坛、树木、电线杆、行人、交通标志牌等）等。尤其是古建筑，它由很多木构件搭建组合而成，特别是梁架以上的很多构件，有些只能采集到部分数据，有些因为遮挡则完全采集不到，这种情况下增加了重建古建筑精细完整三维模型的难度。另外，虽然很多建筑物建造前一般都有设计图，如平面图、立面图、剖面图等（像有些古建筑若没有设计图，可以利用多种测量技术制作），可根据建筑设计图提供的几何数据，利用三维建模软件（如AutoCAD、3ds Max、Revit等）重建精细三维几何模型（即正向模型），但由于建筑物自重、地基不均匀沉降、地震、风载荷等因素可能导致建筑物变形，或建筑物由于改、扩建等原因与设计图纸有差别，正向模型有时不能很好地表示建筑当前状态，无法满足现势性三维模型的需求。因此，本章重点研究综合利用激光雷达点云和正向模型两种数据，基于可变形模型技术构建现势性三维模型的方法，并对建筑物的当前状况进行变形分析。本章的研究内容在科学研究和工程应用中均有重要的价值和意义，尤其在精细三维模型重建、建筑物施工质量检测及竣工后的变形检测应用中需求更为迫切。

6.1　可变形模型技术

可变形模型（deformable model）一词最早出现于20世纪80年代末期，自Kass等（1988）发表名为“Snakes：Active Contours Models（活动轮廓模型）”的论文后，可变形模型成为研究的一个热点问题，二维图像分割是其最活跃、最成功的应用领域之一，其中医学图像分析的应用最为广泛。本章先对可变形模型的理论进行描述，接着总结当前二维参数可变形模型和几何可变形模型的研究成果，然后研究其扩展的三维可变形模型及其实现方法，作为古建筑构件现势性三维模型重建及变形分析的理论基础。

可变形模型的理论基础体现了几何学、物理学和逼近理论等多学科的综合运用，它以能量函数的形式来反映对象形状的先验知识及曲线或曲面自身的描述，对感兴趣的目标进行分割。几何学用来表征所研究的曲线或曲面；物理学对曲线或曲面如何在空间和时间轴上变化加以限制；逼近理论则为模型趋于精确解提供了理论保证；能量函数则用于衡量先验模型和实验数据之间的吻合度。

可变形模型的能量方程一般包括两种类型的能量项：一种是内力能量项，它描述了形变曲线或曲面自身的几何性质在变形过程中的影响；另一种是外力能量项，它描述了包括图像特征在内的，与形变曲线或曲面本身几何性质无关的外在势力对曲线或曲面形变的影响。变形过程就是在这两种能量中此消彼长，最后达到两种力量的平衡，或者满足其他的约束条件。内力定义于曲线或曲面内部，使模型在变形时保持光滑；外力使模型移向目标对象的边界或者实验数据内目标对象的特征。

可变形模型一般分为参数可变形模型和几何可变形模型两类。参数可变形模型在变形过程中以显式参数的形式表达曲线或曲面，这种表达形式允许与模型直接交互，而且表达紧凑，利于模型的快速实时显现；然而该方法难以处理在变形过程中发生的拓扑结构变化，如曲线的分裂或融合等问题。几何可变形模型基于曲线演化理论和水平集方法，将曲线或曲面以隐式方式表达为高维标量函数的水平集，曲线或曲面的参数化仅在模型变形后用于显示，该模型可自然的处理拓扑结构的变化。尽管两种方法表达方式不同，但它们所遵循的变形原则是相似的。

6.1.1　二维参数可变形模型

从数学的角度，二维参数可变形模型就是定义在二维图像平面 $I(x,y)\in \mathrm{R}^2$ 内的一条参数化的曲线 $X(s)=(x(s),y(s)),s\in[0,1]$。对内力的描述，可以采用两种不同的几何特征，即曲线的弧长参数和曲线的曲率参数；对外力的描述，一般来说都与图像本身的信息有关，如灰度、梯度、梯度向量流场、距离势能等。内、外力可依据最小化能量函数原理或动态力平衡原理实现变形。

1. 最小化能量函数原理实现变形

曲线在图像平面上移动时，在我们感兴趣的特征区域（通常是边界）处取极小值，可通过最小化能量函数来实现，其能量表达式为

$$E(X(s))=\int_0^1[E_{\mathrm{int}}(X(s))+E_{\mathrm{ext}}(X(s))]\mathrm{d}s \tag{6.1}$$

式中，s 表示弧长参数，$E_{\mathrm{ext}}(X(s))$ 表示由目标图像的性质而产生的外部能量，$E_{\mathrm{int}}(X(s))$ 表示可变形模型的内部能量，其定义为

$$E_{\mathrm{int}}(X(s))=\frac{\alpha(s)\,|X'(s)|^2+\beta(s)\,|X''(s)|^2}{2} \tag{6.2}$$

式中：$X'(s)$ 表示曲线 $X(s)$ 关于 s 的一阶偏导，它抑止曲线的伸长，这使得模型像一条有弹性的绳子；$\alpha(s)$ 称为弹力系数，控制曲线伸缩的快慢，它的值越大，曲线在内力方向上收缩的越快；$X''(s)$ 表示曲线 $X(s)$ 关于 s 的二阶偏导，它抑止曲线的弯曲，这使得模型像一条有刚性的绳子，令曲线在变形过程中保持光滑性；$\beta(s)$ 称为强度系数，控制曲线沿法线方向至目标变化的速度，当它的值较大时，曲线就会变

得很僵硬且不易弯曲，反之，曲线则变得柔软且易于形变。如果适当地调整弹力系数和强度系数，以获得曲线合适的弹性和强度，那么可变形模型在形变过程中就可以很好地保持其连续性和光滑性。实际应用中，一般将 $\alpha(s)$ 和 $\beta(s)$ 设为常数。

求满足最小化能量 $E(X(s))$ 的曲线 $X(s)$ 的问题可视为变分问题。根据变分法，$E(X(s))$ 能量最小时满足欧拉方程，于是有

$$\alpha X''(s)-\beta X''''(s)-\nabla E_{ext}(X(s))=0 \tag{6.3}$$

式中，$X''''(s)$ 表示曲线 $X(s)$ 关于 s 的四阶偏导。为了从物理学角度对可变形模型进行更深刻的认识，可将式(6.3)看做一个力平衡方程，即

$$E_{int}+E_{ext}=0 \tag{6.4}$$

其中，内力保持曲线的连续性和光滑性，其定义为

$$E_{int}=\alpha X''(s)-\beta X''''(s) \tag{6.5}$$

外力驱动变形朝着期望的图像边缘移动，其定义为

$$E_{ext}=-\nabla E_{ext}(X(s)) \tag{6.6}$$

为求得式(6.3)的解，可把 $X(s)$ 看做时间 t 的函数，即 $X(s,t)$，然后将可变形模型看做动态模型进行求解，$X(s,t)$ 关于 t 的偏导与式(6.3)的左端相等，即

$$\gamma\frac{\partial X(s,t)}{\partial t}=\alpha X''(s)-\beta X''''(s)-\nabla E_{ext}(X(s)) \tag{6.7}$$

式中，γ 是为保持单位量纲一致而引入的变量，∇ 为梯度算子。当 $X(s,t)$ 趋于稳定时，$\frac{\partial X(s,t)}{\partial t}$ 趋于零，相应的能量函数 $E(X(s))$ 达到最小值，曲线即收敛到目标位置，可通过有限差分法、动态规划法、贪婪法、有限元法等方法实现数值求解。

2. 动态力平衡原理实现变形

前述基于最小化能量函数实现变形的模式被视为静态问题，通过引入人为的时间变量 t 来求解最小化能量。有时直接从动态的角度构造一个力平衡方程会更方便。动态模式体现了物理行为的直接含义，这使得变形过程易于被使用者以交互的方式进行调控，采用其他形式的外力也很容易理解。根据牛顿第二定律，$X(s,t)$ 应满足

$$\mu\frac{\partial^2 X}{\partial t^2}=F_{dump}(X)+F_{int}(X)+F_{ext}(X) \tag{6.8}$$

式中，μ 为一有质量单位的系数，$F_{dump}(X)$ 称为阻力。有

$$F_{dump}(X)=-\gamma\frac{\partial X(s,t)}{\partial t} \tag{6.9}$$

式中，γ 为阻尼系数。在图像分割应用时，为防止可变形模型越过弱边界，常设质量系数 μ 为零，此时式(6.8)变为

$$\gamma\frac{\partial X(s,t)}{\partial t}=F_{int}(X)+F_{ext}(X) \tag{6.10}$$

内力的定义与式(6.5)相同，当外力的定义与式(6.6)相同时，式(6.10)与式(6.7)相同，因此可以认为它们在一定程度上具有等效性。外力也可以是其他形式的力。

3. 内、外力分析

内力的作用主要就是保持曲线的平滑性，通常定义形式为式(6.5)，而可变形模型向感兴趣的目标特征移动主要是通过外力引导的，因此，采用何种类型的外力使外部能量的局部最小值与图像的强度值、边缘或其他感兴趣的目标特征相吻合，就成为可变形模型需要解决的关键问题。传统的外部能量函数有以下几种形式，即

$$E_{\text{ext}}(x,y)=-I(x,y) \tag{6.11}$$

$$E_{\text{ext}}(x,y)=-G_\sigma(x,y)I(x,y) \tag{6.12}$$

$$E_{\text{ext}}(x,y)=-|\nabla I(x,y)|^2 \tag{6.13}$$

$$E_{\text{ext}}(x,y)=-|\nabla(G_\sigma(x,y)I(x,y))|^2 \tag{6.14}$$

式中，$I(x,y)$为x行y列对应的像素值，∇为梯度算子，$G_\sigma(x,y)$为标准差为σ的二维高斯函数，有

$$G_\sigma(x,y)=\exp\left(-\frac{x^2+y^2}{2\sigma^2}\right) \tag{6.15}$$

如果图像仅由一些线条组成，外部能量函数用式(6.11)即可，但有时图像含有噪声，需采用高斯函数进行低通滤波，此时可采用式(6.12)；对于有连续区域的图像，需检测阶跃边缘时，外部函数采用式(6.13)，如果要抑制噪声成分，则采用式(6.14)。好的外部能量函数不仅应该给出感兴趣特征的大概分布，而且还应该具有减弱其他局部最小值和小尺度纹理信息影响的作用。对于连续区域的图像，尤其是边缘信息比较弱的情况下，只利用像素点的局部特性，而不考虑梯度向量在全局中起到的作用，将导致可变形模型初始轮廓必须非常接近目标点，才可能达到目的地。为此，许多学者对其进行改进，外部能量函数采用多尺度高斯势能力、距离势能力和梯度向量流场等模型。其中，基于梯度向量流场的可变形模型不仅克服了传统高斯势能力在捕获范围上的局限性，而且可解决在凹形边界处不收敛的问题，受到许多学者的关注。通过求解一个从图像的边界图中获得的向量扩散方程，可以得到一个向量密度场，称为梯度向量流场。扩散处理方法不仅可以有效扩张能量场的捕捉范围，而且扩散引起的内在竞争也会生成指向边界凹陷处的能量向量。梯度向量流场的向量$\mathbf{V}(u,v)=(u(x,y),v(x,y))$使式(6.16)取得最小值，即

$$E=\iint\mu\left[\left(\frac{\partial u}{\partial x}\right)^2+\left(\frac{\partial u}{\partial y}\right)^2+\left(\frac{\partial v}{\partial x}\right)^2+\left(\frac{\partial v}{\partial x}\right)^2\right]+|\nabla I|^2\ |\mathbf{V}-\nabla I|^2\mathrm{d}x\mathrm{d}y \tag{6.16}$$

式中：μ是调整两项间相对强弱大小的参数，它的取值取决于图像中的噪声，与噪

声的大小成正比。当$|\nabla I|$较大时,能量E主要由数据项$|\nabla I|^2\ |\boldsymbol{V}-\nabla I|^2$控制,如果要求能量$E$最小,则应取$\boldsymbol{V}=\nabla I$,即能量等于梯度向量;$|\nabla I|$较小时,能量$E$主要由平滑项$\mu\left[\left(\frac{\partial u}{\partial x}\right)^2+\left(\frac{\partial u}{\partial y}\right)^2+\left(\frac{\partial v}{\partial x}\right)^2+\left(\frac{\partial v}{\partial x}\right)^2\right]$来控制,在整体能量$E$最小的约束下,要求梯度向量流场$\boldsymbol{V}$沿各个方向的变化都很平缓,以便将梯度向量的作用范围扩散到图像中变化平缓的区域。因此,在较接近边缘线的区域内,由于梯度向量流场$\boldsymbol{V}$的值较大,因此梯度向量流场的向量$\boldsymbol{V}(u,v)$应尽量保持与边界图的梯度向量相一致;而在距边缘较远的区域内,即图像的缓变区,梯度向量流场的向量$\boldsymbol{V}(u,v)$的变化则较平缓。式(6.16)中的能量最小化问题也是个变分问题,通过欧拉方程求解梯度向量流场的向量$\boldsymbol{V}(u,v)$,即

$$\mu\nabla^2 u-\left(u-\frac{\partial I}{\partial x}\right)\left[\left(\frac{\partial I}{\partial x}\right)^2+\left(\frac{\partial I}{\partial y}\right)^2\right]=0 \tag{6.17}$$

$$\mu\nabla^2 v-\left(v-\frac{\partial I}{\partial y}\right)\left[\left(\frac{\partial I}{\partial x}\right)^2+\left(\frac{\partial I}{\partial y}\right)^2\right]=0 \tag{6.18}$$

式中:∇^2为拉普拉斯算子。欧拉方程的形式使梯度向量流场的含义更直观,表明梯度向量流场在扩大外部能量场作用范围的同时,还保持了梯度向量在边界区域的性质。在匀值区域内,$I(x,y)$是常数,其梯度为零,式(6.17)、式(6.18)的第二项为零,在这样的区域内,u、v由拉普拉斯方程决定,梯度向量流场也由这些区域的边界插值得到,并在一定程度上反映了边界向量的竞争机制。当靠近边缘时,$I(x,y)$的梯度非零,向量流场近似等于梯度向量。式(6.17)、式(6.18)的求解同样可通过把u、v看做时间的函数和有限差分的方法来实现。

6.1.2　二维几何可变形模型

目前,虽然参数可变形模型已在很多领域得到广泛应用,但这种模型仍然存在两个显著的局限性:一是需要准确地识别目标边界,当给定的初始模型与要求的目标边界在形状和大小上差别较大时,需动态进行模型的重新参数化过程,而且变分法在实际的求解过程中,数值解不稳定;二是在复杂图像拓扑结构中,曲线演变不能自由地随着轮廓拓扑结构的改变而改变,诸如分裂、合并等拓扑结构变化情况。针对参数可变形模型的局限性,Malladi 等(1995)基于曲线演化理论,采用水平集方法作为曲线演化的算法,提出几何可变形模型。它根据动力学的原理,不依赖于参数的演化而是基于曲线的几何测度,将演化曲线或曲面隐式表达为高维函数的水平集,其演化过程与图像数据耦合在一起,以使演化曲线停止在对象边界上。几何可变形模型的一大优点就是水平集方法以一种紧凑的方式表达了曲线演化,并且提供了稳定的数值算法,对拓扑结构的变化处理得非常自然。

1. 曲线演化理论分析

单位法向量$\boldsymbol{n}$和曲率k是描述曲线几何特征的两个重要参数,这与参数模型

中曲线的一阶导数和二阶导数对应，单位法向量 $\boldsymbol{n}$ 描述曲线的方向，曲率 k 描述曲线的弯曲程度。曲线演化理论是仅利用曲线的单位法向量 $\boldsymbol{n}$、曲率等表征几何特征的参数来研究曲线随时间的变形。令

$$C(p,t)=\{(x(p,t),y(p,t))\} \tag{6.19}$$

表示曲线演化过程中的曲线簇，t 为时间，p 为曲线的参数。曲线演变的基本理论就是只有沿法向的变形速度影响演变曲线的几何形状，切向变量只影响曲线的参数化，不会改变其形状和几何属性。曲线演变的模型表达式为

$$\left.\begin{aligned}&\frac{\partial C(p,t)}{\partial t}=V(C(p,t))\boldsymbol{n}(C(p,t))\\&C(p,0)=C_0(p)\end{aligned}\right\} \tag{6.20}$$

式中：$V(C(p,t))$是基于曲线曲率（高斯曲率或平均曲率均有采用）的速度函数，它决定了曲线 $C(p,t)$上每点的演化速度；$\boldsymbol{n}(C(p,t))$是曲线 $C(p,t)$上对应参数为 p 的点的单位法向量，一般法方向向里为正；$C_0(p)$为初始曲线。

在曲线演化理论中对曲线变形研究最多的是曲率变形和常变形。曲率变形的影响类似于参数可变形模型中弹性内力的作用。曲率变形通过使曲线保持光滑而消除奇点，而常变形使初始光滑曲线产生奇点。

2. 曲线演化理论中的水平集方法

水平集方法最初是由 Osher 等（1988）在研究曲线以曲率相关的速度随时间演化时提出的。它首先给出依赖时间的运动界面的水平集描述，然后将当前正在演化的曲线看作是一个更高维函数的零水平集，该函数称为水平集函数（level set function），其定义在图像所在的平面区域内；通过水平集函数在固定坐标系中随时间的变化、拓扑结构的改变而自适应地演化曲线，利用曲线演化与雅可比方程的相似性，给出了一种曲线演化的强鲁棒性的计算方法，从而为几何可变形模型的数值方法提供基础。与其他曲线演化方法相比，它最大的优势在于拓扑自适性及数值求解的稳定性，不仅赋予了几何化可变形模型拓扑结构自适特征，而且还给出了曲线变化的具体实现过程。

水平集方法的原理如图 6.1 所示，用 $\phi(p,t)$表示三维空间中平滑的曲面，即水平集函数，t 时刻二维平面的闭合曲线可由水平层内满足 $\phi(p,t)=0$ 的点组成的集合来隐式表示，即

$$C(p,t)=\{p|\phi(p,t)=0\} \tag{6.21}$$

由此，将二维曲线的演化转换为三维水平集函数曲面的演化。在水平集函数的每个水平层平面内，以零水平集为边界，将平面划分为曲线的内部区域和外部区域，分别用$\partial\Omega$、Ω 和 $\overline{\Omega}$ 表示，$\partial\Omega$ 又称为分界面。于是水平集函数有如下性质，即

$$\left.\begin{aligned}&\phi(p,t)=0, \quad p\in\partial\Omega=C(p,t)\\&\phi(p,t)<0, \quad p\in\Omega\\&\phi(p,t)<0, \quad p\in\overline{\Omega}\end{aligned}\right\}\tag{6.22}$$

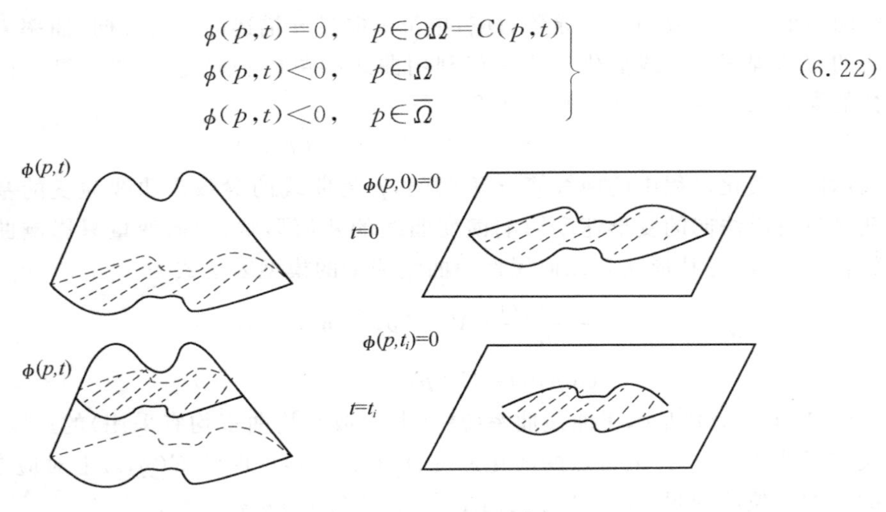

图 6.1　水平集方法原理示意

水平集函数的选择有很多种，因有向距离函数在数值计算稳定性方面的优势而经常采用，它表示参数 p 对应点到分界面最近点的有向距离，距离的绝对值表示为 $D(p)$，有

$$D(p)=\min(|p-p_i|), \quad p_i\in\partial\Omega\tag{6.23}$$

在使用水平集方法之前，构造初始的水平集函数 $\phi(p,0)$，其中 $t=0$，使它的零水平集与给定的初始轮廓重合，即对所有 $p\in\partial\Omega$，有 $\phi(p,0)=D(p)=0$；对所有的 $p\in\Omega$，有 $\phi(p,0)=-D(p)$；对所有的 $p\in\overline{\Omega}$，有 $\phi(p,0)=D(p)$。二维图像平面内计算每个点的有向距离函数是相当费时的，可采用一些快速、简单的算法，如快速行进算法(fast marching method)等。

将水平集方法嵌入曲线演变理论中，用 $\phi(p,t)=0$ 表示演变曲线，通过对式(6.22)求关于 t 的偏导，得出对应于式(6.20)的水平集函数随时间演变的数学模型为

$$\left.\begin{aligned}&\frac{\partial\phi(p,t)}{\partial t}=V(p,t)\cdot\nabla\phi(p,t)\\&\phi(C_0(p,0))=0\end{aligned}\right\}\tag{6.24}$$

式中：∇是梯度算子；$V(p,t)$是参数 p 对应点的变形速度。式(6.24)中的偏微分方程又称为水平集方程，它定义了在速度场作用下的分界面运动。这样曲线演化的问题就转化为一个微分方程求解的过程，尽管问题看似复杂了，但通过引入与时间相关的距离函数，曲线演化中的拓扑改变问题却迎刃而解了。如果只考虑法向的速度，即 $V(p,t)_n$ 水平集方程就变为

$$\frac{\partial\phi(p,t)}{\partial t}=V(p,t)_n|\nabla\phi(p,t)|\tag{6.25}$$

这两种偏微分方程形式都是一般哈密顿-雅可比方程的特殊实例，因此一般的哈密顿-雅可比的数值解法即为水平集方法的精髓。

3. 水平集方法中的速度函数

由上可知，由于几何变形曲线表达形式和变形过程的标准化，使得对几何可变形模型的研究主要集中在根据要解决的实际问题构造演化速度函数上，不少学者对此展开了深入的研究。最初，Caselles 等(1988)和 Malladi 等(1995)将几何变形用于图像分割领域，采用的几何模型为

$$\frac{\partial \phi}{\partial t}=g(|\nabla I|)(c+k)|\nabla \phi| \tag{6.26}$$

式中：$g(|\nabla I|)$是关于图像梯度值的单调递减函数，可定义为$\frac{1}{1+|\nabla(G_\sigma I)|}$，曲线演化通过停止项 $g(|\nabla I|)$与图像数据进行耦合实现；c 为影响水平集函数移动方向的常系数，c 为正时收缩曲线轮廓，为负时扩张曲线轮廓；k 为水平集函数的曲率，起到平滑轮廓的作用。该方法适用于对比度较高的图像，但当对象边界模糊或有缝隙时，停止项 $g(|\nabla I|)$不能完全阻止曲线演化，曲线可能跨过边界，无法正确识别边界。

为改进上述策略，有学者提出在黎曼空间内应用能量最小化公式，根据几何计算问题设计速度函数，则几何可变形模型为

$$\frac{\partial \phi}{\partial t}=g(|\nabla I|)(c+k)|\nabla \phi|+\nabla g(|\nabla I|)\cdot\nabla \phi \tag{6.27}$$

式(6.27)较式(6.26)多了一个停止项$\nabla g(|\nabla I|)\cdot\nabla \phi$，在曲线越过边界的时候可将其拉回，类似于参数可变形模型中的高斯势力。

为防止边界曲线越过边界间隙，对式(6.27)的常速度项 c 进一步改进，则几何可变形模型变为

$$\frac{\partial \phi}{\partial t}=\lambda[g(|\nabla I|)k|\nabla \phi|+\nabla g(|\nabla I|)\cdot\nabla \phi]+[g(|\nabla I|)+\frac{1}{2}\boldsymbol{P}\cdot\nabla g(|\nabla I|)]|\nabla I| \tag{6.28}$$

式中，λ 为权值函数，$\frac{1}{2}\boldsymbol{P}\cdot\nabla g(|\nabla I|)$用于提供附加的终止条件，防止曲线漏出小的边界空隙。该模型虽然对小的边界空隙具有鲁棒性，但对防止大的边界空隙仍存在困难。针对参数可变形模型边界间隔和弱边界问题，最近已出现一些好的解决方法。Xu 等(2009)通过推导参数可变形模型和几何可变形模型显示的数学关系，提出一种新的几何可变形模型，它不仅具有以前几何可变形模型的优点，而且可根据参数可变形模型解决缝隙问题的策略实现几何可变形模型以解决缝隙的问题。

6.2　基于可变形模型技术的三维重建及其实现

自 Kass 等(1988)提出可变形模型以来,可变形模型受到广泛的关注,但应用领域主要是在二维医学图像分析方面。由于古建筑构件三维几何结构的复杂性和三维激光扫描仪获取的点云数据特点,传统三维建模方法存在缺陷。本节根据可变形模型的本质特征,即根据实验数据和正向模型的耦合作用使模型产生变形的特点,综合基于参数可变形模型和几何可变形模型的原理及它们之间的关系,研究基于可变形模型的三维重建技术及其具体实现的方法,从而实现任意形状空间对象的三维模型重建。

6.2.1　基于可变形模型的三维重建技术

综合利用几何可变形模型基于曲线或曲面演变水平集方法的实现原理,以及参数可变形模型的最小化能量函数变形原理,本节研究基于可变形模型的三维重建技术,提出基于最小化能量函数的几何可变形模型,实现基于点云数据的任意形状三维模型的重建。

将对象三维表面模型看作是三维空间体内对象随时间演化的一个水平层,用

$$S(p,t)=\{(x(p,t),y(p,t),z(p,t))\} \tag{6.29}$$

表示一簇由初始曲面 $S_0(p)=S(p,0)$ 演化的曲面模型,t 为时间,p 为曲面的参数。根据曲面演化理论,对象表面几何形状由法向的演化速度决定,由式(6.20)同理可得三维空间内曲面的演化等式为

$$\left.\begin{aligned}&\frac{\partial S(p,t)}{\partial t}=V(S(p,t))\boldsymbol{n}(S(p,t))\\&S(p,0)=S_0(p)\end{aligned}\right\} \tag{6.30}$$

式中:$V(S(p,t))$ 是曲面 $S(p,t)$ 上点 (p,t) 处的演化速度;$\boldsymbol{n}(S(p,t))$ 是曲面 $S(p,t)$ 上对应参数为 p 的点的单位法向量,一般法方向向外为正;$S_0(p)$ 为初始曲面。将水平集方法嵌入曲面演变理论中,相应的水平集方程为

$$\left.\begin{aligned}&\frac{\partial \phi(p,t)}{\partial t}=V(p,t)\cdot\nabla\phi(p,t)\\&\phi(S_0(p,0))=0\end{aligned}\right\} \tag{6.31}$$

式(6.31)定义了在速度场 $V(p,t)$ 作用下的分界面 $\phi(p,t)=0$ 的运动。$V(p,t)$ 由三维离散点云数据和分界面的耦合作用决定,实现模型向三维实体边界处变形,可以收缩也可以扩张,并且满足可变形模型在实体边界处停止变形的要求。基于参数可变形模型最小化能量函数变形的原理,这里采用最小体积能量函数求解速度场。在黎曼空间内,最小体积能量函数为

$$\min \mathrm{Volum}(\phi(p,t)=0)=\int \left| \mathrm{signd}(\phi(p,t)=0)[1+\mu k(\phi(p,t)=0)] \right| \mathrm{d}s \tag{6.32}$$

式中：$\mathrm{d}s$ 为分界面上一微小面元的面积；$\mathrm{signd}(\phi(p,t)=0)$ 为微小面元至三维点云数据表征的实体边界的有向最小距离；$k(\phi(p,t)=0)$ 为微小面元 $\mathrm{d}s$ 重心的曲率，可选为平均曲率；μ 为平滑系数，计算时为常数。假定离散点云中离微小面元 $\mathrm{d}s$ 最近的点为 X，则有向距离符号可根据如下方法判断，即

$$\left.\begin{aligned} &\mathrm{signd}(\phi(p,t)=0)>0, \quad \phi(X,t)>0 \\ &\mathrm{signd}(\phi(p,t)=0)=0, \quad \phi(X,t)=0 \\ &\mathrm{signd}(\phi(p,t)=0)<0, \quad \phi(X,t)<0 \end{aligned}\right\} \tag{6.33}$$

式(6.32)中，$\mathrm{signd}(\phi(p,t)=0)[1+\mu k(\phi(p,t)=0)]$ 综合考虑了点云数据的外力作用与模型的内力作用，$\mathrm{d}s$ 与 $|\mathrm{signd}(\phi(p,t)=0)[1+\mu k(\phi(p,t)=0)]|$ 的乘积为分界面至实体边界之间的单位容差，$\int |\mathrm{signd}(\phi(p,t)=0)[1+\mu k(\phi(p,t)=0)]| \mathrm{d}s$ 最小时，可变形模型在逼近三维实体和保持本身平滑性上存在最优解，由 Levenberg-Marquardt 迭代优化方法求解最后的速度函数为

$$V(p,t)=\mathrm{signd}(\phi(p,t)=0)[1+\mu k(\phi(p,t)=0)] \tag{6.34}$$

可变形模型在内外力耦合作用下随时间演变，当满足

$$|\min \mathrm{Volum}(\phi(p,t_i)=0)-\min \mathrm{Volum}'(\phi(p,t_i)=0)|<\varepsilon \tag{6.35}$$

时，表示模型变形趋于稳定，停止演变，$\phi(p,t_i)=0$ 为最终的三维模型。在式(6.35)中，$\min \mathrm{Volum}(\phi(p,t_i)=0)$ 为第 i 次变形前的最小体积能量函数；$\min \mathrm{Volum}'(\phi(p,t_i)=0)$ 为第 i 次变形后的最小体积能量函数；ε 为一给定阈值。

6.2.2　数字实现

先根据三维重建对象的几何形状，构建对象初始模型，从而建立水平集方法中所需的分界面。例如：柱形构件，可根据点云数据估算圆柱的半径、高度和位置等几何信息以建立初始模型。

由于点云数据的离散特性和对象几何结构的复杂性，这里采用 TIN 模型描述分界面，采用 K-单纯形的方法描述三角网格，记为 $\phi(K,V)$。其中：K 表示点、线、面之间的连通关系，决定了 TIN 模型的拓扑关系；V 描述了 R^3 空间内描述分界面点集的空间三维坐标。K-单纯形由一系列点集和非空的子集点组成，点为 0-单纯形，用 $\phi(V)$ 表示；两相邻点组成的边缘为 1-单纯形，用 $\phi(E)$ 表示；相邻三点组成的三角面为 2-单纯形，用 $\phi(F)$ 表示。

为计算速度函数，需进行以下几个方面的操作。

(1)根据第 2 章介绍的方法计算初始模型中每个点的平均曲率 H 和法向量 $\boldsymbol{n}$。

(2)对三维激光扫描仪获取的点云数据进行分类，将每个点归入与其距离最近的分界面中的一个三角面片内。根据点到三角面片的距离计算点到初始模型的距

离,即点到初始模型中所有三角面片距离最小的值,将点归入距离最小值对应的三角面片内。

(3)计算每个分界面中三角形至目标实体的距离 signd(Δ)。可根据每个三角形对应的一组点云计算,按式(6.33)判断有向距离的正负号,可选用这组点到对应三角形距离的平均值作为有向距离 signd(Δ)的绝对值。

(4)由式(6.32)建立方程组,利用 Levenberg-Marquardt 迭代优化方法计算速度函数。对式(6.32)进行离散计算,式中的微小面元 ds 对应 K-单纯形中的一个三角面片,顾及体积的非负性,这里采用体积平方之和的最小值作为能量函数进行估计。对每个分界面中的三角形列体积等式。V_l、V_j、V_k 为其中一个三角形的三个顶点,每点的平均曲率和法方向已经在步骤(1)中计算出;由点坐标根据两点之间距离公式可计算三角形的三条边长,记为 a、b、c;由三条边长可计算三角形的面积,即

$$\left.\begin{aligned} S_\Delta &= \sqrt{s(s-a)(s-b)(s-c)} \\ s &= \frac{1}{2}(a+b+c) \end{aligned}\right\} \tag{6.36}$$

离散化后,式(6.32)变为

$$f(d) = \min \mathrm{Volum}^2(\Delta) = \sum S_\Delta^2 \left[\frac{d_l(1+\mu k_l) + d_j(1+\mu k_j) + d_k(1+\mu k_k)}{3}\right]^2 \tag{6.37}$$

用步骤(3)中计算出的有向距离 signd(Δ)作为 d_l、d_j、d_k 的初始值,μ 为小于 1 的正数,根据 Levenberg-Marquardt 迭代优化方法进行计算,从而计算出每个点在其法方向上的移动距离 d,根据式(6.34)求出每点的速度函数值。

(5)根据式(6.30)进行分界面的演化,实现模型变形。

(6)根据式(6.35)判定是否继续第 $i+1$ 次变形。如果变形前后最小体积能量函数之差大于给定阈值 ε,则返回到步骤(1)中进行第 $i+1$ 次分界面演变;否则,模型变形过程结束,此时 $\phi(p,t_i)=0$ 即为重建的三维模型。

为简化计算,加快计算速度,采用如下方法计算最小体积能量函数值,即

$$\min \mathrm{Volum}(\phi(p,t_i)=0) = \sum S_\Delta \cdot |\mathrm{signd}(\Delta)| \tag{6.38}$$

$$\min \mathrm{Volum}'(\phi(p,t_i)=0) = \sum S_\Delta \cdot \left|\frac{d_l+d_j+d_k}{3}\right| \tag{6.39}$$

6.3　基于点云和正向模型的现势性三维模型重建

古建筑结构复杂,很难获取所有木构件完整的点云模型,而基于测量的尺寸数据创建的正向三维模型又不能很好地表示三维实体当前的状态。因此,基于前面

提出的基于可变形模型的三维重建技术，以及其对任意形状的物体都可以很好逼近的灵活性，这节重点研究基于可变形模型的三维重建技术在古建筑木构件三维模型重建中的应用。在全面总结和分析的基础上，提出重建木构件三维模型的两步策略：先将点云和正向模型进行配准，将两种类型的数据转换到同一坐标系下，然后基于可变形模型，根据实验数据和正向模型的耦合作用最终实现构件三维模型重建。

6.3.1　点云与正向三维模型的配准

点云模型和正向三维模型位置、姿态不一致，是因为二者的坐标系不一致，因此点云与正向三维模型的配准，是后续数据处理的必要前提。配准的策略可以是建筑物整体点云与整体正向模型的配准，也可以先选择有代表性的构件点云和正向模型配准，然后再将计算出的三维坐标转换参数应用到整体正向模型上最终实现配准。具体选择哪种策略，可以根据数据量大小、建筑结构复杂程度综合考虑。配准的实现方式也有两种：一种是半自动人机交互方式，另一种是自动方式。在半自动方式下进行整体数据配准时，人机交互选择建筑构件变形可以忽略的部位以提取广义同名特征，如地面、和地面接触的墙面等，从而估算出铅垂线方向，然后将两种数据的 Z 轴转换为铅垂线向上的方向，从而使两坐标系的 Z 轴平行；再将提取平面特征的法向量或提取的线特征（如柱轴线）等作为广义同名对象，计算两种数据坐标系之间的旋转矩阵，从而实现两坐标系统轴之间互相对应、平行且方向一致，此时需要至少两个对应条件才能计算出旋转矩阵；之后利用提取的广义同名点计算平移向量，最终实现两种数据的配准。广义点可以是三个互不平行、平面相交的空间点，用离散在三个不平行平面上的采样点坐标和法方向信息，利用最小二乘的原理计算此类广义点。半自动方式下也可以根据 3.2.2 小节讲解的基于特征的配准方法实现。下面重点讲解基于构件点云与正向三维模型自动计算三维坐标转换参数的方法。

采用的正向模型是第 5 章讲解的木构件参数化三维模型。点云和参数化三维模型的数据类型不一样，为便于对两种数据集成处理，又考虑到不规则三角网模型具有可逼近表示任意复杂对象、方便数据管理和算法编程实现等优点，因此，需先将参数化三维模型转换为不规则三角网即 TIN 模型。图 6.2(a)为某柱构件参数化三维模型，模型的参数值需根据点云对应木构件的尺寸设置；图 6.2(b)为该构件参数化模型转换的 TIN 模型。TIN 模型的基本元素是点、线和面，因此可以非常容易地从不规则三角网模型中提取点元素，进而可以用点云来表示正向三维模型；图 6.2(c)为图 6.2(b)中柱构件 TIN 模型转换的点云模型。TIN 模型转换为点云模型形式的时候，一般正向 TIN 模型点云密度不足，需要根据点云数据的密度值，先对 TIN 模型做细化处理，如果待处理的三角面片最长边大于点云密度值，则采用 Loop、Butterfly 等方法细化；一个三角面片细分成四个小三角面片，然后将新生成的三角面片加入三角面片处理队列中，直到所有三角面片处理完毕，则完成细化处理。此时 TIN 网的点数据还不满足分布均匀的情况，需进一步对点做重采样处理，最终生成满足要求的正向点云模型数据。

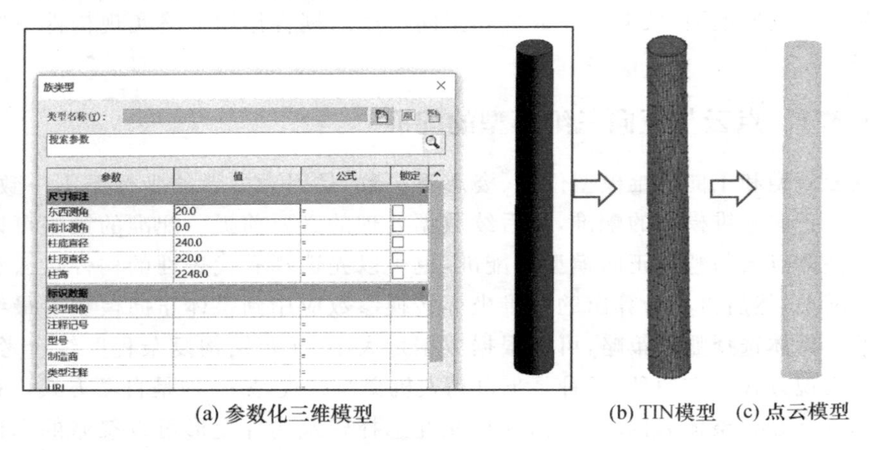

(a) 参数化三维模型　　(b) TIN模型　(c) 点云模型

图 6.2　正向模型转换为不同类型的模型示例

通过上述对正向模型的处理，点云与正向模型配准的问题转换成点云与点云的配准，可以利用 3.3.2 小节介绍的点云数据配准的相关内容实现。对于特征显著的构件，在实际处理中可根据构件的形状特征选择相应的特征提取算子，如旋转不变特征变换(rotation-invariant feature transform，RIFT)、三维形状上下文特征(3D shape context，3DSC)、法线对齐径向特征(normal aligned radial feature，NARF)等算子，然后选择合适的匹配算法匹配出至少四对同名对象，进而计算出三维坐标转换参数。因正向三维模型点云与正向三维模型坐标系统相同，所以也同步实现了点云与构件正向三维模型的配准。

针对图 6.2 的实验数据，利用最小外包围盒等几何信息先实现初步配准，然后再采用 ICP 方法实现精确配准。图 6.3(a)为两种类型点云数据加在一起时的位置、姿态情况，图 6.3(b)为初始配准结果，图 6.3(c)为精确配准结果。正向点云模型转换到点云模型坐标系的四阶旋转矩阵为

$$\begin{bmatrix} 1.000 & 0.003 & 0.017 & 0.036 \\ -0.002 & 0.999 & -0.055 & -0.131 \\ -0.017 & 0.054 & 0.998 & -0.142 \\ 0.000 & 0.000 & 0.000 & 1.000 \end{bmatrix}$$

图 6.3(d)为点云模型与正向模型配准之后的结果。图 6.4 为整体激光雷达点云数据与整体正向模型配准之后的结果。

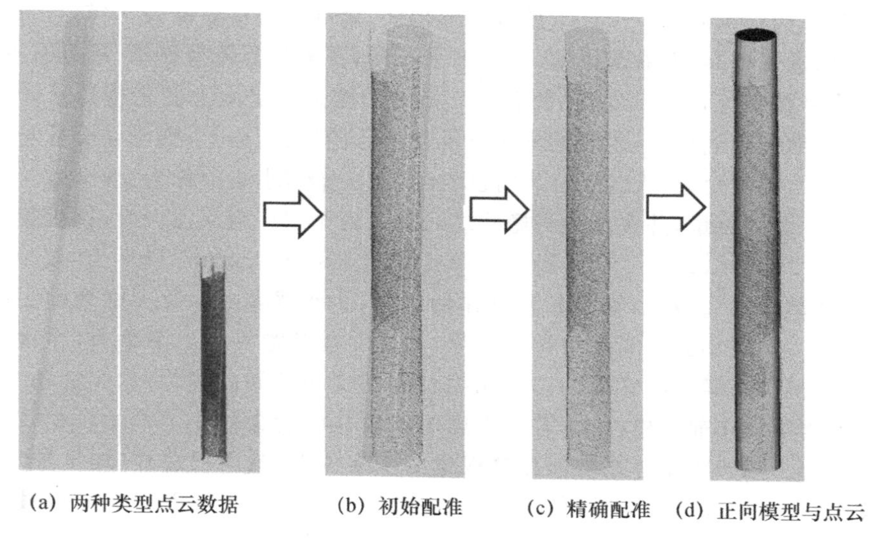

(a) 两种类型点云数据　(b) 初始配准　(c) 精确配准　(d) 正向模型与点云

图 6.3　点云与正向模型数据配准

图 6.4　整体点云与整体正向模型配准后结果

6.3.2　基于点云与正向模型的现势性三维模型重建

点云模型与正向模型配准后，根据 6.2 节的理论研究和技术实现进行模型变形，直到满足指定阈值为止，从而建立其构件的精确三维模型，真实地再现当前三维实体的形状和大小等。

根据第 5 章介绍的古建筑构造方面的知识，可知中国古建筑采用的是构架制梁柱式建筑的结构原则。立柱上放置梁形构件，梁可数层重叠称为“梁架”，每层缩短如梯级，逐级增高，左右两梁端，每级上承长榑，直至最上级为脊榑，故可有五榑、七榑至十一榑不等，视梁架的层数而定。梁的功能是承受由上面桁檩传下的屋顶的重量，再向下传到柱上，主要的梁多支承在前后檐柱、金柱上，廓步在金柱与檐柱之间；另有次要的短梁，大式中称为“挑尖梁”“抱头梁”，小式中称为“插金柁”，主要承受屋檐上面的重量，并在金柱与檐柱之间起联结作用。廊深加大时，挑尖梁上还可以再加一根瓜柱（即童柱）、一架梁和一根檩，组成一组梁架，下梁称为“双步梁”，上梁称为“单步梁”。双步梁除起联结作用之外，也承受荷载。挑尖梁和抱头梁的下边，还有一条较小的只起联结作用的梁，与挑尖梁及抱头梁上下垂直，在挑尖梁下的称为“挑尖随梁”或“穿插枋”，在角檐柱和角交金柱间的称为“斜穿插枋”。主要的梁架两端放在前后檐柱上，若带有廊子就放在前后金柱上。梁的长短及架梁随进深而定。几架梁就是几步架在这根梁的步架位上，栽两根短柱（即瓜柱）或用柁墩支上一根较短的梁，抑或再往上支成梁架。小式做法中最下面的一根最长的梁称为“大柁”，较短的一根称为“二柁”，最短的一根称为“三柁”。大式做法则按梁架所负桁或檩的总数目或柁梁步架的多少称“七架梁”“五架梁”或“三架梁”。每层梁的两端均做出桁檩椀以承托桁或檩。另外还有四架梁、六架梁，这种双数的梁架多没有屋脊，而脊部多用过陇，做成圆弧形称为“卷棚式”或“元宝脊”。卷棚式顶部的梁为月梁（即顶梁），月梁上的瓜柱为荷叶墩瓜柱。构架制的特点是建筑物上部的一切载荷均有构架承担，承重者就是立柱和梁枋。而且在建筑整体变形分析、剖面图制作、古建筑三维结构仿真及修缮前后测量对比等方面，柱形构件和梁形构件都起着非常重要的作用。因此，本节重点利用这两种类型的数据进行建模分析。图 6.5 为某柱构件基于可变形模型技术重建的现势性三维模型的结果，图 6.5(a)为柱构件点云模型，图 6.5(b)为柱构件点云与正向模型初始配准结果，然后利用可变形模型技术基于正向模型和点云数据的耦合作用实现模型变形，得到图 6.5(c)的精确反映柱构件真实特征的三维模型。图 6.6 为某梁构件基于可变形模型重建的结果，图 6.6(a)为来源于激光点云的梁构件数据，图 6.6(b)为梁构件初始模型，然后利用可变形模型技术基于正向模型和点云数据的耦合作用实现模型变形，得到图 6.6(c)的精确反映梁构件真实特征的三维模型。

由于激光雷达点云数据密集，在执行可变形模型过程中，如果参与计算的点云数据量大，势必影响计算效率，为提高运行速度，在对初始模型变形前，可对初始模型做预处理；对初始模型的每个变形单元（这里采用三角形面片）设置一个标志，如果它属于构件几何关键特征或不需要后处理，可以将标志设为 1，否则设为 0。在执行可变形模型过程时这些标志为 1 的变形单位可以不参与计算，这样不但提高了计算速度，而且构建出的三维模型更逼近模型实体。初始模型中如果包括平面特征且其已经反映真实目标几何形状，可变形模型执行后仍然为平面特征。可变形模型所需要的初始模型可以为一封闭的模型，也可以为任意形状，如曲面等，因此基于可变形模型技术可以对任意形状的空间三维目标进行三维重建。执行可变形模型重建方法还需要考虑的问题是变形单元的大小，这要根据模型的精度要求具体来定，如果可变形模型基元过大，相应的精度会低一些，在实验中设定三角形最大边长为三维激光扫描仪最小点间距的五倍。

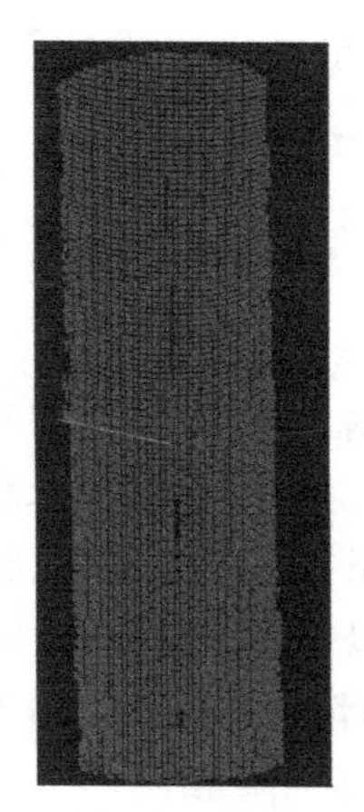

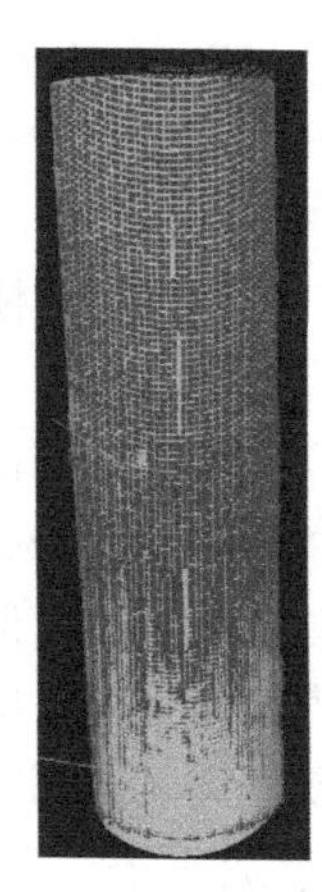

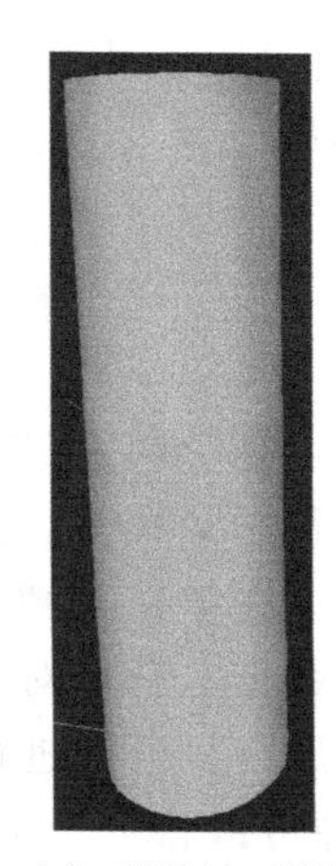

(a) 点云模型　(b) 点云与正向模型初始配准　(c) 现势性三维模型

图 6.5　某柱构件基于可变形模型的重建结果

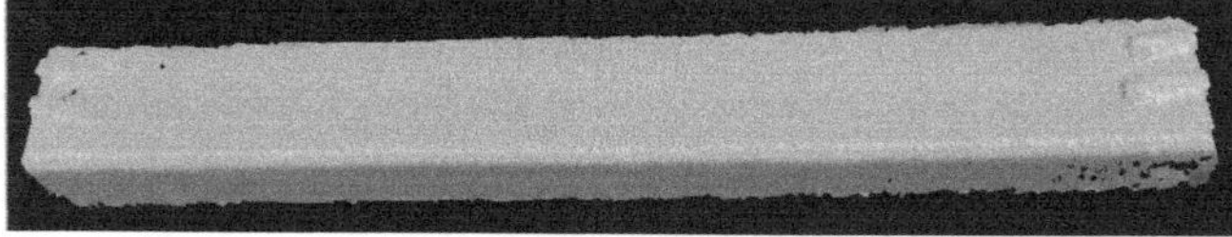

(a) 梁构件的激光点云数据

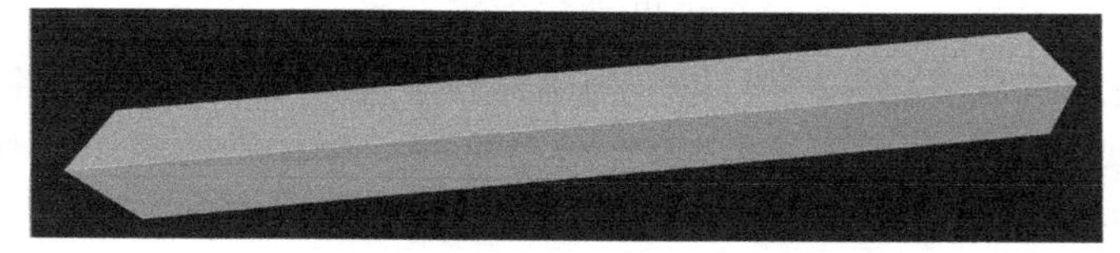

(b) 梁构件初始模型

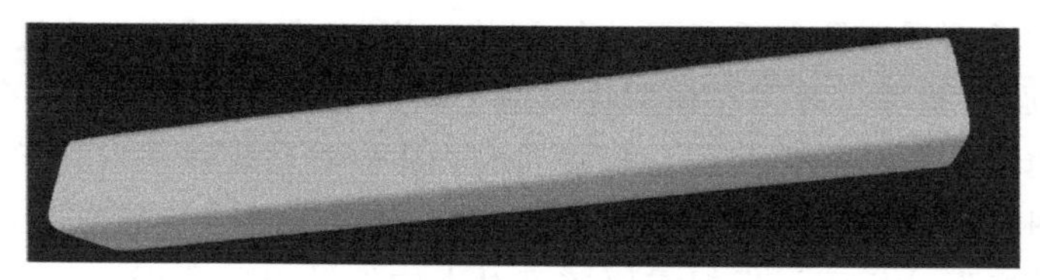

(c) 现势性三维模型

图 6.6　某梁构件基于可变形模型的重建结果

利用现有一些商业软件构建模型时，一般是将构件分为若干个面，再针对每个面基于采样点云数据进行拟合，如果存在数据漏洞问题，还需先进行补洞操作，然后再进行曲面的联合和缝补操作，因此过程烦琐，相应的效率就会降低。而本章提出的综合利用激光点云和正向模型两种数据，基于可变形模型的方法构建三维模型时，只需要指定目标构件表面采样点数据、正向模型参数化三维模型和精度阈值，剩下的工作就可以让计算机自动完成，最终获取满足精度要求的三维模型，操作简单，省时省力。

6.4 变形分析

建筑物在建造施工时，需要通过检查比对设计数据与实际现场采集的点云数据是否一致来进行质量检测，此时一般检查关键建筑元素的几何尺寸、位置等信息与设计数据之间的误差是否超过限差要求，以确保质量和安全。建筑物建成之后可对不同时期的数据进行比对以检查变形情况，也可以只利用重建的精细建筑物三维模型进行变形分析。在进行变形分析时，根据实际情况，可以利用不同的度量标准进行衡量，如可以将变形量计算分成水平位移、竖直沉降和倾斜三类。水平位移按同名点在 X 轴上的移动量计算，根据受力分析，构件的水平位移函数模型假设为位于垂直于 Z 轴平面内的直线模型，可利用最小二乘原理拟合出直线模型。竖直沉降按点在竖直面内的移动量计算，根据受力分析，建筑物构件竖直沉降函数模型假设为抛物线，同理用最小二乘原理可拟合出来。倾斜值计算方法为：将同名点分别投影到三个坐标基准面上，两投影点与坐标原点连线，两直线在坐标基准面的夹角为倾斜值；根据受力分析，倾斜函数考虑为螺旋线，同样可用最小二乘原理计算出来。还可以整体计算不同期数据的有向距离值，进行整体衡量，或者在一些关键部位作剖面，利用剖面线画图成果进行变形分析。

在故宫古建筑数字化保护项目中，为了对柱子进行变形分析，对各殿大木结构作剖面图，主要对柱头和柱脚进行剖切；然后将同一个柱子的两个剖切面连接，得到空间轴线；对圆柱的轴线在平面的走向做出标注，最后得到的倾斜分析成果图。图 6.7为对图 4.58 中太和殿大木结构模型进行剖切之后得到的柱子偏移分析图。

基于多种数据采集测量手段及建筑相关知识，如果可以构造出建筑变形之前的三维模型，那么就可以对当前建筑物实地采集的点云数据进行比对分析，将点云到三维模型的有向距离作为变形分析评价量，图 6.8 为某亭子古建筑数据整体变形分析结果图。根据需要也可以在关键部位进行剖切用于变形分析，图 6.9 为该亭子剖切面的变形分析图。根据需要还可对木构件做变形分析，图 6.10 为计算现状点云到标准模型的有向距离后得到的高斯曲线变形分析图。

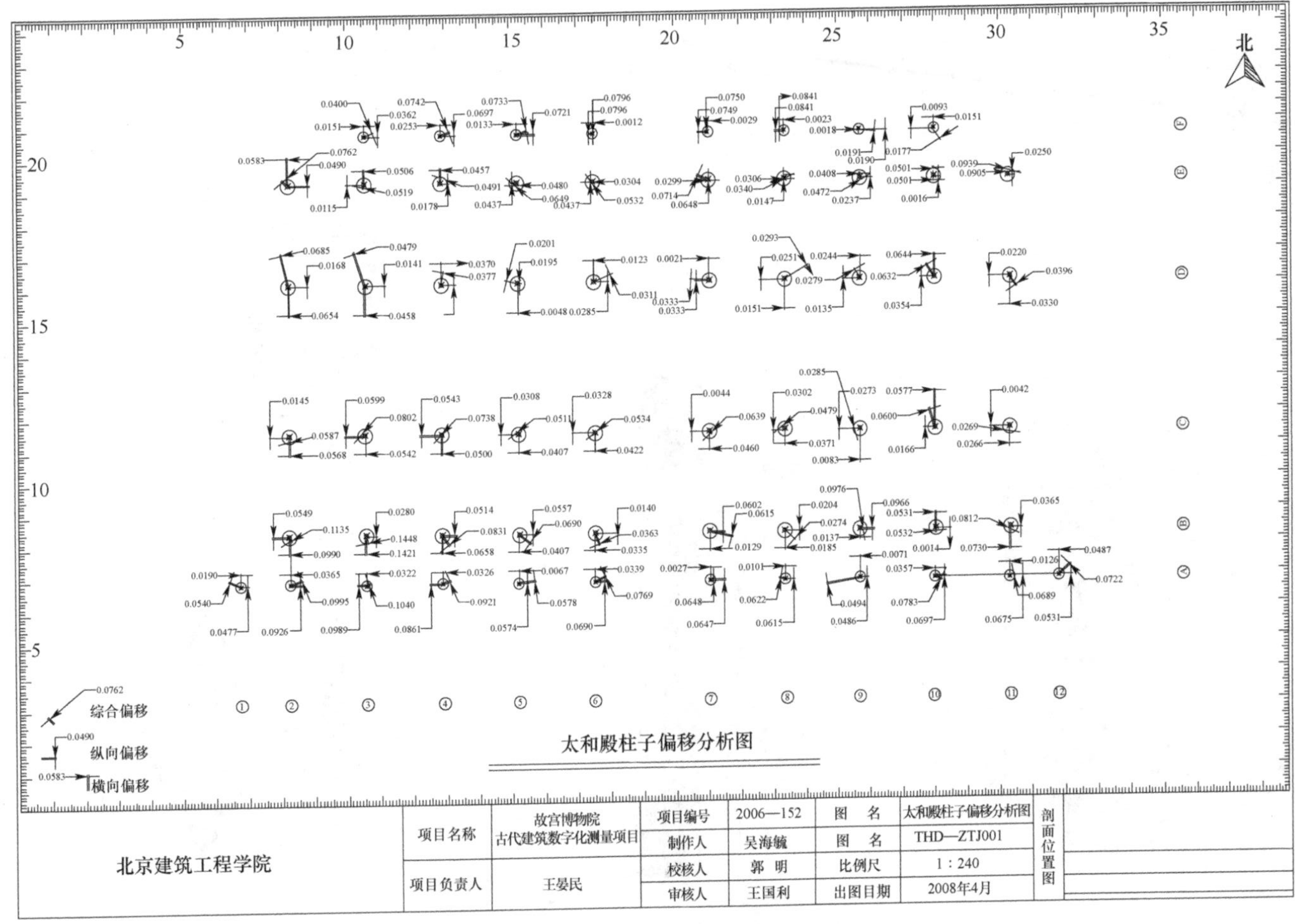

图6.7　太和殿柱子偏移分析图

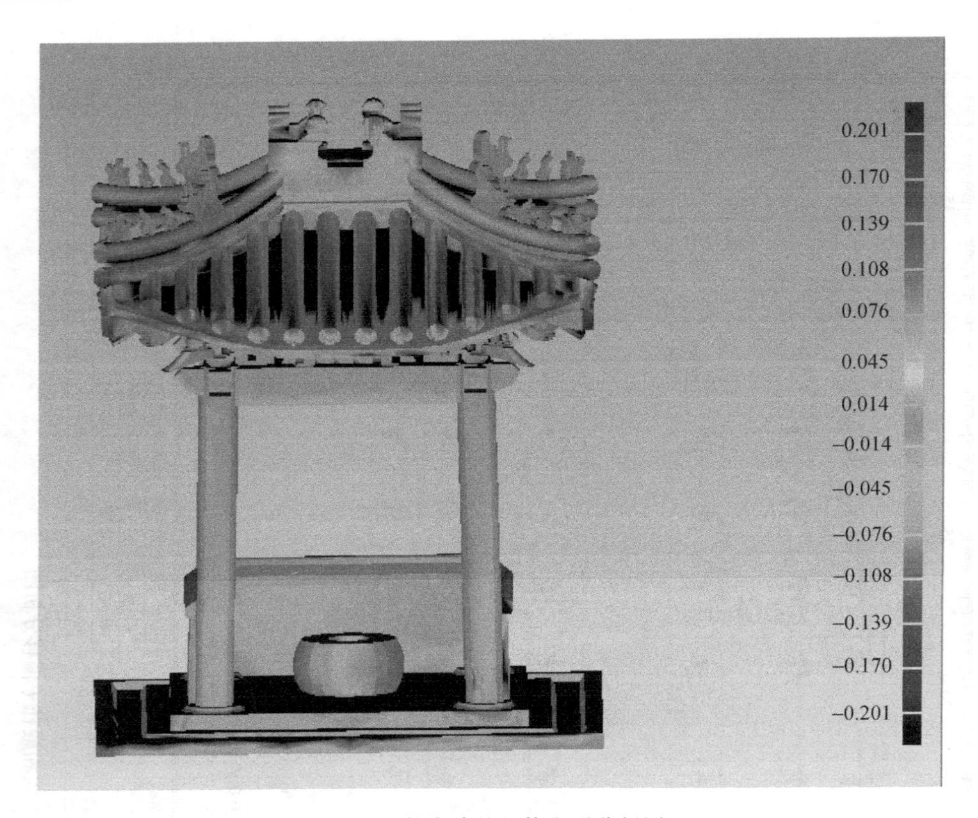

图 6.8　某古建筑整体变形分析图

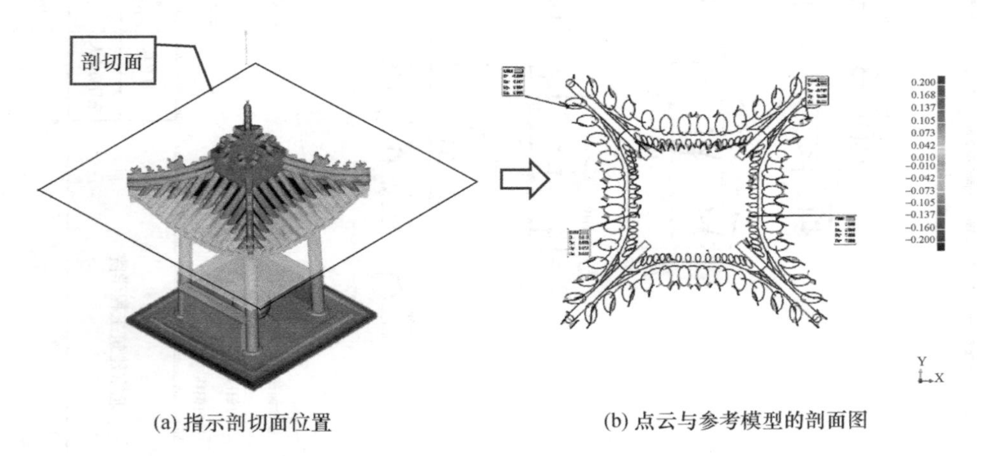

图 6.9　实例古建筑剖切面变形分析图

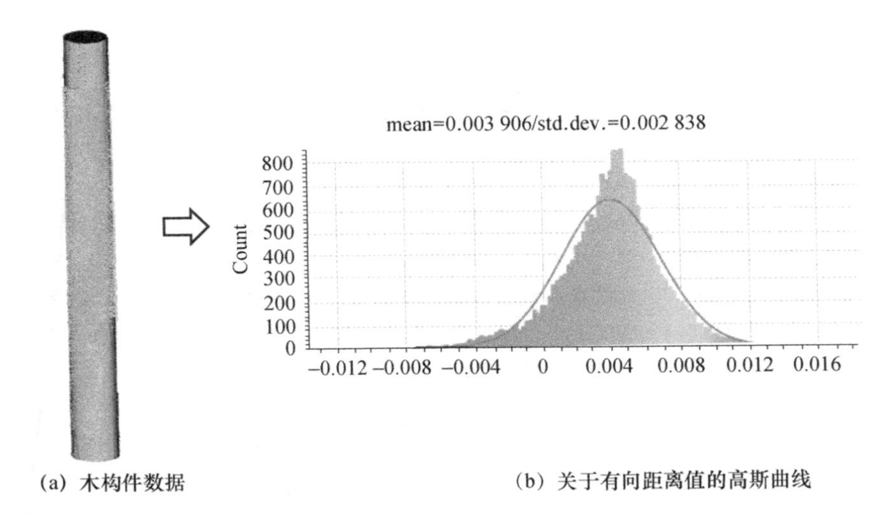

(a) 木构件数据　(b) 关于有向距离值的高斯曲线

图 6.10　实例古建筑木构件高斯曲线变形分析图

参考文献

程云勇，张定华，张顺利，等. 2009. CAD模型引导的涡轮叶片密集测量数据分割[J]. 中国机械工程，20(18)：2214-2218.

韩贤权，朱庆，丁雨淋，等. 2014. 散乱点云数据精配准的粒子群优化算法[J]. 武汉大学学报（信息科学版），39(10)：1214-1220.

季文媚. 2017. 古建筑测绘方法与实例[M]. 合肥：合肥工业大学出版社.

刘昊. 2014. 基于点云的古建筑信息模型(BIM)建立研究[D]. 北京：北京建筑大学.

马炳坚. 2003. 中国古建筑木作营造技术[M]. 2版. 北京：科学出版社.

梅向明，黄敬之. 2003. 微分几何[M]. 3版. 北京：高等教育出版社.

潘国荣，郭巍，张鹏. 2013. 一种用于工业测量设计对比的乱序点集匹配算法[J]. 武汉大学学报（信息科学版），38(5)：575-579.

施法中. 2001. 计算机辅助几何设计与非均匀有理B样条[M]. 北京：高等教育出版社.

史宝全，梁晋，刘青，等. 2010. 基于约束搜索球的点云数据与CAD模型精确比对检测[J]. 计算机集成制造系统，16(5)：929-934.

谭志国，鲁敏，胡延平，等. 2012. 基于点云-模型匹配的激光雷达目标识别[J]. 计算机工程与科学，34(4)：32-36.

汤圣君，张叶廷，许伟平，等. 2014. 三维GIS中的参数化建模方法[J]. 武汉大学学报（信息科学版），39(9)：1086-1090，1097.

田永复. 2003. 中国古建筑知识手册[M]. 北京：中国建筑工业出版社.

王国利，王晏民. 2013. 地面激光雷达用于大型钢结构建筑施工监测与质量检测[J]. 测绘通报(7)：39-42.

熊璐，张红霞. 2014. 建筑数字化设计与语法规则[J]. 新建筑(1)：100-103.

薛梅. 2012. 一种基于形状文法的建筑物三维建模新方法[J]. 地理与地理信息科学，28(6)：31-34.

杨必胜，董震，魏征，等. 2013. 从车载激光扫描数据中提取复杂建筑物立面的方法[J]. 测绘学报，42(3)：411-417.

杨必胜，董震. 2019. 点云智能研究进展与趋势[J]. 测绘学报，48(12)：1575-1585.

姚吉利，韩保民，杨元喜. 2006. 罗德里格斯矩阵在三维坐标转换严密解算中的应用[J]. 武汉大学学报（信息科学版），31 (12)：1094-1097.

詹庆明，张海涛，喻亮. 2010. 古建筑激光点云-模型多层次一体化数据模型[J]. 地理信息世界，8(4)：6-11.

张瑞菊. 2006. 基于三维激光扫描数据的古建筑构件三维重建技术研究[D]. 武汉：武汉大学.

张玉，博俊杰. 2016. 古建筑测绘[M]. 北京：中国建筑工业出版社.

朱广堂，叶珉吕. 2019. 基于曲率特征的点云去噪及定量评价方法研究[J]. 测绘通报(6)：

105-108.

朱庆,李世明,胡翰,等. 2018. 面向三维城市建模的多点云数据融合方法综述[J]. 武汉大学学报(信息科学版),43(12):1962-1971.

AMENTA N,BERN M,KAMVYSSELIS M. 1998. A new Voronoi-based surface reconstruction algorithm[C]//Proceedings of SIGGRAPH. New York,USA,ACM Press:415-421.

AMENTA N,BERN M,KAMVYSSELIS M. 1998. A new Voronoi-based surface reconstruction algorithm[C]//Proceedings of the 25th Annual Conference on Computer Graphics and Interactive Techniques. New York:Association for Computing Machinery:415-421.

ARMAN F, AGGARWAL J K. 1993. Model-based object recognition in dense-range images: a review[J]. ACM Computing Surveys,25(1):5-43.

BESL P J,MCKAY N D. 1992. A method for registration of 3D shapes[J]. IEEE Transactions on Pattern Analysis and Machine Intelligence,14(2):239-256.

BEY A,CHAINE R,MARC R,et al. 2012. Reconstruction of consistent 3D CAD models from point cloud data using a priori CAD models[J]. ISPRS International Archives of the Photogrammetry, Remote Sensing and Spatial Information Sciences, XXXVIII-5/W12(1): 289-294.

CASELLES S, SETHIAN J A. 1988. Fronts propagating with curvature-dependent speed: Algorithms based on Hamilton-Jacobi Formulation[J]. Journal of Computer Physics(79): 12-49.

DAVIS J,MARSCHNER S R,GARR M,et al. 2002. Filling holes in complex surfaces using volumetric diffusion[C]//Proceedings of the First International Symposium on 3D Data Processing,Visualization,and Transmission. Piscataway. New Jersey,USA:IEEE:428-441.

DESBRUN M,MEYER M,SCHRODER P,et al. 1999. Implicit fairing of irregular meshes using diffusion and curvature flow[C]//Proceedings of the 26th Annual Conference on Computer Graphics and Interactive Techniques. New York,USA:ACM Press:317-324.

FERRIE F, LAGARDE J, WHAITE P. 1993. Darboux frames, snakes, and super-quadrics: Geometry from the bottom up[J]. IEEE Transactions on Pattern Analysis and Machine Intelligence,15(8):771-784.

FLOATER M S,REIMERS M. 2001. Meshless parameterization and surface reconstruction[J]. Computer Aided Geometric Design,18(2):77-92.

GARLAND M,HECKBERT P S. 1997. Surface simplification using quadric error metrics[C]//Proceedings of the 24th Annual Conference on Computer Graphics and Interactive Techniques. New York,USA,ACM Press:209-216.

GORDON W J, RIESENFELD R F, 1974. B-spline curves and surfaces[J]. Computer Aided Geometric Design,23(91):95-126.

GRILLI E, MENNA F, REMONDINO F. 2017. A review of point clouds segmentation and classification algorithms[J]. ISPRS International Archives of the Photogrammetry, Remote Sensing and Spatial Information Sciences,XLII-2/W3:339-344.

HOOVER A, JEAN-BAPTISE G, JIANG X Y, et al. 1996. An experimental comparison of range image segmentation algorithms[J]. IEEE Transactions on Pattern Analysis and Machine Intelligence, 18(7): 673-689.

HOPPE H, DEROSE T, DUCHAMP T, et al. 1992. Surface reconstruction from unorganized points[J]. Computer Graphics, 26(2): 71-76.

JUN Y. 2005. A piecewise hole filling algorithm in reverse engineering[J]. Computer-Aided Design, 37(2): 263-270.

KASS M, WITKIN A, TERZOPOULOS D. 1988. Snakes: Active contour models[J]. International Journal of Computer Vision, 1(4): 321-331.

KAZHDAN M, HOPPE H. 2013. Screened Poisson surface reconstruction[J]. ACM Transactions on Graphics, 32(3): 1-13.

KRSEK P, LUKACS G, MARTIN R. 1998. Algorithms for computing curvatures from range data [M]//CRIPPS R. The Mathematics of Surfaces VIII Oxford: Clarendon Press: 1-16.

LIANG P, TODHUNTER J S. 1990. Representation and recognition of surface shapes in range images: A differential geometry approach[J]. Computer Vision Graphics and Image Processing, 51(2): 78-109.

MALLADI R, SETHIAN J A, VEMURI B C. 1995. Shape modeling with front propagation: a level set approach[J]. IEEE Trans actions on Pattern Analysis and Machine Intelligence(17): 158-175.

NAN L, SHARF A, ZHANG H, et al. 2010. Smart boxes for interactive urban reconstruction[J]. ACM Transactions on Graphics, 29(4): 1-10.

NGUYEN A, LE B. 2013. 3D point cloud segmentation: A survey[C]// Proceedings of the 6th IEEE Conference on Robotics, Automation and Mechatronics. Manila: IEEE: 225-230.

OVERVELD C W A M V, WYVILL B. 1997. An algorithm for polygon subdivision based on vertex normals[C]//Proceedings of Computer Graphics International. Hasselt, Belgium: IEEE: 3-12.

SANDER P T, ZUCKER S. 1990. Inferring surface trace and differential structure from 3D images[J]. IEEE Transactions on Pattern Analysis and Machine Intelligence, 12(9): 833-854.

SCHMITTWILKEN J, PLUMER L. 2010. Model-based reconstruction and classification of facade parts in 3D point clouds[J]. ISPRS International Archives of the Photogrammetry, Remote Sensing and Spatial Information Sciences, XXXVIII(3A): 269-274.

SCHOENBERG I J, 1946. Contributions to the Problem of Approximation of Equidistant Data by Analytic Functions[J]. Quarterly of Applied Mathematics, 4(2): 112-141.

SCHROEDER W J. 1992. Decimation of triangle meshes[J]. ACM SIGGRAPH Computer Graphics, 26(2): 65-70.

TAUBIN G. 1995. Estimating the tensor of curvature of a surface from a polyhedral approximation [C]//Proceedings of IEEE International Conference on Computer Vision. Cambridge: IEEE: 902-907.

WANG J, OLIVEIRA M M. 2002. Improved scene reconstruction from range Images[J]. Computer Graphics Forum, 21(3): 521-530.

XU Chenyang, HAN Xiao, PRINCE J L. 2009. Gradient vector flow deformable models[M]// ISAAC N B. Handbook of Medical Image Processing and Analysis. 2nd ed. Salt Lake City: Academic Press: 181-194.

ZHANG R, WANG Y, SONG D. 2010. Research and implementation from point cloud to 3D model[C]//International Conference on Computer Modeling and Simulation. Sanya, China, IEEE Computer Society: 169-172.

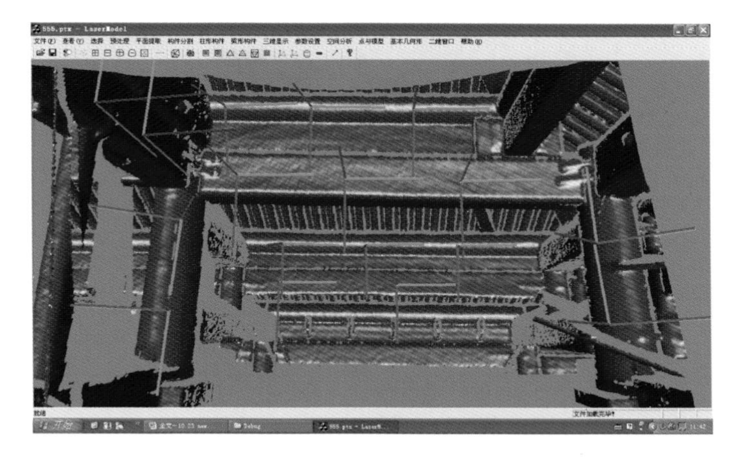

图 3.6　点云局部表面微分几何参数估计之后的主坐标系

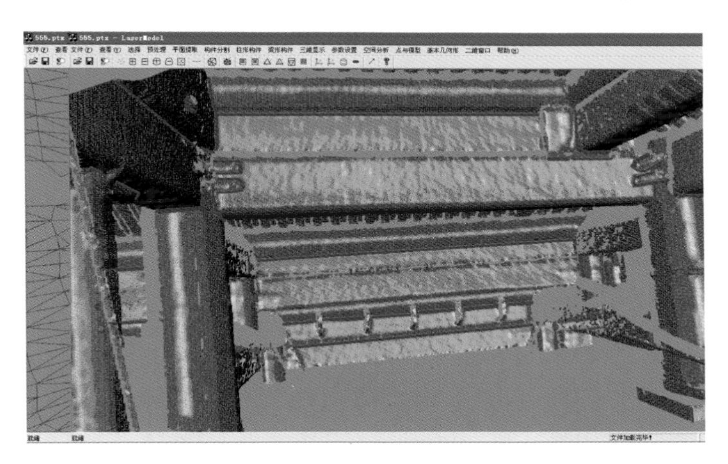

图 3.20　边缘跟踪实例

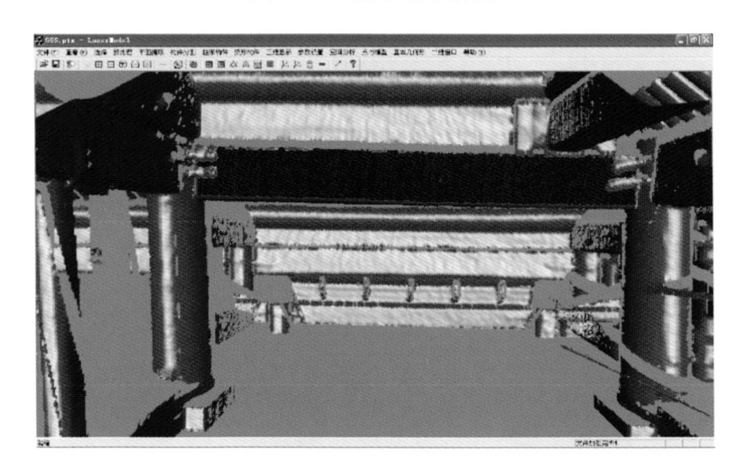

图 3.21　平面特征提取实验结果

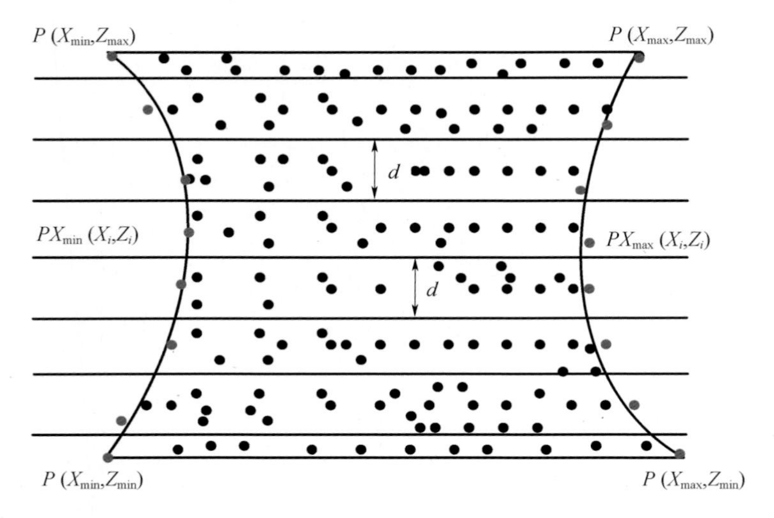

图 4.29 扫面线取 X 边界点示意图

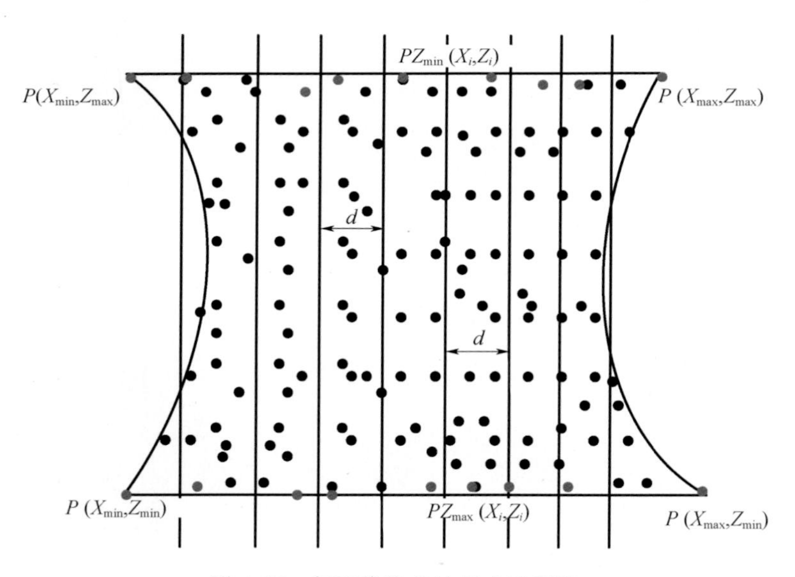

图 4.30 扫面线取 Z 边界点示意图